华 章 图 书

一本打开的书，一扇开启的门，
通向科学殿堂的阶梯，托起一流人才的基石。

Virtual Reality and Augmented Reality
Myths and Realities

虚拟现实与增强现实
神话与现实

布鲁诺·阿纳迪（Bruno Arnaldi）

[法]　帕斯卡·吉顿（Pascal Guitton）　　　编著

纪尧姆·莫罗（Guillaume Moreau）

侯文军 蒋之阳　等译

机械工业出版社
China Machine Press

图书在版编目（CIP）数据

虚拟现实与增强现实：神话与现实 /（法）布鲁诺·阿纳迪，（法）帕斯卡·吉顿，（法）纪尧姆·莫罗编著；侯文军等译 . —北京：机械工业出版社，2019.11（2020.12 重印）

（华章程序员书库）

书名原文：Virtual Reality and Augmented Reality：Myths and Realities

ISBN 978-7-111-64192-6

I. 虚… II. ①布… ②帕… ③纪… ④侯… III. 虚拟现实 IV. TP391.98

中国版本图书馆 CIP 数据核字（2019）第 254067 号

本书版权登记号：图字 01-2018-4593

虚拟现实与增强现实：神话与现实

出版发行：机械工业出版社（北京市西城区百万庄大街 22 号 邮政编码：100037）

责任编辑：柯敬贤   责任校对：殷 虹

印   刷：北京诚信伟业印刷有限公司   版   次：2020 年 12 月第 1 版第 2 次印刷

开   本：186mm×240mm 1/16   印   张：16.25

书   号：ISBN 978-7-111-64192-6   定   价：89.00 元

客服电话：（010）88361066 88379833 68326294   投稿热线：（010）88379604

华章网站：www.hzbook.com   读者信箱：hzit@hzbook.com

版权所有·侵权必究

封底无防伪标均为盗版

本书法律顾问：北京大成律师事务所 韩光 / 邹晓东

虚拟现实和增强现实是这几年科技和应用领域炙手可热的话题。而我首次听到虚拟现实是在 20 世纪 90 年代，当时像 Jaron Lanier 这样的先驱正在传播并探索其可能性。随着科技的不断进步与发展，虚拟现实已经从最初的概念提出和应用探索，逐步走向了产品化、产业化发展。从底层技术支撑到终端用户拓展，产业链在不断成熟。然而我们注意到，国内介绍虚拟现实的相关图书还比较匮乏，且多是技术实现方面的研究。本书则从应用场景与用户体验出发，佐以大量具体案例，既深刻又生动。相信本书的翻译出版能对 VR-AR 领域的从业人员或者感兴趣的读者有所帮助。

本书内容翔实，编排合理。主要涵盖了五大模块：第 1 章介绍虚拟现实技术在多个行业的应用场景和解决方案；第 2 章论述了新兴的硬件设备和软件应用两方面的技术创新；第 3 章和第 4 章分别剖析了 VR 和 AR 在虚拟环境构建和交互感知等方面的诸多技术挑战，并探讨了真实世界和虚拟环境之间的复杂关系；第 5 章对技术发展的未来前景进行展望；最后一章从用户体验的角度提出了一些设计建议。

正如作者在书中强调的，在 VR-AR 应用的设计开发工作中，若想从能用到易用、从不适到舒适再到沉浸，其中既有技术上的挑战，更有体验设计上的考量。我期待在不久的将来，VR-AR 不再仅是简易功能或应用程序，而更像是一扇传送门，帮助人们在现实世界和虚拟世界之间自然、轻松地穿梭。

非常感谢机械工业出版社的编辑，让这本好书能与中国读者见面。本书的翻译工作由我负责组织，我的一些学生参与。目录和推荐序由魏欣莉翻译，第 1 章由闫相元翻译，第 2 章由李桐翻译，第 3 章由王柯然翻译，第 4 章由张沁言翻译，第 5、6 章和结语由蒋之阳翻译。由于本书覆盖面较广，翻译难度确实较大，难免出现一些疏漏，真诚希望认真的同行和读者不吝赐教。

侯文军

2019 年 10 月

推荐序 *Foreword*

"虚拟现实"——一种前后矛盾的修辞用语,在媒体上又重新流行起来,就像20世纪90年代初一样!今天的年轻创新者并不十分熟悉这段时期。但是,尽管会让些许人震惊,我们必须披露,这种科学和相关技术不是21世纪的发明,而是可以追溯到上个世纪!

今天,我们目睹了虚拟现实相关的有效应用程序,以及不容忽视的大量技术困难,我们正在见证虚拟现实的复兴和普及。一些爱好者希望为虚拟现实创建新的应用,并认为他们所需的只是创新中的技巧。然而,这种方法注定要失败,除非在此之前对虚拟现实技术的现状进行了详细的研究,并了解其基本原理和现有用途。很多年轻的创业者都联系过我,可他们甚至对这门科学或技术都没有基本的了解,却认为自己拥有全新的虚拟现实应用。我不得不告诉大家,这个应用已经在行业里存在,并且关注这种应用的公司有超过20年的历史了。最新的创新如"低成本"的头戴式显示器或沉浸式VR耳机,可能引起了媒体的疯狂,但在虚拟现实领域之前早就已经存在了!然而,头戴式显示器价格的大幅度下降使虚拟现实技术的大规模应用成为可能。关注虚拟现实的媒体和网站大多由非专业人士运营,其中充斥着盲目提出的各种应用:其中一些已经用了一段时间,而另一些虽然有用,但可能是不合适的,甚至是疯狂的。我们必须明确虚拟现实不是一根魔杖,仅仅为了创新而创新是不行的。创新必须满足用户在功能上的需求,从而促使其使用新的技术设备,无论是头戴式显示器还是其他东西。

法国和世界其他地方的虚拟现实社区已经进行了25年多的虚拟现实研究和开发。如果不知道这些工作将非常遗憾。然而,如果你正在阅读这篇序,那么你已经做出了正确的选择!本书介绍了过去10年该领域几乎所有研究和专业发展的成果。还有谁能比Bruno Arnaldi、Pascal Guitton和Guillaume Moreau更好地指导你回望过去10年的虚拟开发研究走过的这段艰难旅程，并帮助你了解未来可能会发生什么呢？

本书三位编者都是虚拟现实和增强现实领域的深度参与者。他们都通过法国国家科学研究中心（CNRS）的 Groupe de Travail GT-RV（GT-VR 工作组）于 1994 年开始参与研发工作。随后，他们作为联合创始人在 2005 年创立了 Association Française de Réalité Virtuelle（法国虚拟现实协会），并且分别作为主席、副主席和行政委员会成员活跃在协会中。这个协会行之有效地组织了整个 VR 社区，包括教师、研究人员、实业家和解决方案提供者。与此同时，由于他们的热情和不可缺少的支持，我得以组织和编辑了一部汇集 100 多位作者、超过 5 卷的作品：*Virtual Reality Treatise*。这个项目有三个协调员。然而，这本书的第 3 版已经有 10 年的历史了，我们需要出版一本书来填补这个空白。

无论你是一名学生还是一位企业家，在进入这个领域之前，具有扎实的虚拟现实知识基础是至关重要的。本书由 30 位作者共同撰写，内容涵盖了当前面临的大量问题和研究课题，以及商业上可用的解决方案：用户的沉浸感、用户与虚拟空间的交互以及虚拟空间的创建。现今可用的技术和软件都将被讨论。此外，本书还考虑了人为因素，并对评估方法进行了详细描述，还有一节专门讨论与使用头戴式显示器相关的风险。

最近在法国出现了一个由 Think Tank UNI-VR 领导的社区，将来自电影和视听内容领域的专业人士聚集在一起。他们使用新的 360° 全景相机，用 360 张图像而不是合成图像制作模拟空间。这个小组的目标是利用两种互补的方法创建一种新的艺术：一种是制作"360° 视频"，用户仍然是旁观者，但身体和本体感受沉浸在 360° 视频当中；另一种是"VR 视频"，用户成为参与者，仿佛能够与展现人物的故事和虚拟环境进行交互，从而使模拟空间成为虚拟现实的真实领域。这一艺术目标与"互动数字艺术"的目标非常接近，尽管这两个群体彼此并不了解。20 世纪 80 年代末，法国和国际数字艺术家利用虚拟现实技术创造了交互式艺术创作，如 1988 年 E. Couchot、M. Bret 和 M-H. Tramus 创作的"les pissenlits"（蒲公英），以及 1991 年 Catherine Ikam 创作的"L'autre"（另一个）。*Les Cahiers du Cinéma* 的记者曾经在采访我时说"虚拟现实就是电影的未来"。这评论很奇怪，因为我们知道电影（观众是被动的）和虚拟现实（观众是主动的，与模拟环境互动）之间其实相互对立。还有一位记者被一项 VR 领域的创新冲昏了头脑，却没有费心去了解这项创新的基本原理及其对用户的影响！然而，就像所有的专家一样，我没有想到 20 年后 360° 相机也能使创造一个模拟世界成为可能。在那里，用户可以沉浸在电影的核心部分。通过让用户在这里进行交互，我们将真实世界与模拟空间相融合，进入虚拟现实或增强现实领域。与电影不同，这里不再有"一个故事要讲述"，而是"一个故事要现场构建"。有了这本书，读者就有了详细的信息来源，可以成功拍摄自己的"VR视频"。

　　然而，模拟世界的数字建模及其通过合成图像实现的可视化表示仍将是虚拟现实应用发展的主要方向。15 年来，行业应用领域（如工业和建筑设计、培训及学习、健康）都利用了这些技术。不同的社区必须更紧密地合作，将这一学科及技术理论化。本书中详尽地介绍了这些理论，其价值无须多言——值得拥有！

Philippe FUCHS

2018 年 1 月

Bruno ARNALDI
INSA Rennes
IRISA/Inria Rennes
Hybrid team
France

Ferran ARGELAGUET SANZ
Inria
IRISA/Inria Rennes
Hybrid team
France

Caroline BAILLARD
Technicolor Research & Innovation
Immersive Lab - Augmented Reality
Issy-les-Moulineaux
France

Jean-Marie BURKHARDT
IFSTTAR
Laboratoire de Psychologie des
Comportements et des mobilités
(LPC)
Versailles
France

Géry CASIEZ
University of Lille
CRIStAL/Inria Lille
Mjolnir team
France

Stéphane COTIN
Inria
MIMESIS
Strasbourg
France

Nadine COUTURE
ESTIA
LaBRI
Association Francophone Interaction
Homme Machine
France

Jean-Louis DAUTIN
CLARTE
Plateforme RV/RA
Changé
France

Stéphane DONIKIAN
Golaem
Rennes
France

Philippe FUCHS
Mines ParisTech
Centre de robotique
RV & RA team
Paris
France

Pascal GUITTON
University of Bordeaux
LaBRI - Inria Bordeaux
Potioc team
France

Florian GOSSELIN
CEA, LIST
Laboratoire de Robotique
Interactive Département
Intelligence Ambianteet
Systèmes Interactifs
CEA Saclay
Paris
France

Valérie GOURANTON
INSA Rennes
IRISA/Inria Rennes
Hybrid team
France

Xavier GRANIER
LaBRI – Inria
Manao team
Institut d'optique
Bordeaux
France

François GRUSON
ABFG4S
Rennes
France

Philippe GUILLOTEL
Technicolor Research & Innovation
Immersive Lab
Cesson-Sévigné
France

Martin HACHET
Inria
Potioc team
Talence
France

Richard KULPA
University of Rennes 2
Laboratoire M2S
Inria
Mimeticteam
ENS Rennes
Bruz
France

Sébastien KUNTZ
MiddleVR
Paris
France

Patrick Le CALLET
University of Nantes
LS2N UMR 6004
IPI team
Polytech Nantes
France

Anatole LÉCUYER
Inria
IRISA/Inria Rennes
Hybrid team
France

Vincent LEPETIT
LaBRI, Inria
Manao team
University of Bordeaux
France

Fabien LOTTE
Inria Bordeaux Sud-Ouest / LaBRI /
CNRS / University of Bordeaux
Potioc team
Talence
France

Domitile LOURDEAUX
Sorbonne Universities
University ofTechnology of
Compiègne
CNRS, Heudiasyc UMR 7253
ICI team
France

Maud MARCHAL
INSA Rennes
IRISA/Inria Rennes
Hybrid team
France

Nicolas MOLLET
Technicolor Research & Innovation
Immersive Lab - Virtual Reality
Issy-les-Moulineaux
France

Guillaume MOREAU
Ecole Centrale de Nantes
Ambiances, Architectures, Urbanités
IRISA/Inria
Hybrid team
Nantes
France

Olivier NANNIPIERI
I3M
University of Toulon
France

Jean-Marie NORMAND
École Centrale de Nantes
Ambiances, Architectures,Urbanités
IRISA/Inria
Hybrid team
Nantes
France

Jérôme PERRET
Haption GmbH
Germany

Jérôme ROYAN
IRT b-com
Cesson-Sévigné
France

Gaël SEYDOUX
Technicolor Research & Innovation
Immersive Lab
Issy-les-Moulineaux
France

Toinon VIGIER
University of Nantes
Laboratoire des Sciences du
Numérique de Nantes – UMR6004
Image PerceptionInteraction team
Polytech Nantes
France

目　录 *Contents*

第 0 章　*Chapter 0*

引　言

Bruno ARNALDI，Pascal GUITTON 和 Guillaume MOREAU

　　2016 年和 2017 年常被媒体称为虚拟现实和增强现实的"元年"，这是谁都无法回避的事实。同样明显的是，技术领域也经常有突破性进展，且每一个都比上一个更令人印象深刻。面对媒体的过度营销，我们有必要退后一步，实事求是地看待一些历史事实和信息：

- 虚拟现实和增强现实可以追溯到几十年前（尽管这很难接受），且有一个庞大的国际组织正在研究这些问题。这项工作正在科学领域（研究小组、科学发现、会议、出版物）和工业领域（公司、产品、大规模生产）同时进行。还需要记住的是，许多公司，不管是不是技术公司，已经成功使用虚拟现实和增强现实技术很多年了。
- 很多技术新闻都在谈论"新的"虚拟现实耳机（如 HTC Vive，Oculus Rift）和增强现实耳机（如 HoloLens）的设计。但事实上，第一个"头戴式显示器"（Visioheadset）⊖的发明可以追溯到约 50 年前伊凡·萨瑟兰（Ivan Sutherland）的开创性作品［SUT 68］。
- 此外，无论是用于显示（例如投影系统）、动作捕捉还是交互，这些"头戴式显示器"只代表虚拟现实中所用设备的一小部分。
- 虚拟现实的概念及应用在 *Le traité de la réalité virtuelle*（*The Virtual Reality Treatise*）

　⊖　这就是我们在本书中所说的小装置，这样做的原因将在稍后说明。

系列中有相应的描述，它是一本汇集了许多法国作者（学者和来自工业领域的作者）声音的百科全书，它的广度和范围即便在今天也是无与伦比的。该书的不同版本如下：

- 2001 年第 1 版由 de l'Ecole des Mines 出版，由 Philippe Fuchs、Guillaume Moreau 和 Jean-Paul Papin 编写，共 530 页；

- 2003 年第 2 版由 de l'Ecole des Mines 出版，由 Philippe Fuchs 和 Guillaume Moreau 编辑，18 名撰稿人，共 2 卷，930 页；

- 2005 年第 3 版由 de l'Ecole des Mines 出版，由 Philippe Fuchs 和 Guillaume Moreau 编辑，100 多名撰稿人，共 5 卷，2200 页；

- 英文版书名为 *Virtual Reality：Concepts and Technologies*，2011 年由 CRC 出版社出版，由 Philippe Fuchs、Guillaume Moreau 和 Pascal Guitton 编辑，共 432 页。

❏ 最后，我们必须提一下 Association Française de Réalité Virtuelle（AFRV）即法国虚拟现实协会，它创建于 2005 年。该协会将来自大学和研究机构的教师和研究人员以及在公司供职的工程师聚集在一起，以便更好地帮助构建虚拟现实社区。从 2005 年开始，AFRV 每年举办一次会议，与会者可以进行演讲、活动和交流。

从概述可以看到，如今已经存在多个国际化且拥有着丰富虚拟现实相关文献的社区。任何想要在学术或技术层面有所建树的参与者，都能从出版物［FUC 16］（法国）或［LAV 17，SCH 16］中获益。

0.1 虚拟现实的起源

谈及虚拟现实相关的历史文献时，我们可以从柏拉图关于洞穴的寓言开始叙述［PLA 07］。

在柏拉图的《理想国》第 7 卷中，有一篇详细描述了几个被困在洞穴里的人的经历，他们只能通过投射在洞穴墙壁上的影子来观察外界发生的事情。现实和感知概念成为广受分析的主题，特别是关于从一个世界到另一个世界的探讨。

几个世纪后的 1420 年，意大利工程师 Giovani Fontana 的著作《战争器械之书》（*Bellicorum instrumentorum liber*）［FON 20］中描述了一种可以将图像投射到房间墙壁上的魔灯（见图 0.1a），他提出这可以用来投射神奇生物的图像。这让人想起了几个世纪后由伊利诺伊大学的 Carolina Cruz-Neira 等人［CRU 92］开发的大型沉浸式系统（CAVE）。

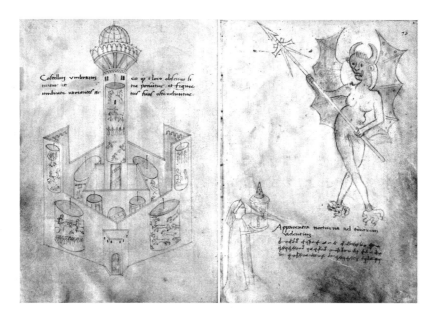

图 0.1　a）Giovani Fontana 的魔灯示意图，b）使用魔灯。有关此图的彩色版本，
　　　　请参见 www.iste.co.uk/arnaldi/virtual.zip

在讲述 VR 历史的书籍中，对"虚拟现实"一词在何处首次出现产生了争议。一些作者把它归功于 Jaron Lanier 在 1985 年的一次新闻发布会，而其他人则把它归功于 Antonin Artaud 在 1983 年发表的文章 *Le théâtre et son double*［ART 09］。

Artaud 无疑是这个词的发明者，他在 Theatre 的文集中，更具体地说，在 *Le théâtre alchimique* 章节中使用了这个词。在这本书中，Artaud 详细地谈到了现实和虚拟（这两个词在文中经常使用）。"虚拟现实"一词的准确解释出现在 1985 年盖玛利的实验作品的合集的第 75 页：

> "所有真正的炼金术士都知道，炼金符号是海市蜃楼，就像戏剧一样。这些可感知到的幻象和剧院里常出现的炼金术都应该被理解为一种同一性的表达（所有的炼金术士都非常了解），这种同一性存在于由字符、对象、图片组成的现实世界，炼金术剧院构造的虚拟现实，以及由炼金术符号构建的完全虚拟和充满幻觉的世界。"

此外，在前几页他也谈到了柏拉图关于洞穴的寓言。

然而，很明显，Jaron Lanier 是第一个使用虚拟现实词意与本书相同的人。英语术语 virtual 和法语单词 virtuel（见 *Virtual Reality Treatise* 第 3 版第 1 卷第 1 章）之间有微妙的区别，在英语中，这个词的意思是"仿佛"或"几乎是相同的事情或品质"。然而在法语中，这个词表示"潜在的""可能的"和"没有实现的"东西。从语法上来说，法语更合适的词是"réalité vicariante"——一个现实的替代品。

科幻小说家，尤其是擅长写"臆想小说"（一种想象我们的世界在未来会是什么样子的类型）的作家，也整合或构想过我们将在本书中讨论的 VR-AR 技术。这类书籍的清单相当长，这里根据它们的影响力按时间顺序列出四本，它们是：

❑ Vernor Vinge 在他 1981 年的中篇小说《真名实姓》中，引入了一个网络空间（没有明确命名），一群电脑盗版者利用虚拟现实沉浸技术对抗政府。他也是"奇点"概念的提出者，即把机器变得比人类更智能的那一时刻称为"奇点"。

❑ William Gibson 在他 1984 年的小说《神经漫游者》中描述了这样一个网络世界，虚拟现实控制台允许用户在虚拟世界中体验生活。Gibson"发明"了"网络空间"（cyberspace）一词，他将其描述为"数十亿合法使用者每天经历的一种完美的幻觉"。网络空间概念跨越了不同的世界：数字世界、控制论世界和现实世界。

❑ Neal Stephenson 在其 1992 年的小说《雪崩》中引入了元界（metaverse）的概念（一个以人们的虚拟形象为代表的社区不断进化的虚拟世界）——一个类似于在线虚拟世界 *Second Life* 的宇宙。

❑ Ernest Cline 在他 2011 年的小说《头号玩家》中为我们描述了这样一个世界：人类为逃离现实生活中的贫民窟，生活在一个巨大的虚拟社交网络中。这个网络也包含了开启财富之门的钥匙，引领着对圣杯的新探索。

文学作品并不是唯一一个早期就用虚拟现实建立现实与虚拟之间联系的领域。我们必须提到 Morton Leonard Heilig 在电影界的开创性工作。自 20 世纪 50 年代以来，他一直致力于虚拟现实这一项目。1962 年，他为 Sensorama 系统申请了专利。用户使用该系统可以骑着摩托车在城市环境中进行虚拟导航，获得一种包含立体视觉、摩托车声音以及发动机振动和迎风感觉的身临其境的体验。

电影很自然地利用了新技术。1992 年，Brett Leonard 执导了《割草者》(The Lawnmower Man)，Pierce Brosnan 在片中饰演一个基于虚拟现实的科学实验对象（见图 0.2）。关于这部电影有趣的一点是，在拍摄过程中，演员们使用了 Jaron Lanier 创建的 VPL Research 公司的真实设备（此时他已经申请破产）。当然，没人能忘记 1999 年的电影《黑客帝国》，这是《黑客帝国》三部曲中的第一部，由 Les Wachowski 执导，Keanu Reeves 和 Laurence Fishburne 主演。故事情节围绕着现实世界和虚拟世界之间频繁的旅行展开，主人公的职责是将人类从机器的统治中解放出来。这部电影的技术发展更加成熟，因为它完全是沉浸式的，而且用户只能通过极少的线索来判断他是处在真实世界还是虚拟世界。另一部更倾向于人机交互（HMI）而非 VR 本身的经典电影是 Steven Spielberg 2002 年的《少数派报告》（Minority Report），由 Tom Cruise 主演（见图 0.3）。这部电影描述了一种创新技术，它可以让人自然地与数据交互（这为将来的真实实验室研究项目提供了灵感）。当然，这三部电影不是仅有的谈论 VR 的电影——还有很多其他的，但这三部是虚拟现实领域最具代表性的。

图 0.2　电影《割草者》剧照　　　　图 0.3　电影《少数派报告》剧照

讨论 VR-AR 在不同艺术领域的表现后，我们还可以分析这种技术如何在这些领域中使用。电影将成为虚拟现实的一个重要应用场景，例如通过使用 360° 全景影院（条件是观众最后变成观众 - 演员）。在艺术领域，我们必须研究这些新的运作模式所带来的电影制作规范和规则的变化。特别是在传统电影中，叙事的构建原则是导演通过画面几乎"手拉手地引导观众"，让观众从画面中看到某种特定的风景元素。而在观众可以自由创造自己的视角的情况下，艺术的构建是不一样的。如果我们再加上用户有能力与环境进行交互，从而修改场景中的元素，那么叙事的复杂性就会加深，并开始接近视频游戏中使用的叙事机制。另一条结合真实和数字图像（混合现实）发展和研究的道路也很快就会出现。

漫画书/漫画小说的世界也受到巨大影响，一种是沉浸感项目的发展（例如 Oniride 工作室 2016 年制作的 *Magnétique*（http://www.oniride.com/magnetique/），另一种是 VR 在漫画世界的应用，例如 *S.E.N.S* 这个由于 Arte France 与 Red Corner 工作室于 2016 年联合制作的项目，就在漫画世界中使用 VR，其灵感来自 Marc-Antoine Mathieu 的作品（见图 0.4）。事实上，由于虚拟现实体验中的宇宙不一定是真实世界的再现，它也可能是纯粹幻想的产物，所以在漫画世界很容易进行这样的实验。

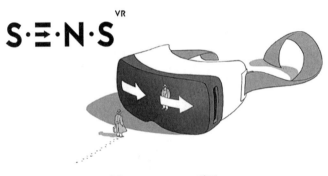

图 0.4　S.E.N.S 项目

0.2　基本概念介绍

本节将简要介绍 VR 和 AR 领域。我们将回顾这两个领域的主要概念[⊖]，并给出一些定义以便明确本书的范围。读者如果想了解更多关于这方面的信息，请参阅 *Virtual Reality Treatise*［FUC 05］。

0.2.1　虚拟现实

我们首先要提醒自己的是，VR 的目标是让用户在执行虚拟任务的同时，相信自己是在现实世界中执行任务。为了产生这种感觉，该技术必须"欺骗大脑"，向它提供与大脑

　　⊖　在其他书中可以找到几种不同的定义，我们在这里所选择的依据是简短、符合普遍认知。

在真实环境中感知到的一致信息。

　　让我们举一个将在本节剩余部分使用多次的例子：你一直梦想着驾驶一架私人飞机，但从来没有实现过这个愿望。那么，VR 系统可以通过模拟飞行体验帮助你（虚拟地）实现这个梦想。首先，有必要再现驾驶舱的合成图像，飞行跑道，然后是你将飞越的地区的鸟瞰图。为了给你"在飞机上"的感受，这些图像必须是大的、高质量的，这样你对真实环境的感知就会被推到背景中，甚至完全被虚拟环境（VE）所取代。这种改变感知的现象，称为沉浸感，是 VR 的首要基本原理。VR 耳机在本书中指头戴式显示器，因为通过该设备可传递唯一的可感知的视觉信息，这提供了一个良好的沉浸式体验。

　　如果系统也能产生飞机引擎的声音，你的沉浸感就会更强，因为你的大脑会感知到这些信息，而不是你所处环境中的真实声音，这会增强你"在飞机上"的感受。头戴式显示器使用的是音频耳机，因为它可以隔绝环境噪声。真正的飞行员在真实的环境中使用操纵杆和旋钮来操纵飞机。如果我们想要模拟现实，在 VR 体验中再现这些动作是绝对不可缺少的。因此，系统必须提供几个按钮和一个操纵杆来操纵飞机的行为。用户与系统之间的交互机制是 VR 的第二条基本原理，它将 VR 与提供良好沉浸感但没有真正交互的应用程序区分开来。例如，电影院可以提供质量非常高的视觉和听觉感受，但对用户来说只有展开在屏幕上的故事却没有提供互动。最近很受欢迎的"VR 视频"也是类似的，其唯一的交互是提供了可改变的视角（360°）。虽然这类应用程序是有用的，但它们不符合 VR 体验的标准，因为用户只是体验中的旁观者，而不是参与者。

　　让我们回到之前的例子：为了尽可能再现现实，我们必须能使用有力 - 反馈的操纵杆来驾驶在空气阻力中飞行的飞机，通过制造阻力来模拟使用真正的操纵杆的体验。这种触觉信息显著增强了用户对虚拟环境的沉浸感。我们可以想象一下，进一步推动现实的忠实再现：我们可以提供一个真正的配备座椅和控制装置的飞机驾驶舱，这样我们能更好地适应外部屏幕，以确保出现在窗户和飞机的挡风玻璃上的合成图像是自然的。当我们给大脑额外的视觉信息（驾驶舱的部件）、听觉信息（按钮被点击或按下的声音）和触觉反馈（坐在飞机座位上的感觉）时，这种沉浸感会更好。毫无疑问，这种设备会让任何一个大脑相信你真的是坐在驾驶舱里驾驶着一架飞机。当然，这些设备在现实中是确实存在的。这些飞机模拟器已经使用了很多年，首先用于训练军事飞行员，然后是商业飞行员，现在作为娱乐设备提供给那些想要感觉自己是在驾驶飞机的非飞行人员。

根据这个例子，我们定义虚拟现实是一种能力，能让一个（或多个）用户在虚拟环境中执行一系列真实任务。用户通过在虚拟环境中与系统互动和交互反馈，进行沉浸感的模拟。

关于这一定义的一些说明：

❑ 真实任务：实际上，即使任务是在虚拟环境中执行的，它也是真实的。例如，你可以开始在模拟器中学习驾驶飞机（就像真正的飞行员所做的那样），因为你正在培养将在真正飞机上使用的技能。

❑ 反馈：是指计算机利用数字信号合成的感官信息（如视觉、听觉、触觉），即对物体的组成和外观、声音或力的强度的描述。

❑ 交互反馈：这些合成操作是由相对复杂的软件处理产生的，因此需要一定的时间。如果持续时间太长，我们的大脑就会感知为一个图片的固定显示，接着是下一个图片。这样会破坏视觉的连续性，进而破坏运动的感觉。因此，反馈必须是交互的和难以觉察的，以获得良好的沉浸式体验。

❑ 互动：这个术语指的是用户通过移动、操作和/或转移虚拟环境中的对象，对系统行为起作用的功能。同样，用户也需注意到虚拟空间传递的视觉、听觉和触觉信息，如果没有互动，我们就不能称之为 VR 体验。

为什么需要使用 VR ？这项技术的发展是为了实现几个目标：

❑ 设计：工程师使用 VR 技术已经有很长一段时间了，目的是帮助建筑或车辆的构建，或者是在这些物体内部或周围虚拟地移动来检测任何可能存在的设计缺陷。这些测试曾经使用复杂程度不断增加的模型（最高可达 1 级）进行，现在逐渐被 VR 体验所取代，后者更便宜，生产速度更快。必须指出的是，这些虚拟设计操作已经扩展到有形物体以外的环境中，例如，运动（外科、工业、体育）或复杂的科学实验计划。

❑ 学习：正如我们在上面的例子中看到的，在今天，学习驾驶任何一种交通工具都是可能的，如飞机、汽车（包括 F1 赛车）、船舶、航天飞机或宇宙飞船等。VR 提供了许多优势：首先能保证学习时的安全性；其次可以复制，并可以轻易切入一些教学场景（模拟车辆故障或天气变化）。这些学习场景可以延伸到操作交通工具以外的更复杂的过程，如管理一个工厂或一个核中心的控制室，甚至通过使用基于 VR 的行为疗法学习克服恐惧症（动物、空白空间、人群等）。

❑ 理解：VR 可以通过它提供的交互反馈（尤其是视觉反馈）提供学习支持，从而更好地理解某些复杂的现象。这种复杂性可能是由于难以触及有关的主体和信息，如在地下或水下进行石油勘探，想要研究的行星的表面，可能是我们的大脑无法理解的庞大数据，也可能是人类难以察觉的温度、放射性等。在许多情况下，我们寻求更深层次的理解，以便做出更好的决策——我们在哪里开采石油？我们必须采取什么金融行动？等等。

综上所述，VR 存在着非常精确和正式的定义。例如，在 *Virtual Reality Treatise*［FUC 05］第 1 卷第 1 章中（提出了虚拟现实领域的基本原则），我们发现这个定义："虚拟现实是一个科学技术领域，它利用计算机科学和行为界面，在虚拟世界中模拟 3D 实体之间实时交互的行为，让一个或多个用户通过感知运动通道以一种伪自然的方式沉浸于此。"

0.2.2　增强现实

AR 的目标是通过添加与真实环境相关的数字信息来丰富对该环境的感知和认知。这些信息通常是视觉，有时是听觉，少部分是触觉。在大多数 AR 应用程序中，用户通过眼镜、耳机、视频投影仪甚至是手机 / 平板电脑来可视化合成图像。这些设备之间的区别是基于前三种设备提供的信息叠加到自然视觉上，而第四种设备只提供远程查看，这导致某些作者将其排除在 AR 领域之外。

为了说明这一点，让我们以一个希望建造房屋的用户为例。一开始，他们只有蓝图，但 AR 允许他们在场地周围移动，可视化未来的建筑（将合成图像叠加到他们对真实环境的自然视觉上），感知总体体量和植入景观。当进入到建造阶段，在仍在建造的建筑中可视化以不同布局布置的涂漆墙壁或家具，用户可以比较几个不同设计或装修方案。除了室内设计和家具，电工也可以可视化绝缘材料的位置，管道工也可以可视化管道的位置，即使这些管道隐藏在混凝土后面或墙上。除了位置，电工还可以看到传输电流强度所需的线路直径，而管道工通过颜色可视化，可以看到供水的温度。

为什么要开发 AR 应用程序？有几个重要的原因：

❑ 辅助驾驶：最初是在驾驶舱屏幕上显示关键信息来帮助战斗机飞行员，这样他们就能实时看到刻度盘或显示器（这在战斗中是至关重要的），AR 逐渐向其他车辆（民用飞机、汽车、自行车）开放了辅助驾驶功能，包括 GPS 等导航信息。

❑ 旅游业：通过对纪念碑和博物馆的 AR 设计 ⊖，游客可获得音频导游的功能，某些网站提供了结合图像和声音的应用程序。

❑ 专业手势帮助：为了指导特定专业用户的活动，AR 可以让更多的信息覆盖到他们在真实环境中的视野。这些信息在真实环境中可能是不可见的，因为它们通常是"隐藏"的。因此，外科医生可以更有把握地进行手术，方法是把他们看不见的血管或解剖结构可视化，或者参与建造飞机的工人可以直观地在机身上直接叠加一幅钻孔图，而不需要亲自测量，从而使飞机获得速度、精度和可靠性。

❑ 游戏：虽然得益于 2016 年 *Pokémon Go* 的推广，但整体来说，AR 很早以前就通过使用如 *Morpion*、*PacMan* 或 *Quake* 增强版游戏等方式进入了这一领域。很明显，基于这项技术这个领域将会有更多的发展，这使现实环境和虚构的冒险结合成为可能。

尽管 VR 和 AR 共享算法和技术，但它们之间却有着明显的区别。主要的区别是在 VR 中执行的任务仍然是虚拟的，而在 AR 中它们是真实的。例如，你驾驶的虚拟飞机从未真正起飞，因此在现实世界中从未产生二氧化碳，但使用 AR 的电工可能会穿过石膏隔板安装一个真正的开关，可以打开或关闭一盏真正的灯。

关于 AR，许多科学家已经提出了简洁的定义。例如，1997 年 Ronald T. Azuma 将 AR 定义为验证符合以下三个属性的应用程序集合［AZU 97］：

1）真实与虚拟的结合；

2）实时交互；

3）实与虚的结合（如重新校准、遮挡、亮度）。

0.3　虚拟现实的出现

0.3.1　简短的历史

如今，对虚拟现实状态的另一种分析使得我们可以为这个领域的发展阶段绘制一个时间表（见图 0.5）。

⊖ 这些可以被认为是 AR 领域，因为它们给参观者提供听觉信息，增强了他们对真实环境的认识。

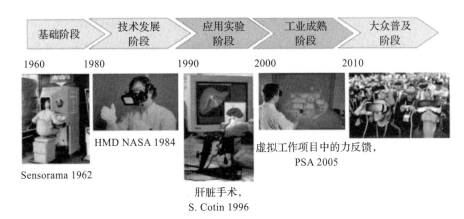

图 0.5　虚拟现实领域的发展。有关此图的彩色版本，请参见 www.iste.co.uk/arnaldi/virtual.zip

虚拟现实的发展可分为以下主要阶段：

❑ **1960 年以前的基础阶段**：许多方法（甚至在今天的虚拟现实中使用的方法）在"虚拟现实"出现之前已经得到了完善。我们首次通过绘画（史前）、透视（文艺复兴）、全景展示（18 世纪）、立体视觉和电影（19 世纪）以及二战时英国飞行员的训练飞行模拟器来展现现实。最后，Morton Heilig 从 1956 年开始在 *Sensorama* 中使用的多模态反馈，以及 1969 年他的 *Experience Theater*（是所有大屏幕动态影院的前身），让我们有了沉浸感的概念，这是虚拟现实的核心。

❑ **1960 ～ 1980 年的起步阶段**：计算机科学的出现使所有基础元件得以发展，从而导致虚拟现实的出现。即使在今天，合成图像中用于表示虚拟环境的组件仍然是 3D 对象的建模和操作、算法使用（最重要的是 Z-buffer 算法［CAT 74］）以及光和照明模型的处理［GOU 71，PHO 75］。用于交互系统的组件，包括 Sketchpad［SUT 63］——第一个头戴式显示器（HMD）［SUT68］，GROPE 系统——第一个利用力反馈的项目（由 Frederick Brooks 于 1971 年在北卡罗来纳大学启动），构成了触觉反馈的基础。在应用方面，飞行模拟器相关的开发进展迅速，例如，由美国空军执行的 VITAL 和 VASS 项目。

❑ **1980 ～ 1990 年的技术发展阶段**：这一阶段的特点是专门针对 3D 交互技术发展。1985 年，Michael McGreevy 和 Scott Fish（美国宇航局艾姆斯研究中心，NASA Ames Research）重新发现了虚拟现实显示系统，并给它起了一个名字——HMD（头戴式显示器）［FIS 87］，从此它就永远为人所知。1986 年，Scott Fisher 提出了空间化声音复原。美国人 Jaron Lanier 和法国人 Jean-Jacques Grimaud 创建了 VPL Research 公司，该公司利用数据手套和自己设计的视听设备，销售了首批虚拟现实应用程序。由于计算机设备的进步，Frederick Brooks 的 GROPE 系统开始运行，其中包括操纵接近 1500 个原子的分子模型 ［BRO 90］。

❑ 1990 ～ 2000 年的应用实验阶段：在这 10 年中，材料和软件解决方案的集成使实现可信和可操作的实验性应用成为可能。让我们从电子游戏行业开始，它是最先预见到虚拟现实的潜在好处，并使用专门为此开发的设备提供创新解决方案的行业之一：Virtuality（1991）、Sega VR（1993）、Virtual Boy（1995）和 VFXA Headgear 等一系列产品在 20 年后仍然影响着当今的解决方案。与交通相关的行业（汽车、航空、航天、海事）首先使用虚拟现实来设计车辆，然后学习如何驾驶它们。在这一时期，医疗行业也进行了一些 VR 的实验。例如，在华盛顿大学 Harborview 烧伤中心，Hunter Hoffman 和他的同事使用虚拟现实减少遭受严重烧伤的病人的疼痛 Stéphane Cotin 等人提出了一个将力反馈应用于肝脏手术中的完整仿真系统 ［COT 96］。能源领域，特别是石油工业，也很早就认识到使用这些新技术的投资价值和可能的投资回报。

❑ 2000 ～ 2010 年的工业成熟阶段：在专注于产品设计和学习如何驾驶车辆之后，VR 的应用逐渐向维护和培训发展，以及使用模拟来控制工业过程（例如从指挥室监视工厂）。

我们也可以看到越来越多的应用程序使用 VR，以便更好地理解真实环境，特别是帮助决定后续。以石油行业为例，研究底土能优化钻井的位置。甚至是在金融界，可视化地研究共享收益和增长曲线组成的空间，能更好地决定采取什么行动（买入、卖出）。在产品设计中以及项目评审期间，也能更好地理解、更好地决策，这减少甚至消除了对物理模型的需求。在设备方面，这 10 年间学术界和（大型）公司在安装沉浸式空间（CAVE，尤其是 SGI 现实中心）方面取得了重大进展。用户还可以很容易地找到捕获、定位和定向设备，如力反馈臂（触觉反馈）。

最后，这一时期 VR 应用程序的发展出现了非常显著的变化：除了该领域先驱者采用的以技术为中心的设计方法之外，还出现了一种以人为中心的设计方法。这种变化是两个因素同时发生的结果：

- 随着虚拟现实技术的日益普及，社会科学领域的研究人员，主要是认知科学领域的研究人员开始研究这一新范式。这开辟了未知的领域。
- 应用程序开发人员注意到某些用途被拒绝以及某些用户体验到的不适，开始寻找不只是纯技术的解决方案。

从研究人员获得的知识和结果与开发人员的需求的融合中，产生了一种考虑到人的因素的、关于应用程序的新思维方式，这种方法今天仍在使用。

❑ *2010 年以后的大众普及阶段*：最后一个时期的特点是新设备的大量出现，其费用比以前的设备低得多，同时提供了高水平的性能。这种反弹主要是由于智能手机和视频游戏的发展。尽管头戴式显示器在媒体上的曝光率最高（例如 Oculus Rift、HTC Vive），但新的动作捕捉系统也出现了。这种爆炸式的增长导致媒体发表了许多相关文章，将这些技术的信息更广泛地传播给了公众。这些公告（即使是那些完全不现实的）首先面向那些小公司技术人员（小公司不像致力于设计 VR-AR 新用途的大型团体），其次直接向公众传达信息，并且可能让多个部门感兴趣。

与这种新设备（这只是冰山一角）相对应的是，新的软件环境也建立起来了，它们通常来自视频游戏（比如 Unity 3D）。这使得来自上述中小企业的"新"开发人员能够独立开发他们的解决方案。

很明显，这只是 VR-AR 向公众开放的开始。经过一段时间的媒体喧嚣之后，真正的好处将会显现，毫无疑问，未来几年这些技术的大规模使用将会出现爆炸式增长。

这些事实绝不是该领域的详尽历史，我们的书旨在回答以下问题：过去 10 年发生了什么？在对过去 10 年来该领域演变中的重大事件进行描述之前，研究社会经济背景的演变对了解真正发生了什么变化是非常有益的。

事实上，10 年的发展群体包括：

❑ 研究开发基本方法和技术的实验室；

❑ 大型工业实体，通常是制造业或依赖大型技术化基础设施的工业（例如 PSA、雷诺、空中客车、SNCF 等）；

❑ 一些技术初创公司提出了软件工具和（通常是实验性的）设备，例如 Haption、Virtools 和 Laster。

在许多雄心勃勃的项目中，由于这三类群体之间的协作，产品常常能顺利生产。对于应用程序开发人员和最终用户来说，专业的集成软件解决方案都是一个相当沉重的负担。

0.3.2 参与者之间的革命

在过去 10 年中，有些领域发生了几次深刻的变化。

❑ 首先，一些创业公司的创新在商业上取得了真正的成功：
- Oculus Rift（2013[⊖]）被 Facebook 收购，产品出现了大规模扩散；
- Leap Motion 及其轻量级位置传感器（2013）。

❑ 还有一些拥有大量资金和开发团队的大型组织现在已经介入并对这些技术产生了兴趣，无论是实现这些技术还是从现有的参与者那里购买这些技术。例如一些公司提供的以下产品：
- 微软动力学传感器（2010）；
- 谷歌眼镜（2013）(虽然这不是一个商业上的成功，但它的销量非常可观)；
- 三星 Gear VR 耳机（2015）；
- 微软 HoloLens 耳机（2016）；
- 索尼 PS-VR 耳机（2016）；
- HTC Valve Vive 耳机（2016）；
- 苹果智能手机系列的开发工具包，苹果收购了增强现实领域的老牌公司 Metaio（2017）。

0.3.3 技术革命

无论是在物质层面还是软件层面，这 10 年都涌现出大量的突破性新产品。

❑ 在软件领域，我们必须注意到免费提供专业的综合软件解决方案，使任何具有专业知识的人都能开发自己的解决方案：
- 2009 年 10 月发布了 Unity 3D 的第一个免费版本；
- 苹果的 ARKit 3.0 于 2019 年 6 月发布。

❑ 技术及其应用广泛发展的另一个决定性因素是终端的发展。实际上，在 2007 年

⊖ 这里为法国公布的日期，因此可能与项目开始日期或公布日期不同。

6 月，苹果售出了它的第一部 iPhone，每个人都知道这对移动手机市场以及移动应用领域的影响。这一发展使得用户迅速能够使用配备高质量屏幕、摄像机和多个传感器（如加速度计、触摸屏）的终端。这距离让普通用户能够使用移动 VR 或 AR 应用程序只有一步之遥，而此前这些应用程序并不为人所知，也过于昂贵。尽管如此，我们必须注意到，在声称是 VR 或 AR 应用的移动应用中，很少有真正将 AR 或 VR 发挥作用的，而且大多数都不利于这些技术的发展。平板电脑的出现消除了手机屏幕尺寸这一重要限制因素，也推动了 VR 和 AR 的发展。

❏ 最后，视频游戏在头戴式显示器（虚拟现实和增强现实耳机）领域取得了重大进展，这使这些技术大规模普及的主要原因是，与较早的设备相比，购置费用很低，质量也完全令人满意。

❏ 另一场产生重大影响的技术革命是大规模地引入了专用架构，例如 GPU（图形处理单元）作为高性能计算中的协同处理器。事实上，现在每台计算机都有一张显卡，这使得它的计算速度比 10 年前的计算机要快得多，处理能力（CPU）也提高了。这种性能的提高必须放在 AR 或 VR 应用程序计算需求不断增长的背景下。当然，这是因为计算机生成的越来越高的图像质量，以及与用户的交互，都需要非常短的周期时间（高计算频率、低延迟）。例如在 *Virtual Reality Treatise* 中，我们用一只手的手指去数 GPU 这一术语在前四本书中使用的次数，这对于视频处理或者声音信号的处理是一样的。

0.3.4　一场使用和用户的革命

VR-AR 领域的另一个巨大变化是，最初打算用于少数专业领域（通常是专门领域，如设计工作室和行业专家）的应用扩展到了整个社会，甚至进入了我们的家庭（如游戏、服务、家庭自动化系统）。在过去的 10 年里，增强现实的用户已经从一个在办公室工作的专家变成了家里或者路上的每一个人。这也适用于 VR-AR 设备，在 10 年前，只有少数几家分销商向内部人士销售这种设备。今天，任何销售电子系统的主流厂商都将在其货架上和产品目录中提供在大型零售商店能看到的全套设备（头戴式显示器以及传感器）。"传统"商店为客户提供尝试应用或设备的机会已经不再罕见。VR-AR 在使用上的这种演变无疑将在今后几年内继续下去。

0.4　本书内容概述

　　本书主要基于一个简单的原则：描述过去 10 年中最引人注目的事实，想象未来 10 年最可能发生的事情。因此，我们与不同章节的作者一起，把针对性而不是穷尽性放在了优先的位置。事实上，要详尽地描述这样一个活跃领域在过去 10 年里的演变需要几千页！最后，读者会看到，在每一章末尾的参考书目中，有些可以追溯到 10 年前，有些甚至更早！在书中，我们尽可能地查到原始资料来源，以追溯与一项技术或一项科学贡献有关的历史，同时也展示最近的重要成果。

　　因此，本书组织如下：

　　第 1 章主要讨论虚拟现实和增强现实在现代信息化社会场景中的多项应用以及相关技术解决方案，并阐述了新发展带给新社会的影响。

　　第 2 章从新设备和新软件两方面对 VR-AR 技术革命进行了详细分析，并讨论了技术创新革命带给 VR-AR 的影响。

　　第 3 章主要阐述了在 VR-AR 环境下交互感知的复杂性，及虚拟环境与真实环境的相关关系。

　　第 4 章重点阐述 AR 与现实环境是如何关联的，探讨了真实世界和虚拟环境之间的复杂关系，并针对解决 AR 设计中仍存在的问题提出一些畅想。

　　第 5 章讨论了我们所能预见到的 VR-AR 在未来的发展，描述了美好的愿景。同时有针对性地讨论了在虚拟环境中感知的替代方案。

　　第 6 章从用户体验的角度出发，提出 VR-AR 在未来的发展中可能会面临的风险和挑战，并针对可能遇到的问题提出相应的解决方案。

　　结语部分根据前几章的概述，建设性地对 VR-AR 未来的发展进行展望，勾画出多条宽广的发展道路。

　　本书探讨了一个复杂而相对未知的领域。因此，"目标读者"是相当广泛的：学生、软件解决方案的开发人员、决策者、对技术感兴趣的人，等等。因此我们认为，重要的是努力使本书对不同读者都有可读性，而不是要求读者从第一页开始机械地读到最后一页。这应该有点像浏览网站，允许每个读者点击他们感兴趣的任何东西。因此，虽然我们的结构基于某种逻辑，但这些章节或多或少是相互独立的，这取决于每个读者的能力和需求。然而，由于这个原因，一些概念或想法可能会在章节中重复出现。这并不是要反复强调，只是要使得每一章保持"自给自足"。

为了帮助你阅读，我们基于你的个人背景提出了建议——一个非线性导航，让你直接看到你认为最重要的信息：

❑ VR 或 AR 方向的学生：除了建议通读之外，我们还能说什么呢？

❑ 软件解决方案的开发人员：我们建议那些没有时间阅读全部内容的开发人员，回顾 VR-AR 的基本概念和最近的演变（第 1 章），回顾与 VR-AR 相关的科学挑战，然后研究当前和未来的解决方案（第 4 ~ 6 章）。在这里，我们只能再次建议你完整地阅读本书！

❑ 决策者：除了这个简短的介绍，了解当前和新兴的 VR-AR 应用（第 2 章）是非常重要的，然后可以去熟悉设备和软件当前的演变（第 3 章）。读完这两章之后，决策者可能非常感兴趣的 VR-AR 领域的新发展在第 5 章中讨论。

❑ 好奇的读者、技术爱好者：在这里，我们再次推荐引言中的基本知识，然后建议阅读第 2 章和第 3 章，它们提供了当前应用程序和所使用技术的全景视图。第 4 章将帮助你理解为什么实现不是那么简单，以及为什么我们在电影中看到的技术还不存在。结语部分也将提供关于这一点的更多细节。

❑ 人文社科研究员：为了了解该领域的进展，当然推荐阅读引言和第 3 章，并且我们主要在第 4 章和第 6 章中讨论人的因素。按照前几章的内容，对 VR-AR 的应用（第 2 章）作简短的阅读也是必要的。最后，第 5 章和结语部分讨论了一些对人类科学研究者提出重要问题的未来展望。

❑ 适用领域的专业人员：第 2 章显然是必不可少的，第 3 章可能会让读者了解实现这些应用程序所需的技术。最后，读者可能需要回顾一下目前解决开发人员所面临的各种问题的解决方案。

作者 / 贡献者

为了帮助整合这本书，我们邀请了在 VR-AR 领域非常活跃的法国实验室的专家以及来自工业界的专家，他们提供了材料和软件解决方案，并讨论了这些技术的使用和集成。请这些专家的目的是要使这本书涵盖 VR-AR 领域固有的广泛知识（例如计算机科学、信号处理、自动化、人类科学）。我们与他们中的许多人有着长期的业界联系（特别是在 AFRV 内）。每章的贡献者在各章的第一页列出。

0.5 参考书目

[ART 09] ARTAUD A., *Le théâtre et son double; suivi de, Le théâtre de Seraphin*, Gallimard, France, 2009.

[AZU 97] AZUMA R.T., "A survey of augmented reality", *Presence: Teleoperators and Virtual Environments*, vol. 6, no. 4, pp. 355–385, August 1997.

[BRO 90] BROOKS JR. F.P., OUH-YOUNG M., BATTER J.J. *et al.*, "Project GROPE – Haptic displays for scientific visualization", *SIGGRAPH Computer Graphic*, vol. 24, no. 4, pp. 177–185, September 1990.

[CAT 74] CATMULL E.E., A Subdivision Algorithm for Computer Display of Curved Surfaces, PhD thesis, The University of Utah, 1974.

[COT 96] COTIN S., DELINGETTE H., CLEMENT J.-M. *et al.*, "Geometric and Physical Representations for a Simulator of Hepatic Surgery", *Medicine Meets Virtual Reality IV*, IOS Press, 1996.

[CRU 92] CRUZ-NEIRA C., SANDIN D.J., DEFANTI T.A. *et al.*, "The CAVE: Audio Visual Experience Automatic Virtual Environment", *Communication ACM*, vol. 35, no. 6, pp. 64–72, June 1992.

[FIS 87] FISHER S.S., MCGREEVY M., HUMPHRIES J.*et al.*, "Virtual Environment Display System", *Proceedings of the 1986 Workshop on Interactive 3D Graphics*, I3D '86, New York, USA, pp. 77–87, 1987.

[FON 20] FONTANA G., *Bellicorum instrumentorum liber*, 1420.

[FRE 14] FREY J., GERVAIS R., FLECK S. *et al.*, "Teegi: Tangible EEG Interface", *Proceedings of the 27th Annual ACM Symposium on User Interface Software and Technology*, UIST'14, New York, USA, pp. 301–308, 2014.

[FUC 05] FUCHS P., MOREAU G. (eds), *Le Traité de la Réalité Virtuelle*, 3rd edition, Les Presses de l'Ecole des Mines, Paris, 2005.

[FUC 09] FUCHS P., MOREAU G., DONIKIAN S., *Le traité de la réalité virtuelle Volume 5 - Les humains virtuels*, Mathématique et informatique, 3rd edition, Les Presses de l'Ecole des Mines, Paris, 2009.

[FUC 16] FUCHS P., *Les casques de réalité virtuelle et de jeux vidéo*, Les Presses de l'Ecole des Mines, Paris, 2016.

[GOU 71] GOURAUD H., "Continuous shading of curved surfaces", *IEEE Transactions on Computers*, vol. C-20, no. 6, pp. 623–629, June 1971.

[JON 13] JONES B.R., BENKO H., OFEK E. *et al.*, "IllumiRoom: peripheral projected illusions for interactive experiences", *Proceedings of the SIGCHI Conference on Human Factors in Computing Systems*, CHI'13, New York, USA, pp. 869–878, 2013.

[JON 14] JONES B., SODHI R., MURDOCK M. *et al.*, "RoomAlive: magical experiences enabled by scalable, adaptive projector-camera units", *Proceedings of the 27th Annual ACM Symposium on User Interface Software and Technology*, UIST'14, New York, USA, pp. 637–644, 2014.

[LAV 17]　LAVIOLA J.J., KRUIJFF E., MCMAHAN R. *et al.*, *3D User Interfaces: Theory and Practice*, 2nd Edition, Addison Wesley, 2017.

[PHO 75]　PHONG B.T., "Illumination for computer generated pictures", *Communication ACM*, vol. 18, no. 6, pp. 311–317, June 1975.

[PLA 07]　PLATO, *The Republic*, Penguin Classics, London, 2007.

[SCH 16]　SCHMALSTIEG D., HÖLLERER T., *Augmented Reality: Principles and Practice (Usability)*, Addison-Wesley Professional, Boston, 2016.

[SUT 63]　SUTHERLAND I.E., "Sketchpad: a man-machine graphical communication system", *Proceedings of the May 21–23, 1963, Spring Joint Computer Conference*, AFIPS'63 (Spring), New York, USA, pp. 329–346, 1963.

[SUT 68]　SUTHERLAND I.E., "A head-mounted three dimensional display", *Proceedings of the December 9–11, 1968, Fall Joint Computer Conference, Part I*, AFIPS '68 (Fall, part I), New York, USA, pp. 757–764, 1968.

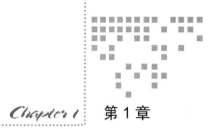

Chapter 1 第 1 章

新 的 应 用

Bruno ARNALDI, Stéphane COTIN, Nadine COUTURE, Jean-Louis DAUTIN,
Valérie GOURANTON, François GRUSON 和 Domitile LOURDEAUX

本章将概述那些已经出现或在过去 10 年中有很大发展的新应用。1.1 节通过有关人士分享的产品实例，探索在工业领域虚拟现实（简称 VR）的发展、增强现实（简称 AR）的出现及其投资回报问题。1.2 节探讨了在医疗领域中 VR 和 AR 对于手术的培训、准备和操作的影响。1.3 节研究与城市生活、建筑和城市规划相关的应用，并着重在移动端发展的问题上进一步讲述。最后，1.4 节将通过研究 AR 在文化传承方面的最新成果结束本章。

1.1 新的工业应用

1.1.1 工业领域的虚拟现实

目前，虚拟现实仍需要通过专业团队操作繁重复杂的机器来实现。而这个特性会阻碍那些非常注重投资回报率的公司对于应用 VR 的选择。

各个公司广泛涉足 AR 的时期描述如下。

1. 先驱者的时代：研究人员

直到 2005 年，只有少数的大型企业对虚拟现实感兴趣。他们的参与和小组的研究（基础研究和产业研究）有关，也与高校和研究界有着密切的联系。在法国，参与研究的公司都拥有内部研究和开发部门，这些部门均由在国家和欧洲范围的项目中工作的研究人员、博士、工程师和研究工程师组成，并与大型公共部门研究实验室（如法国国家信息与自动化研究所、法国国家科学研究中心、大学实验室）有密切合作，雪铁龙集团、雷诺和空中客车公司通过雪铁龙的 CRV、雷诺的技术中心以及空中客车的创新小组展开的合作就是如此。

2. 实验者的时代：创新性技术人才

从 2005 到 2010 年左右，许多大公司了解到 VR 在虚拟 3D 原型设计和沉浸技术中的应用。他们希望通过实验来分析虚拟现实在不同行业（特别是研究部门、组织和方法部门）的潜力，采用的方法与"先驱者"的方法截然不同：没有建立内部研究中心，而是开发了与某些技术资源平台相关的"创新部门"，如拉瓦尔大学的 CLARTE 或索恩河畔沙隆的 ENSAM。我们也可以举出法国 DCNS 集团、彼欧集团等更多的例子。

3. 共享平台的时代

从 2010 年到 2014 年，VR 以该地区公司可用的共享平台的形式被广泛使用。实际上，随着 VR 技术逐渐成熟，它的功能也变得更加强大，但其投资回报率无法让每个公司都投资它，所以许多公司需要一个共享的设备环境（CAVE、Cadwall）。该模型于 2000 年由 CLARTE 在拉瓦尔大学发起，其公司的技术平台为圣纳泽尔的 CIRV、皮卡的 Industrilab 和斯特拉斯堡的 Holo3 等奠定了基础。

4. 大规模 VR 耳机和应用程序的时代：发展过程中的主力军

从 2014 年年底开始，我们目睹了 VR 领域的技术经济革命。从第一款 Oculus 耳机，到 HTC Vice 等其他公司的耳机（每款都超越非 VR 领域的耳机），所有这些耳机的价位都非常低，从根本上改变了这一领域。显然，耳机不能像高端的 visiocube 那样。然而，HMD 的"用户可用性 – 沉浸式"成本等式使得公司内部的参与者无法探索它们并将其纳入考虑范围。它们充其量被认为是对 visiocube 的补充，在最坏的情况下也仅可以取代 visiocube。必须指出的是，HMD 的经济模型与 visiocube 没有任何共同之处。实际上，从经济角度来看，HMD 被认为是消费品。目前，与虚拟现实相关的投资完全与软件有关而与设备无关，这对决策中心有很大的影响。

1.1.2　增强现实和工业应用

增强现实技术已经引发了人们的很多幻想，但仍未被广泛传播。实际上，许多传播者利用"将虚拟加入真实"这一信息，创造出奇妙的视频。这些视频让观众相信我们可以轻而易举地观看不存在的汽车，想象我们将在客厅购买的沙发，靠近远方的人，甚至是死去的人。简而言之，现实生活将变得像在电视剧中一样！

然而这些戏剧性的"承诺"远远超过了如今技术的可能性。在这些"承诺"之后，AR遭到了公众和那些"伪AR"游戏如（*Pokémon Go*）用户的强烈反对。因为所表达的需求和预测的用途导致了"伪提供"，换句话说公司用那些经不住推敲的技巧和诡计来回应这些要求，所以我们无法追踪公司使用这种技术的阶段，这与VR不同。2017年的Gartner Hype曲线（图1.1）提供了一个有趣的例证，它无情地将AR标在了"幻想破灭的低谷"中。

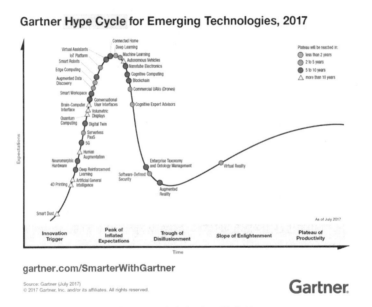

图 1.1　Courbe de Hype 2017。有关此图的彩色版本，请参见 www.iste.co.uk/arnaldi/virtual.zip

然而，经过仔细分析后，在涉及工业应用（也仅仅是这个领域）的情况下，增强现实已经进入下一阶段，即"启蒙的斜坡"阶段，市场将在接下来的二到五年趋于稳定。

1.1.3　用于工业复兴的 VR-AR

在我们详细研究 VR-AR 技术对商业的影响之前，先来听听业界人士 Stéphane Klein——STX（Chantiers del'Atlantique）副总监和 RetD 负责人的声音。他对几位知名企业家采取的务实措施以及观察到的影响做了简要总结：

　　"创新是圣纳泽尔 STX 法国造船厂的 DNA。这可能就是它是最后一家大型海事建筑公司的原因，也是今天看到了前所未有的复兴的原因，它在接下来的五年中订单已满！为了向客户提供更多创新产品，STX 始终在技术前沿，不断升级生产系统，以便在竞争激烈的全球市场中保持优势地位。在过去五年中，虚拟现实与新 3D CAD 的结合使用是 STX 研究部门最重大的变革之一。就在几年前，虚拟现实只是研发项目中一个简单的"工作包"，如今它已经成熟并被系统地应用，很快成为 STX 研究流程和营销不可或缺的一部分。STX 现在正考虑在船舶的建造和运营、设备的导航或维护以及在施工过程中使用增强现实。关于最后一点，STX 目前正在观察增强现实技术对帮助使用电力系统和流体网络的线路员的效果如何。该实验的初步结果前景非常好，生产率和质量已经得到了提高。增强现实技术在装配船舶方面的工业应用已然提上日程，剩下的就是优化在 R&D 研发项目中的解决方案。"

1. 基础部分：研究和通信市场

从 21 世纪初开始，知名企业家主要关注两个主题：

❑ 研究室内的虚拟现实（扩展 3D CAD）。用于沉浸式项目审查，包括验证装配、拆卸活动以及在沉浸式体验中进行交互式设计。VR 在这里是一种辅助决策工具（图 1.2 和图 1.3）。

❑ 通信业务中的虚拟现实。用作营销工具以助力销售，增加公司的产品和服务的价值。

图 1.2　DCNS 船舶指挥所的布局（© CLARTE-NAVAL Group（ex DCNS））

图 1.3　NEXTER 的项目审查（© Nexter）

这两个发展领域使相关公司能够在其内部服务中产生极大的热情（参见 PSA 及其 CRV），并使法国领先的企业能够树立创新形象，共同期待基于协作实践的新工业革命（例如与分包商和客户共同设计，同一集团实体内的远程协作）。虽然谈论工业革命还为时尚早，但显然 VR 已经促成了研究部门内部行为的改变，并且肯定有助于开发新的以用户为中心的设计方法以及 AGILE 方法。

多年来，硬件和软件平台已经变得专业化，它从最开始（21 世纪初）的探索性方法，到今天已成为可靠、高性能和直观的工具，即便是初学者也可以使用。这有几个市场上的平台作为例子：EsiGroup 的 ICIDO，Optis 的 HIM，Airbus 的 RHEA（符合空中客车公司要求的），MiddleVr 的 IMPROOV 和 TECHVIZ 的同名平台。

Jean Leynaud（NEXTER 系统工程总监）详细介绍了 VR 对公司未来工厂方法的影响：

"自从 1971 年 GIAT 集团成立以来，从设计板到 3D 数字模型，武器制造商 Nexter Systems 不断完善技术和改进工具，以提升性能和创新能力。正是在这种背景下，2013 年 Nexter 系统配备了虚拟现实系统（使用 CLARTE IMPROOV 软件的四面系统）。"

"现在，虚拟现实让终端用户比之前更容易参与到初步设计阶段中去，因为到目前为止并不是每个人都可以掌握初步设计阶段所使用的方法——阅读和理解 CAD 视图。沉浸在 3D 环境中可以让用户的建议更加务实并与操作使用直接相关。借助 VR 终端，用户更容易进入环境中，仿佛他们已经身处自己的车中。由此，他们更容易去表达自己的感受和需要。这种协作设计对于 Nexter 及其客户来说是一个重大进步。这种直接设计的新方式使得 NS 系列的产品可以专注于架构以及在未来的产品中进行创新。大约三年来，VR 一直是 Nexter 开发过程的重要组成部分。每个项目都使用 3D 沉浸技术来帮助审查设计概念。这使得所有参与者，特别是那些无法定期访问 CAD 的参与者，可以在开发的关键点分享产品的全局视图，并更好地理解架构中的不同选择。VR 已经成为开发新产品不可或缺的技术，因为这可以帮助公司选择一个架构并降低推出实体模型的"风险"（无须更换架构方案）。例如，重新设计物理模型需要几个月的时间进行改造和大量的财务投资，而对虚拟模型进行的修改只需要在计算机上操作的时间。这大大增加了模型的灵活性和迭代速度，对开发时间受限的工业环境尤其重要。"

另一个代表性的例子是 La Redoute。在他们的研究部门完成新仓库的布局和不同生产岗位的人体工程学的设计之后，公司将虚拟现实作为社会中介工具，用其来实施大规模的内部沟通操作。在一周内，通过公司内部的 HMD 向所有合作者展示了该未来仓库的虚拟模型。这产生了巨大的影响，正如 Marc Grosclaude 在 La Voix du Nord 发表的一篇文章中所述："在一年半的时间里，La Martinoire 将彻底改变——告别'旧'仓库。它于 1968 年奠基，当时被认为是'超现代'的。为了理解转型范围，La Redoute 的员工能够以 3D 形式探索订单处理网站。我们踏上了相同的虚拟之旅……"

感谢 VR，使我们可以用非常具体的方式感受工业革命。但是，我们注意到，中小企业，甚至是大型企业，直到最近才认真考虑使用 VR。这是因为购置和使用设备的成本很高，而且投资回报率很难计算。若一些公司很早就理解使用这种技术的好处（直接投资回报率和可量化程度较低的间接投资回报率的关系），正是因为大订单量的客户使他们进入了协作化的阶段。

2. 人体工程学和培训：通过 VR 增加价值的完美实例

（1）人体工程学 – 目标：减少肌肉骨骼疾病

从 2000 年到 2010 年的十年间，VR 在行业垂直领域（陆地、石化、海军和航空飞行器）的应用已经大规模发展，但近年来出现了许多横向用途，例如人体工程学及虚拟原型设计和虚拟训练的协作。这三个领域的经济利益都很大，投资回报率相对容易计算。

关于人体工程学，它涉及两个不同的领域：使用场景的人体工程学（飞行员座椅或指挥和控制岗位），可以提高各种设备的可用性和直观性；以及姿势人体工程学（生产岗位和线路的设计），通过对工作岗位进行下游研究，大幅度减少肌肉骨骼问题（图 1.4）。

图 1.4　Lactalis 生产岗位的人体工程学研究（© CLARTE）。有关此图的彩色版本，请参见 www.iste.co.uk/arnaldi/virtual.zip

这种方法最值得注意的例子之一是 INERGY 公司（Plastic Omnium 集团），它是首批尝试使用由 CLARTE 开发的 Ergo 设计生产线应用程序的公司之一。在对一些新生产线进行了几次测试后（图 1.5），公司很快决定将这一过程系统化：自 2011 年以来，任何新的生产岗位（世界上任何一个 INERGY 站点）都是通过研究人体工程学并使用 VR 和 RULA（快速上肢评估）设计的。此应用程序影响非常大，使得 Plastic Omnium 决定在技术中心（Compiègne）创建自己的虚拟现实中心并用于业务中。INERGY 估计设计创建阶段的时间已经缩短了 20% 左右，并因有下游公司的参与，其新岗位的"设计错误"率也下降很多。

使用这种方法的公司类型很值得关注。这其中当然有大型集团以及大量的分包商，通常位于中型和大型企业之间，以及在当今销售参数中使用"虚拟设计"的几家中型企业。

图 1.5　Inergy 生产岗位的人体工程学研究（© AFERGO）

（2）培训：工程教育学的革命

培训无疑是受 VR 影响最大的领域之一（图 1.6）。这主要有四个原因：

图 1.6　在直升机航空器上的着陆和起飞培训（在起伏条件下）(© CLARTE-NAVAL Group（ex DCNS））

1）使用 1∶1 浸入式和多感官交互来模拟工作情况，这有可能建立一个完全符合培训目标的新工程教学法；

2）整体"降低风险"：学习者可以被置于各种工作环境中，包括危险的工作环境，以便告知他们应采取的行动和流程，并帮助他们在遇到危险时做出正确的反应；

3）节省消耗品（例如进行工业涂装培训而不会破坏任何原材料）和重型设备（例如生产设备不需要单独留作培训，从而整体提高生产率）；

4）3D图像和沉浸感的吸引力可以减少传统培训中的枯燥无聊。

我们注意到，除了培训过程有所创新之外，许多公司使用VR程序向未来的员工（例如年轻人、求职者）宣传工作和职位。虚拟现实逐渐成为帮助建立理解和招聘的极其有效的沟通工具，对人力资源服务提供了很大的帮助。同时，相关业务模型仍然很简单，因为投资回报率采用以下公式计算：（原材料的节省＋由于生产设备无须停产用于培训而产生的节省）–（获取和使用VR培训平台的成本）。

最近出现的高性能低成本的HMD使这个等式结果更加令人满意，使目前VR在教学和培训领域的发展更上一层楼。

1.1.4 增强现实如何呢？

虽然AR对于普通大众来说更容易理解，因为他们在智能手机和平板电脑上使用相关应用程序，但我们发现他们似乎已经对它失去了兴趣。然而，AR在专业领域，特别是工业领域仍在继续取得进展。

在设备方面也有了显著的进展。微软的HoloLens眼镜标志着这一领域的重大进步。

即使在2017年，也很难谈论AR引领的产业更新，因为那些最成熟并在公司内部得到使用的应用程序都集中在沟通、营销和提高销量上。

尽管如此，仍有许多正在进行的研究项目。AR硬件最初是使用平板电脑等其他中间屏幕，后来使用半透明眼镜，很有可能在未来几年内会使用成熟的应用程序。此外，一些应用已经达到了一定的成熟度，正在参与我们目前所经历的行业更新。

让我们举一个由AGI（空中客车集团创新部门）开发的MIRA（图1.7）的例子，"这个解决方案从最开始就被使用，因此飞行员可以验证安装在飞机上的数千个零件是否全部放置正确，例如固定支架用于支撑电缆、液压管或空调管"（来源于空中客车集团）。

再举一个ARPI（图1.8）的例子，这是一个控制STX（圣纳泽尔造船厂）内"面板工厂"设备组装的实验装置，可以节省大量资金和时间成本。

与主要涉及研究部门、组织和方法部门的虚拟现实不同，增强现实在一些领域中得到应用，这些领域甚至包括生产单位和工业的建设。因此，所使用的设备（平板电脑、PC、AR 眼镜）经过了极为严格的测试，并且在使用时必须具有健壮性、可靠性和直观性。如果是这种情况（真正的挑战！），这些 AR 应用程序的附加值非常大，更易于生产力专家进行评测投资回报率也比 VR 更容易衡量。

图 1.7　空中客车集团创新部门的 MIRA 应用程序（© Airbus Group）。有关此图的彩色版本，请参见 www.iste.co.uk/arnaldi/virtual.zip

图 1.8　用于控制面板（25m × 25m）STX 的 ARPI 应用程序（© CLARTE-STX）

为控制室中的操作员提供帮助，帮助冶金工人进行指导和定位，向技术维护人员提供本地或远程技术支持——所有这些用途都将使生产率提高几十个百分点。

1.2　计算机辅助手术

用于模拟、规划和手术培训的软件包括导航帮助、AR 设备、远程干预、机器人技术……计算机辅助手术是一个不断发展的领域，目前已经进入多个手术室进行实际应用。本节通过重点介绍 VR-AR 对过去十年和未来十年的贡献，描述该领域的现状以及这一领域的主要挑战和未来发展方向。

1.2.1　简介

自从 1895 年第一次使用 X 射线和第一张 X 光片出现以来，医学成像领域的发展只有普通的改进和更加多样化。从 20 世纪 70 年代开始，随着 CT 扫描的发展以及 20 世纪 80 年代早期核医学和磁共振成像的出现，医学成像领域有了显著进展。然而，取得最主要进展的可能性来自于计算机科学和数字图像处理方法的共同发展，这意味着以更高的精度和效率来解释和处理更大和更复杂的图像成为可能。

如今，由于数字模拟、3D 建模、生物力学表征以及虚拟和增强现实等技术，我们看到医学领域正在发生新的革命。这些进展还扩大了其应用范围，与医学成像和机器人技术建立了联系。如果仅以交互方式可视化从 CT 或 MRI 扫描仪重建的 3D 患者数据来说，则 VR 在医学界已经有了很多用途。然而，结合在不同科学领域取得的成果，VR 可以有更多的用途。

在本节中，我们将研究计算机辅助手术领域，这是这场革命的核心，同时也带来了一些挑战。三个主要挑战是：1）使用 VR 训练外科医生参加适当的培训课程，对患者没有风险；2）复杂干预的上游规划，以减少手术时间和风险；3）在手术室使用 AR，以便将干预所需的基本信息原封在一起，使手术顺利进行。在不同的应用中，可将几个生理、生物力学和几何参数引入方程并计算，例如肝脏变形、心脏的电生理活动甚至手术器械与器官之间的物理相互作用（参见图 1.9）。

这些不同的目标之间存在着紧密的联系，使科学成果的共享成为可能。在大多数情况下，软组织[⊖]往往是治疗的目标位置。进行外科手术的解剖结构很大一部分是肝脏、心

　　⊖　软组织是身体除骨骼之外的任何组织，如肌肉、脂肪、纤维组织、血管或任何其他支持组织。

脏、大脑和血管等器官。因此，不仅从解剖学角度，而且从生物力学角度对这些结构进行模拟是最初的挑战。在外科手术期间用于学习和帮助的模拟也与计算时间有关，这是另一个共同点。为了允许信息的交互或即时显示，这些应用程序需要实时的结果。考虑到前面讨论的生物力学模型的复杂性，这是困难的，因为需要考虑几个参数（并据此计算）。最后，术前计划和术中⊖辅助需要高精确度来计算预测的结果。通过使用越来越强大的数字计算方法，以及适于患者的专用建模，而不是通常用于学习软件的通用建模，可以实现这种精确度。我们叫它"个性化医疗"。

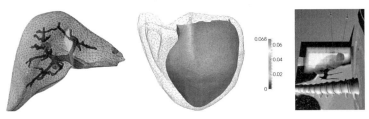

图 1.9 左图：肝脏及其血管网络的数字模型，使用患者的 CT 扫描创建并适应实时模拟。中图：模拟心脏的电生理活动，使用患者数据进行参数化。右图：模拟肾肿瘤的冷冻消融及其计算网格（黄色和红色）。有关此图的彩色版本，请参见 www.iste.co.uk/arnaldi/virtual.zip

在本章中，我们将首先讨论可通过术中图像和术前数据（例如图像、虚拟 3D 模型）的融合丰富视觉信息的 AR 技术，这有助于在手术期间指导外科医生。但是，为了逐步引入在该领域发挥作用的不同概念，我们将从在学习环境和运营计划中使用 VR 成果开始讲起。

1.2.2 虚拟现实和学习模拟

在本节中，我们将简要介绍一些 VR 在手术领域的学习环境中使用的例子。我们希望引入一组有助于理解 1.2 节其余部分的概念，而不是提供有关该领域现有项目和产品的大量报告。一般而言，在此背景下开发的交互式数字模拟主要用于微创外科手术⊖。这些新方法为患者带来了许多好处，例如降低感染和出血的风险以及缩短住院时间和康复时间。然而，鉴于传统手术量减少（因为通过内窥镜摄像机观察）以及在这些干预期间没有任何触觉信息，专门的培训变得十分有必要。幸运的是，这种手术技术具有易于开

⊖ 在外科手术中所做的一切事情都称为术中操作。

⊖ 微创外科手术包括使用微型器械进行手术，通过小切口插入并借助成像技术进行操作。

发 VR 工具和模拟的特性。由于没有直接操作器官，也没有手术部位的直接可视化（见图 1.10），因此可以开发如实再现外科医生实际感知内容的设备。

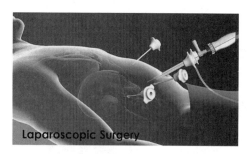

图 1.10　腹腔镜手术的一般原则：通过小切口将小型器械和相机引入腹部。外科医生使用显示摄像机捕获内容的监视器进行手术。有关此图的彩色版本，请参见 www.iste.co.uk/arnaldi/virtual.zip

这些概念还涉及微外科或血管外科领域。在微外科领域，手术部位通常通过立体显微镜观察，并且仪器有时类似于腹腔镜手术⊖中使用的仪器，但是更加小型化（见图 1.11）。

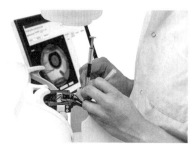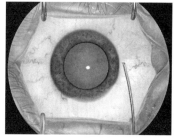

图 1.11　微外科手术也是可以开发模拟系统的应用领域，我们在这里模拟
白内障手术及其力反馈系统（© HelpMeSee）

关于血管外科手术，也称为介入放射学，解剖结构的可视化通过 X 射线图像系统进行，治疗作用通过柔性器械（导管和导向器）进行，通过动脉或静脉系统（见图 1.12）导航到相关区域。该技术允许血管外科医生对动脉（例如主动脉、颈动脉、冠状动脉）进行干预或治疗那些可通过血管网络直接进入的病理（例如心脏瓣膜、肝肿瘤的局部化疗）。

⊖　腹腔镜手术是微创外科手术在腹部的一个例子，成像设备是可以显示腹腔的小型相机（腹腔镜）。

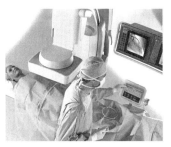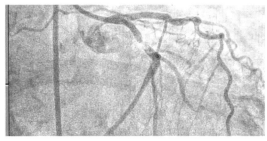

图 1.12　血管外科手术使用显微外科手术导航血管网络，直至其达到病理状态。
干预的可视化通过称为荧光透视的实时 X 射线成像系统进行

　　不论在哪个应用领域，预备步骤都包括生成 3D 解剖模型。干预通常是器官特有的，因此该模型仅限于少数解剖结构（例如肝脏、心脏、眼睛），但有时范围可能更大，例如生成血管系统的模型。该模型可以使用体积医学成像（CT、MRI 或其他方法）或使用 3D 建模工具直接构建。目前使用的方法更倾向于这两种方法的结合，首先基于真实数据创建模型，然后编辑该模型以匹配模拟约束或添加解剖或病理变化。

　　即使只在本地创建精确的解剖结构 3D 模型，在今天来说仍是个挑战。有以下几个原因。首先，手术基本上是基于视觉感知的，并且外科医生的认知是将视觉不一致性解释为可能出现的问题或病理的指标。因此，为了使虚拟的表示尽可能真实，每个几何细节或纹理都必须被集成，并且不能为了简化表示而删除任何细节，如在其他领域（例如工业设计、架构）中所做的那样。此外，与其他 VR 应用不同，该解剖模型不能保证得到的是简单的几何表示。它将被用作物理模型（例如机械，电气）的基础，这也带来其自身的一组约束。图 1.13 说明了解剖的其中一种表示，在这种情况下用于局部麻醉训练。

图 1.13　为解剖结构建模以及创建适合不同计算的几何模型是模拟学习的第一个关键步骤。它可以提供不同级别的细节。有关此图的彩色版本，请参见 www.iste.co.uk/arnaldi/virtual.zip

该技术是将麻醉剂直接注射到神经中，从而避免了全身麻醉。因此，该模型需要包括不同层次的表示，从皮肤和肌肉到神经和动脉。CT 扫描和 MRI 用于获得这些多层次的基本图像。在处理图像进行 3D 重建之后，对不同的网格进行重新加工以保证某些特性。

我们希望在这些网格中获得的特征与网格的几何结构和拓扑结构有关。例如，比较重要的一点是网格是"平滑的"，因为大多数解剖结构具有这种特性。在定义体积时保证表皮闭合也很重要。这样就可以管理虚拟对象之间的接触（如果网格中有洞，我们可以直接通过对象，所以不会检测到任何碰撞），我们还可以创建可用作计算应变支撑的体积网格（参见图 1.14）。

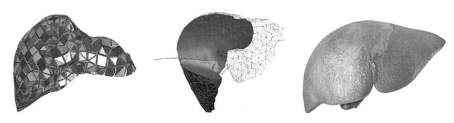

图 1.14　左图：肝脏的有限元网格由四面体和六面体组成。中图：模拟射频电极和肝脏之间的相互作用，这需要计算应变并计算器械和器官之间的接触。右图：肝脏的视觉模型，使用纹理和不同的光照模型（着色器）进行逼真渲染。有关此图的彩色版本，请参见 www.iste.co.uk/arnaldi/virtual.zip

除了一些专门的手术领域，如整形外科，大部分我们正在检查的解剖结构被认为是可变形的。要将它们准确地整合到学习、计划或手术辅助的环境中，需要对其生物力学行为进行建模。这种建模通常基于物理定律，但在实际情况下会进行不同程度的近似。由于新数字方法的发展，现在可以使用已经发展得比较完备并且保持与实时计算兼容［COT 99，COM 08］的行为模型。考虑到数值精度，研究人员更倾向于使用有限元法（FEM）实现这一目标。此方法需要创建体积网格（参见图 1.14），该网格由执行计算的简单几何元素组成。如图 1.15 所示，计算的精确性和快速性受这些元素类型和数量的影响。

不论采用何种方法，手术领域与使用 VR 的所有其他领域的区别在于结构的可变形性。这也解释了为什么术语"建模"经常被"VR"取代，因为应变的实时数字建模和与虚拟仪器的交互仍然是复杂性的主要来源。根据器官、病理学和手术技术的不同，这些交互可能具有广泛变化的性质。在"传统"手术的情况下，器械大多是刚性的并且用于切割、烧灼和缝合器官。在其他情况下，例如血管手术，器械是柔性的并且将与比器械更刚性的血管相互作用。这成就了不同的建模技术，其中计算时间基本上用于计算仪器上的应变而不是器官上的应变（见图 1.16）。

图 1.15　左图：由 1500 个四面体组成的肝脏的有限元网格，计算时间为 8ms（即 125 个图像 /s）。中图：由 4700 个四面体组成的肝脏有限元网格，计算时间为 25ms（即 40 个图像 /s）。右图：由 21 600 个四面体组成的肝脏有限元网格，计算时间为 140ms（即 7 个图像 /s）

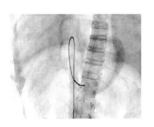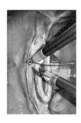

图 1.16　器官和器械的虚拟模型交互的例子。左图：血管手术中导管导航的模拟。中图：腹腔镜手术中切口的模拟。右图：腹腔镜手术中缝合线的模拟。三种情况交互都很复杂，第一个和最后一个例子中交互涉及除器官本身之外的其他可变形结构（© Mentice（左图），3D 系统（LAP Mentor）（右图））

1.2.3　增强现实和干预计划

在某些情况下，手术计划对手术的成功至关重要。例如，在肝切除⊖时，该计划将使手术后剩余的肝脏体积最大化，以增加患者的存活机率。在其他情况下，这种计划将导致干预持续时间的缩短，从而也缩短了住院时间。通常，患者首先进行医学成像检查（例如扫描、MRI、X 光检查）以获得手术解剖区域的图像。如今，这些图像是计划干预的基本信息。

它们首先由放射科医师研究，以便建立诊断，然后由外科医生检查。但是，在某些

⊖　肝切除是一种外科手术过程，切除一部分肝脏作为肝肿瘤的治疗方法。

情况下，很难仅根据这些图像来判断使用的最佳方案，或至少仅基于以原生形式查看它们（见图 1.17）。因此，这些图像通常使用不同的软件进行处理，从而实现 3D 的最佳可视化和更好的操作。

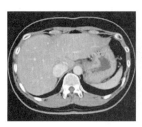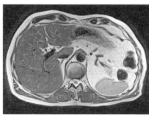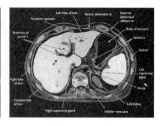

图 1.17　用于诊断或计划的医学图像的例子。左图：从 CT 扫描中拍摄的图像。中图：来自 MRI 扫描的图像。右图：图像中可见的不同解剖结构标记

这些 3D 可视化医学图像的方法中使用最广泛的有体积渲染技术。这项技术可广泛应用于放射科的工作站，足以产生较好的解剖和病理结构的 3D 可视化效果。但是，一些计算和操作不可能使用这种技术。在许多情况下，我们需要计算肿瘤的体积，或者，就肝切除所需的计划来说，我们需要计算手术后剩余的肝脏体积，因为这是确定干预成功的关键因素。这是通过识别和标记医学图像中的每个解剖和病理结构来完成的（见图 1.18）。

图 1.18　使用患者解剖结构的 3D 重建来规划虚拟现实中的肝脏手术。这里含有肿瘤的肝脏区域被清楚地标记以便估计肝脏体积，这仍然是术后存活的基本标准（© IRCAD & Visible Patient）。有关此图的彩色版本，请参见 www.iste.co.uk/arnaldi/virtual.zip

所获得的 3D 模型（例如动脉、静脉、神经、肿瘤）可以单独地被可视化和操纵，从而提供更适合于手术使用和计划的解决方案。今天，大量的软件允许外科医生进行这些操作：Myrian（Intrasense，Montpellier France），MeVisLab（MeVis Medical Solution，Germany），ScoutLiver（Pathfinder Therapeutics，USA），VP Planning（Visible Patient，France）。使用这些软件获得的虚拟患者可用于促进或优化手术的诊断或计划。

通过从各个角度可视化以及操纵该虚拟副本，外科医生可以改进诊断，最重要的是，外科手势可以按照计划高精度执行。此时，我们可以定义 VR 为外科医生提供三个级别的帮助。

第一级别为可以提供 3D 模拟操作但不寻求与现实虚拟模型进行实时交互或需要实时操纵的软件。这主要是一种桌面工具，可以在虚拟模型上执行某些计算或几何和拓扑操作。第二级别为沿着"虚拟化"操作的路径进一步发展。因为它支持在实际条件下对关键部分进行排练操作。在这里，我们将上述学习原理与手术规划相结合。该服务由专门从事模拟学习的公司（例如 Mentice、Simbionix 或 CAE Healthcare）提供，并且也被研究团队［CHE 13，REI 06］使用。最后一个级别的辅助包括将此计划的结果应用到手术室，使用复杂的算法使术前计划适应术中环境。

在上述所有场景中，专家主要致力于提高模拟和规划的质量，目的是在这些过程中能够使用更多数据。随着新的成像和传感器系统模式的发展，可以测量的信息不断增加。这种多样性使外科医生能够做出更明智的决策并执行更适应患者的计划。然而，为了做到这一点，必须将这些不同的信息源和不同类型的数据组合在一起，以便用户能够更好地理解它们。

例如，通过将患者心脏的机械特性（如弹性）与其电活动相结合，医生能够确定最适合该患者的策略［TAL 13］。因此，个性化医疗的概念与干预计划密切相关（见图 1.19）。这种演变融合了不同来源（如 MRI、扫描、超声波）的数据，通过新传感器系统的开发以及创建更强大的算法来实现。例如，在欧洲项目 euHeart［TAL 16］中开发了一种结合生物力学和电生理学方面的个性化心脏模型。同样，在神经外科手术中，术前图像、3D 建模和模拟技术的结合提供了更强的工具来规划干预，使深部脑刺激成为可能［BIL 14，BIL 11］。在该外科手术中，必须将电极插入位于脑中心的 $8 \times 2 \times 2mm^3$ 的区域中。如果没有精确的计划，并且不考虑手术期间大脑的运动，则定位该结构会变得非常复杂且耗时，更不用说这可能对患者产生影响。

最后，在计划手术中使用 VR 相关的规范和约束与先前为学习定义的非常不一样。除非我们希望将规划和交互式模拟结合起来，否则交互性和实时处理不再是强制性的。但是，数字仿真的精度仍然是一个重要因素。虽然通用且可信的可变形模型在学习时已经足够用，但当它成为工具被用于规划时，我们必须进一步进行建模。由于与计算时长相关的约束要求较低，因此可以使用更精细的网格进行有限元计算，从而提高精确度。

我们还必须确保描述该现象的物理模型能够正确地表示这种现象，希望模拟具有预测性。首先需要大量的实验工作来正确地模拟现象（例如应变、生理学、热扩散），然后使用新数据来确认模拟的预测是否尽可能接近现实结果［CHA 15］。获取这些数据是一项棘手的任务，需要定义复杂的实验协议和访问专用设备。然而，这项工作对于为外科医生提供他们可以依赖的工具仍然至关重要。

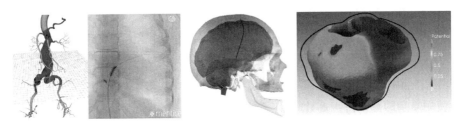

图 1.19　与手术计划相关的模拟例子。左图：患者特异性模拟血管手术。中图：模拟在可变形的大脑模型中插入电极以计划深部脑刺激。右图：结合生物力学模型和心脏电生理模型，使用记录的患者数据进行配置。有关此图的彩色版本，请参见 www.iste.co.uk/arnaldi/virtual.zip

最后一步，在计划之后是实际的外科手术。在这之中，VR 让位于 AR，以便将操作期间收集的信息与规划阶段开发的模型相结合。在到达这个阶段之前必须克服许多挑战，以确保在比研究实验室更难控制的环境中的精确性、交互性和稳健性。

1.2.4　手术中的增强现实

在过去的 20 年中，医学成像的显著发展导致了杂交手术的出现。这些成像系统仅用于在手术室中诊断的外科手术。因此，外科医生面临着将该信息（2D 或 3D 图像）整合到手术领域的任务。此外，除了在极少数情况下外科医生可以进入杂交手术室（见图 1.20）之外，介入成像资源仍然有限（在可用性和技术能力方面）。因此，在手术室中获取的图像比使用 CT 或 MRI 扫描进行干预之前拍摄的图像更不精确且更不可用。然而，大多数情况下，手术室中唯一可以使用的设备仍然是只允许外科医生观察器官表面的腹腔镜摄像机。

为了帮助外科医生克服这些困难，AR 旨在通过叠加真实的视频操作图像来显示患者解剖结构的 3D 模型。虚拟信息使外科医生的真实视图更加丰富和正确。

因此，患者对外科医生来说变得几乎透明，可视化器官（例如血管、肿瘤）内的结构成为可能，否则医生只能通过触觉感知到这些结构。在刚性结构中应用 AR 的一个例子是脊柱手术。这是一种困难且高风险的手术，因为脊柱解剖结构的重要部分和神经血管结构对外科医生来说是不可见的。为了解决这个问题，斯德哥尔摩的一家医院与飞利浦合作开发了一种 AR 技术，该技术将患者表面的外部高分辨率视图与其解剖结构的 3D 内部视图相结合（见图 1.20）。在这种情况下，系统的复杂性有限，因为考虑到没有可变形的结构，但这种实时 3D 视图能够使外科医生改进手术的规划、植入物的放置精度和治疗时间［ELM 16］。

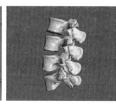

图 1.20   手术室内增强现实。左图：杂交手术室集成了不同的成像系统，可以在手术过程中显示
　　　　　患者的内部解剖结构。中图：脊柱手术前椎体的 3D 重建。右图：便于椎弓根螺钉定位的
　　　　　AR 视图（© Philips）

　　尽管用于医学的商业 AR 应用仍然非常有限，但是该领域的大量研究正在进行中［FIS 07，HAO 13，LEI 14］。然而，他们经常假定先进的成像技术或专用标记用于跟踪器官或器械的运动。另外，为了简化算法，减少计算时间，通常还假设在术前获取和真正手术之间的时间中解剖结构不变形（或者变形可忽略不计）。尽管这种假设对于某些解剖结构（例如骨骼）是可取的，但由软组织构成的大多数器官并非如此。Fuchs 等人提出了关于 AR 首次在腹腔镜检查中应用的一个研究［FUC 98］。该项目的重点是从腹腔镜图像中提取深度信息，以改善手术过程中的 AR 可视化。在可视化的背景下，Suthau 等人［SUT 02］描述了在增强手术的应用中仍然普遍存在的一般原则。2004 年，Wesarg 等人［WES 04］描述了用于微创介入的 AR 系统，其中仅考虑术前和术中图像之间的刚性变换。同年，Marescaux 等人［MAR 04］报道了第一例 AR 辅助腹腔镜肾上腺切除术，其基于虚拟模型和手术图像的手动对准（从位于手术室外的控制室）。其他手术领域取得了类似的结果，例如血管外科领域［ANX 13］。

　　然而，正如前面的结果一样，解剖结构上的变形被忽略或假设可以忽略不计。可变形器官最早的 AR 方法是使用放置在手术区附近的标记物或导航系统进行的［TEB 09］。这些方法已经证明手术中的自动 AR 系统是可行的，但是通常对手术室中的设备有一些限制或者需要手动交互（见图 1.21）。

图 1.21   手术中使用导航系统的示例。我们可以看到用于跟踪仪器和位于器械上和 / 或器官上的标
        记的移动相机，以便于根据手术视图重新定位虚拟视图。这种方法不处理器官的变形，也
        不处理虚拟模型和真实图像的视觉重叠（© CAScination）

当我们检验术前和术中数据的融合时，在外科手术辅助领域有两个共存的术语：如果图像是 2D 的，无论是通过 X 射线还是腹腔镜相机获取的图像，定位真实对象上的虚拟对象通常称为位姿估计。位姿估计旨在确定成像设备（通常是相机）的特性，以便定义具有相同特性的虚拟相机，从而保证真实图像和虚拟图像的最佳重叠。当介入图像是立体的，或者有时仅仅模糊表达时，这种技术被称为校准。该过程包括在图像之间或图像与模型之间找到相似性，以便在数据之间定义一组公共点。当校准是刚性的时，只需要几个点：当校准可变形时，必须确定更多的点，这通常更复杂。此时可变形模型起决定性作用，因为如果它能很好地描述器官的物理特性，就提供了精确地推断超出这些点的运动的可能性，即使它们的数量很少。

随着手术中立体摄像机的可用范围越来越广，Haouchine 等人［HAO 15］通过预先校准立体内窥镜的方法使用它们。先在立体图像上对肝脏表面标记兴趣点，然后使用光通量方法在时间上跟踪。这使得可以基于图像中的"签名"定义特征点集，其可以在每对立体图像中被识别。通过匹配兴趣点之间的最邻近点，我们可以使用三角测量重建 3D 点云，然后使用移动最小二乘法对其进行平滑处理，以获得最小噪声的器官表面重建（见图 1.22）。

当然，也可以使用其他方法来识别术中数据中的特征点，每种方法通常都与特定的成像模态相关联。因此，当介入图像是 X 射线图像时，我们可以使用非常小的不透射线标记，以便在术前图像和术中图像中获得可见点。在术前扫描之前，将这些标记物（使用针）经表皮插入到器官中。通过将干预时可见的标记与从术前图像中提取的标记相匹配，可以定义两组点之间的变换。当我们检查可变形的解剖区域，例如大脑或肝脏时，这种变换是复杂的，但可以假定在肿瘤周围的区域是局部刚性的（见图 1.23）。CyberKnife® 系统利用这一假定，使用放置在周边的一组标记的位置在 3D 中定位肿瘤的位置。这些标记由安装在手术室墙壁上的两个 X 射线照相机捕获，然后肿瘤的 3D 位置引导装有紧凑型线性加速器的机械臂。根据对肿瘤位置的估计，该加速器将一束伽马射线聚焦到肿瘤上，精确度很高，最大限度地减少了对周围健康组织的影响［KIL 10］。

图 1.22　使用立体内窥镜图像对肝脏表面进行 3D 重建。左图：兴趣点被提取出来（绿色）。中图：基于兴趣点对肝脏进行部分 3D 重建。右图：兴趣点被提取出来（绿色）。有关此图的彩色版本，请参见 www.iste.co.uk/arnaldi/virtual.zip

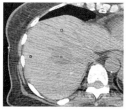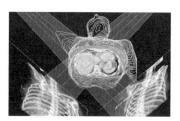

图 1.23　使用不透射线的标记物匹配术前和术中数据。左图：用于放射治疗的 CyberKnife 系统。中图：术前图像显示肿瘤和放置在外周的标记。右图：双 X 射线束识别干预过程中标记的 3D 位置（© Accuray Incorporated）

　　然而，在大多数情况下，难以在紧邻肿瘤的图像上放置标记物或提取兴趣点。由于器官是可变形的，在这些情况下，校准方法必须考虑到这个性质。生物力学模型已经证明这是最合适的选择，因为它们可以定义器官的弹性特性，并由此推断［SUW 11］内部深处结构的运动。通过解析机械方程，将跟踪点视为外部约束［SUW 11］或利用活动模型的概念进行校准。后者通过最小化被计算在内的模型内部行为的能量和测量模型与图像索引之间匹配程度的外部约束来完成［SHE 11］。Plantefeve 等人提出了一种使用异质生物力学模型的方法［PLA 15］，其目的是提高 AR 的质量，同时保证实时性。虚拟肝脏由薄壁组织和血管网络组成的模型描述，以便在模拟变形的异质性和各向异性的同时更真实地呈现解剖现场。该模型使用有限元方法计算，并且可以考虑非线性实时弹性变形。

Peterlik 等人［PET 12］演示了该模型的精确度和高速度。

因此，该立体模型能够观察到在体内使用立体内窥镜相机显示在表面上的 3D 变形，然后实时将肿瘤或血管的虚拟模型重新投射到器官的图像上（见图 1.24）。该解决方案非常直观，因为它不需要任何特定设备，也不需要对操作过程进行大的修改。研究结果使用硅胶肝脏验证，然后使用患者的实际数据。它们表明，肿瘤的估计和实际位置之间的误差范围小于当前手术中的误差范围。尽管如此，这些技术在完全被验证并用于手术室的常规使用之前还有很长的路要走。

图 1.24　肝脏手术中的不同步骤，清楚地显示肝脏变形的幅度。我们可以看到，尽管有明显的变形，虚拟模型仍然正确地定位在腹腔镜图像上。根据外科手术的要求从上到下的图像显示了易于可视化或隐藏的不同解剖结构。有关此图的彩色版本，请参见 www.iste.co.uk/arnaldi/virtual.zip

1.2.5　现状和未来前景

在过去五年中 AR 在手术领域取得了重大进展，并且 AR 应用正逐渐在实验方案中出现，并被整合到现实生活中。随着手术风险的降低和住院时间的缩短，这些使用 VR、数字模拟和介入想象的新手术技术有望成为外科手术的未来。然而，为了实现这一目标，必须进行研究和开发，特别是在算法的稳健性和模拟的预测能力方面。在法国仍然只有少数从业者正在研究这一主题。尽管如此，2014 年至 2017 年期间使用 AR 技术的手术在那里进行了 150 多次，使法国成为该领域的领导者之一。这仍然是一项新兴技术，需要更多的验证和实验，以实现从算法开发到手术本身的能力的真正互补。

从广义上讲，这种手术和介入医学的演变（或称为革命），类似于 20 年前因用于医学图像处理的计算机程序的到来而进行的转变。通过信息处理、数值计算、可视化和复杂概念的简单操作，AR 和 VR 拓宽了领域，这反过来又促进了互联技术的发展或使这些技术更加易用。虽然仍然很难准确预测这些演变将作用于哪个方向，但我们看到在今天已经出现了两个领域：机器人技术和 3D 打印技术。机器人技术的核心要素是控制回路，它由一组算法组成，这些算法实时处理数据，用来为机器人提供正确的命令。该控制通常基于对一个或多个相机图像的分析。之后我们来说视觉主从设置。当机器人要与软组织相互作用，例如将针插入肿瘤时，这变得非常复杂。之后在 AR 和机器人系统之间建立直接连接，外科医生能够在规划阶段定义针的最佳定位。通过实时模拟，可以通过 AR 控制机器人针。因此，3D 打印技术引起了外科医生的关注——它允许创建可以在 3D 中轻松操作并匹配患者解剖结构的物体。将虚拟模型投射到器官的物理模型上将很快成为为外科医生提供有形界面的新方法 [FRE 14]。

无论如何，正如其名称所示，辅助手术的目的是帮助外科医生进行手术并做出决定，但它永远无法取代他们。外科医生仍然是主要的决策者和主角。

1.3　可持续城市

哪些是在过去十年中对城市景观产生影响的 VR-AR 应用程序，以及未来几年可能出现的应用程序？

本节的目的是来解答这个（大）问题。我们通过关注三个主要方面来解答：

❑ 出行，更具体地说，城市中便利的交通；

❑ 房屋，更广泛地说，建筑学；

❑ 城市，更广泛地说，城市化。

1.3.1　城市中的助行器

如今，无处不在的户外导航工具关联着日益精确的世界地图。我们还可以看到，精确的城市制图不再仅仅是城市管理的技术服务。在过去十年中，这一领域的重大发展是那些行业领先的大企业（例如 Google、Apple、Microsoft、Tom Tom、Mappy、Here）的工作成果（见图 1.25、图 1.26 和图 1.27）

2D 和 3D 可视化技术越来越多地应用到通用的应用程序（例如谷歌地图）中，其可以通过标记出用户之前可能不知道的路线来引导用户到达位置。这些应用程序也会向我们提供其他信息，例如，指出沿途或目的地附近的兴趣点（例如美食、文娱、商场）的地理位置。虽然这些推荐并不总是让用户感兴趣，但它们仍经常出现，因为广告可以为这些应用的开发提供部分资金。

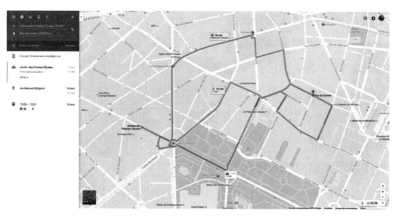

图 1.25　谷歌地图：2D 视图（© Google Maps）

图 1.26　谷歌地图：3D 视图（© Google Maps）

图 1.27　谷歌地图：街景（© Google Maps）

由于过于抽象的地图难以阅读（2D 视图对许多人来说有困难），AR 很快成为了促进移动性问题的解决方案。它能将路径可视化叠加到其用户真实观察环境的图像上，方便用户在智能手机或平板电脑上查看（见图 1.28）。

此外，AR 的存在或许打破了良好导航辅助系统的主要限制。当用户面对过多困难的认知任务时，他们会分散对环境中可能存在的风险的注意力，而 AR 导航使得用户（行人、骑行者或驾车者）易于阅读地图和识别位置，而并不会因此卷入危险中。

因此，移动终端上的地图在过去 10 年中得到迅速发展［SCH 07］。日益逼真的 3D 信息可视化、用户定位的 GPS 功能和基于他们出行方向的定向地图是迅速发展的关键因素。

当我们期待无人驾驶汽车的出现时，可以选择在车辆中使用这些移动终端：将这些图像叠加在挡风玻璃上，使我们的眼睛始终盯着路面。实际上，如果我们遇到意外需要做出反应时，不专注道路而专注于导航设备会分散注意力并因此增加反应时间。所以我们谈论"平视显示器"（HUD），它长期以来一直用于航空

图 1.28　Here 公司的 AR 应用导航（© Here）

（武装航空和现在的民用航空）中可视化驾驶舱内的信息。这些系统是多年前由汽车制造商和户外用品商开发的，它们目前仅限用在少数车辆（通常是高端车辆）的唯一原因在于所采用的营销策略。很明显，这些设备将在未来几年变得更加普及［YOO 15］。

然而，在广泛使用这些 AR 应用之前，还有一个问题需要解决：驾驶时的预期。实际上，在用于汽车的 GPS 工具中，沿路的变化（例如，在交叉路口转弯）被预先告知并被可视化，这使得驾驶员可以通过将他们当前的视角替换为他们将在前方几十米处的视野来为变化做好准备。在 AR 应用程序中，可视化以用户当前位置为中心，目前无法在当前视角上预测这种变化。对于行人而言，这种情况不成问题，因为他们以低速行驶，能够实时做出反应，这与汽车用户不同，以更高的速度行驶并且提前预期是非常必要的。

另一个将注意力集中在用户位置的例子：在 AR 中查看附近的商店（见图 1.29）更有效？还是在地图上查看能更正确地衡量相对空间的分布？

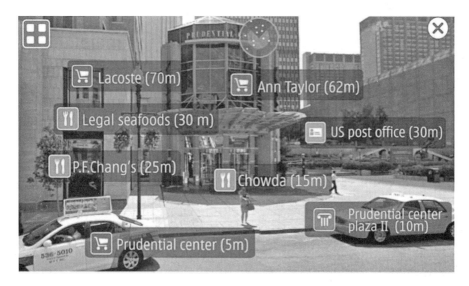

图 1.29　AR 视图显示兴趣点（© Nokia Live）

可以使用现有的 3D 数据库来解决这个问题，以便在以用户为中心的视觉显示和更一般的视角（俯瞰？）之间进行切换，这有助于预测和查看附近的信息。

另一个挑战是遮挡物的处理，由于图像的独特 2D 特征，其中没有任何深层的信息，因此有时很难确定某些元素是否位于建筑物的前面或后面。在城市环境中，建筑物密度高，这种准确感知环境的难题阻碍了 AR 应用的更大发展。随着深度捕获工具的普及，出现了一个问题，即采用哪种方法能以最佳的方式对用户可视化这些信息。

1.3.2　房屋与建筑学

在可持续城市系统方面，我们对能够研究、展示和共建城市的设备更感兴趣。由于城市由房屋和其他建筑物组成，城市与建筑学之间存在明显的联系。

在过去的十年中，建筑中使用的合成图像已经有了很大的发展（见图 1.30 和图 1.31），最显著的是由于可视化算法的进步以及专业和通用的建模软件发展得很好。这只是日常生活中的插曲，但却在过去五年中取得了最大的进步。考虑到人物和装饰元素的数量，建筑物的形象会在其周围的生活中逐渐消失。

图 1.30 以前的合成图像（© Archivideo）

图 1.31 现代合成图像（© Kreaction）

AR 用于建筑在今天仍然像轶事一样，并且通常仅用于将建筑物的 3D 图覆盖到平面图上。除了最初的激动之外，我们想知道这种表达对提供内部导航的建筑物的 3D 模型的"经典"可视化究竟有什么真正的好处。此外，AR 在户外［ART 12］的使用带来了与使用移动导航工具相同的问题，但更为尖锐的是，它还涉及地理定位和隐藏物的处理（见图 1.32 和图 1.33）。

另一方面，VR 提供了一系列工具，几乎都是首次出现。许多建筑师梦想在未来的建筑中"走动"［CHI 13］，实际上可能只停留于蓝图阶段。那些已经对多感官感知（视觉、听觉、触觉）敏感的建筑领域的专业人士是 VR 的理想受众。然而，必须指出的是，尽管经常提到类似的应用程序，但它们通常只是轶事。除了可以通过降低 VR 设备（耳机和大屏幕沉浸式系统）的巨大成本消除经济障碍外，主要障碍是文化！事实上，许多建筑师认为客户很难理解还不完全确定的对象。因此，他们将 VR 仅用于项目的最终展示，关注的重点是高度真实。这限制了 VR 作为通信工具为大型项目服务。与此同时，一些建筑师或"高端"发起人不愿意使用它，因为耳机切断了与客户的视觉联系，这在销售宣传中是必不可少的，对此的一个解决方案是将架构师以化身的形式引入到 VR 应用中。

图 1.32　户外虚拟现实（© Rennes Métropole）

图 1.33　平面图增强现实（© Artikel）

由于在建筑设计的不同阶段更多地需要协同工作，以及模型要求越来越精细且易于更新，使用VR的情况正在逐渐演变。这些创新统称为BIM（建筑信息模型）［SUC 09］，是在建筑中使用VR的关键要素。更具体地说，BIM由Eastman等人提出［EAS 08］，它作为设施的设计，施工和管理的新方法，其中施工过程的数字化用来促进信息的交换和互操作性。

令人感兴趣的是分析3D和潜在VR在室内设计供应商（例如浴室，厨房）中的使用（见图1.34）。从2D图表到交互式3D表示，这个领域已经迅速发展。其原因很简单：当投资该设备的所有成员都有此想法时，销售额会大增。这直接揭示了使用2D设计的局限性。沉浸式可视化可以增加客户的消费冲动。因此，这个领域是VR的忠实用户并不奇怪，这尤其要归功于最近出现的新型低成本设备。

图1.34　Ixina厨房（© Ixina-Dassault Systèmes）

1.3.3　城市和都市生活

与普遍的观念相反，即使是由某些专业人士创作的，或由城市化所采用的技术方法与建筑学中使用的方法是不一样的。虽然城市是由建筑物组成的，但是它们的数字模型（以及用于构建它们的建模方法）是非常不同的。如今，对于在标准计算机上使用这些软件的人来说，创建一个真实的建筑模型并获得交互式可视化模型是很容易的。因此，他们就会设想用建立交互模型的方式来规划城市：建造一个小型建筑群，然后是一个社区，最后是一个城市。但是很不幸，这种想法是错误的，首先，有一个复杂的问题：对于一个由数十栋、数百栋甚至数千栋建筑组成的城市环境来说，它们之间的差异不能简单地考虑为许多小型建筑群的叠加；其次，数据量的增加并不是线性的——存在限制使用某些软件解决建模问题的阈值（特别是与计算机上可用和有效可用内存容量相关的阈值）；最后，也是最重要的一点，一个城市不仅仅是由建筑组成的，它还有形形色色的具有复杂性质的物体，甚至可能是看不见的（例如道路、路标、可能的地下交通网络、通信线路等）。此外，研究城市的尺度不同，结果也会千差万别：从宏观的角度分析道路交通问题或研究城市策略（城市规划）到以单个建筑为中心的观点，类似于建筑（城市设计）中使用的观点。

　　所有这些因素都解释了为什么完整的建模（参见图 1.35）还没有普及，以及为什么我们常常限制自己只考虑特定项目周围的环境。

图 1.35　沉浸式空间图像（© IRISA）

　　尽管数字城市数据有时具有第三维度（高度），但用于建模和可视化城市的老式软件是使用平面方法（2D）构建的，这将它们的使用限制在更适合称为 2.5D 的方法上。这不仅是由于技术上的简化（例如地面显示的优化、平面投影的使用），而且是由于建立 2D 地图的历史。

　　尽管这种技术已经存在了很长一段时间，但如通用 GéoPortail，谷歌地图和谷歌地球等应用程序的存在正射投影在近几年才真正流行起来。这些应用是基于航拍照片的显示，这些照片的几何形状已被修改，因此可以与铺设该区域表面的地理参考物相关联。对于城市的 3D 表现，这种可视化（称为"斜航影像"）是目前使用最广泛的，因为它允许用户轻松地感知环境或项目中的程序［KAA 05］（见图 1.36）。这种感知利用了一种大部分基于想象的解码过程：就算我们从未坐过飞机，也都在（电影或电视上）看到过类似的视觉序列。

图 1.36　数据库接收到的空中数据（© Rennes Métropole）

如果想拥有一个真正沉浸式的城市环境视图，我们必须采用不同的建模方法。实际上，所有的用户都有过行人的体验，垂直元素（建筑、人行道、路标、植被）在感知和定位自身的过程中发挥着相当重要的作用。

以这种方式重建一个城市，获得身临其境的视觉体验（见图 1.37）还远远不是简简单单完全自动进行的。实际上，这些虚拟城市构建者花费了大量时间来确保元素之间的一致性，而这些无法仅使用现有的通常取自地理信息系统（GIS）、主要由地方政府使用（例如土地注册、网络）的数据来自动处理。获得平坦的道路、整合桥梁，或者更糟的是，调整错误的模型，如树木与路线平行生长或生长在建筑物上的明显谬误（由正射投影或由手持扫描器拍摄的图像所产生）：所有这些以及更多的因素造成了过多的障碍，以致如果没有最终的人为调整，这些问题就无法全部得到处理。但调整是相当困难的，一点也不容易。这种处理的结果是，为视觉沉浸体验而建造的城市模型需要大量投资，但回报难以估算。

图 1.37　虚拟的巴黎一角（© Archivideo）

　　后一个发现似乎与谷歌或苹果公司使用大量相关算法生成的城市数据库中最近的演化不一致有关（见图 1.38）。我们要时刻记得，这些应用程序产生视觉效果与现实相差无几，使用正射影术为主而不是 3D 数据库来建模。如果用户退出鸟瞰图并希望"下来"，很快就会出现视觉畸变。因此，这些应用程序禁止视觉轨迹"过低"。为了消除这些对导航的限制，谷歌街景使用了另一个数据库，里面的照片不是从空中拍摄的，而是在特定的摄影任务中（使用装有摄影机及 GPS 系统的车辆）从地面拍摄的，目的是全方位覆盖一个城市的所有街道。这个应用程序提供了从一个特定的点 360° 观察周围所有建筑的视角，所拍摄到的景色与一般行人的视线处于同一水平线。

图 1.38　谷歌地图（© Google Maps）

但是，我们必须指出这些视图并不真正符合 VR 的条件，事实上，它们是基于精确点拍摄的照片，因此无法响应用户自由移动的愿望（例如，进入花园）。因此，它们不能被重新定向或扩展以满足用户自由移动的愿望。这种差异可以很简单地解释为 VR 是基于从任意角度和任意方向实时计算合成图像，合成出的 3D 模型给了用户完全的自由，而不是基于照片的应用程序。

最后，让我们明确一点：这种区别不是一种价值判断，每种方法都有自己的优点和缺点。根据所期望的目标和现有的手段，它们往往是相辅相成的。

1.3.4　迈向可持续城市系统

让我们回到本节开始时提出的问题的核心。除了纯粹的技术考虑和必须消除的障碍之外，在未来十年，在所谓的可持续城市下，我们希望为 VR-AR 开发哪些功能？我们可以说明三种不同的用途：

❑ 第一个用途与项目使用的通信方式直接相关。尽管这种观点并不过时，但现在人们普遍认为，3D 可视化比地图更有效，尤其是在演示中更加有用。如今，城市专家往往希望将他们的项目传达给几乎没有或根本没有技术专长的人，比如民选官员或公民。这里的难点是清楚地说明项目，并避免在解释信息时出现错误。然后可以从用户的角度引入 VR-AR。鉴于其局限性，展示表达可以很容易地从用户的角度（他们所感知的）转移到项目细节（项目如何工作）。

❑ 第二个用途是在社区内开放技术服务。这样做是为了避免"竖井"工作的影响，即每个专家处理自己的问题，而不涉及其他项目的附带影响。建设更具一般性、内涵丰富的城市模型的协同工作正在开展，目的是提高城市的设计、实现和维护效率。通过在项目评审过程中使用 VR 沉浸式共享视图，技术知识的汇集将变得更加容易（正如我们已经在其他领域看到的那样，例如制造业和科学）。至于 AR 技术，它很可能在公共空间的维护方面有相当大的发展。

❑ 第三种用途与第一种用途有关，其原因是一些市政当局希望通过给予他们参与项目定义和开发的选择权，与其公民共同建设城市。他们的问题是："在整修、布局和交通方面，你希望看到什么样的城市？"。成功地采用这一程序需要解决某些问题：那些在"上游"阶段的是如何呈现问题以及可能的场景。在"下游"阶段，他们是如何列出和总结市民的建议。很明显，VR 提供了部分答案，因为它允许异类群体在同一时间、同一地点可视化城市环境。然后，它允许对所讨论的对象进行可视化模拟（例如，添加一个新建筑，修改一条运输线），以便促进对该问题的集体讨论。

我们希望，随着低成本 VR 技术的到来，以及允许处理城市数据的广泛应用，城市和市民之间将迎来一个对话的新时代。RennesCraft（见图 1.39 和图 1.40）等实验的例子或 Niel 在波尔多的生态友好社区布局，都可以被视为这一过程的象征。

图 1.39　RennesCraft（© Rennes Métropole-Hit Combo）

图 1.40　RennesCraft（© Rennes Métropole-Hit Combo）

1.4 创新、融合和可适应社会

必须指出，VR-AR 对社会的影响是不容忽视的。1.3 节重点讨论可持续城市：根据定义，可持续城市包括一个社会组成部分。本章的其余部分致力于 VR-AR 参与社会发展进化的两个具体应用领域：首先是教育，然后是艺术和文化。这些领域已经在［FUC 05］中讨论过了，但是自那时以来，这些领域的应用已经有了很大的发展，我们认为重新讨论这些主题非常有必要。

1.4.1 教育领域

1. 背景和历史

在教学（专业和学术）或培训环境中使用 VR 有很多优势，这在［BUR 06，LOU 12］中有详细描述。举例来讲：消除人类面临的风险；模拟使用稀有或难以取得的，以及繁琐和 / 或价格昂贵的材料；能够模拟创建实际可能有些复杂的情况；降低成本；易于使用设备；最后，能够控制学习环境 / 情境。借助虚拟人，使用 VR 进行小组学习可以解决缺少合作者的问题，也可以让参与者远程参与进来，或者对虚构同事的行为进行调节。VR 还可以非常逼真地再现现实生活的元素［BUR 06，LOU 12］。假设模拟系统的反应和它所代表的真实系统一样，以便让学习者理解某些方面的经验，然后他们将能够在现实生活中利用这些经验。同时，模拟的情景要比真实的情景灵活得多（例如，修改情景的能力、对罕见情况的模拟、控制特定参数的能力、情景的可重用性和适应性、行为的可逆性、监控学习者的能力）。

虚拟环境通常用于在非常接近真实的情况下进行培训，但并不总是提供教学控制。当控制和监控功能可用时，可以通过为每个学习者提供最相关的情况（学习过程中的进展、错误的纠正、反射方法等）来个性化定制他们的虚拟情景内容。为了根据学习者的需要，控制和适应虚拟情景可以考虑以下几点：

❑ 诊断错误的概念和动态学习概要。简单的想法是能够检测错误的行为，然后尝试将这种行为与知识中的错误或该知识的错误应用联系起来。这种方法通常由智能培训师实现［BUC 10］。有两种方法来诊断错误：生成法和评估法。生成法包括生成给定问题和某些典型错误的解决方案，然后将其与学生给出的解决方案进行比较，这些步骤并不总是足以确定要进行的干预的类型，它们解释行为的能力仍然相当有限；评估法是基于所谓的"约束导向"方法，即训练者验证学习者在多大程度上遵从某些条件。这种类型的方法非常适合于诊断性任务，但是对于以一定顺序为基本原则的过程性任务来说用处不大。[LUE 09] 提出了基于主体知识的认识论模型的替代诊断方法，该模型检查了行为及其背后的原因（行为本身，而不是相对于预期的解决方案）。错误被认为是知识的一种"并发症"。

❑ 帮助。可以提供帮助或反馈，让学习者采用反思性学习（即允许他们对任务和学习进行反思）。我们可以利用 VR 提供的某些功能（减缓场景、加速场景、改变视角、穿越障碍、可视化我们感知不到的过程、要求感官强化或替代、具体化抽象概念）。我们可以定义两种帮助，基于它们是发生在情境内部还是外部：情景内援助和情景外援助 [CAR 15]。

❑ 控制情景。这与决定和情景与叙述的编排有关，这些情景和叙述将使得学生更好地学习（对获得技能的验证、技能的强化和新技能的发展）。控制学习过程通常意味着没有适应性。行动自由与控制是不相容的，试图将控制和适应性结合起来可能会带来不连贯等一系列风险 [BAR 14]。我们在讨论互动性和叙述之间的根本对立时谈到了叙事悖论：给予玩家更大的行动自由会干扰游戏作者编写的脚本。

场景中的可变性有时仅以大量设计工作为代价实现，其中所有可能存在的偏差都必须明确地、手动地进行标注。引入一致且精确控制的场景所需的工作称为创作瓶颈 [SPI 09]。这突显了建立脚本编写系统的必要性，这些系统使创建易于适应的环境成为可能。然而，经常出现的情况是：系统停止对由独立实体组成的模拟应用一层控制，这些系统的干预将通过动态修改模拟状态来破坏环境的一致性。有两种方法可以克服这个问题：面向场景的方法（在全局层面引导虚拟环境）和独立面向虚拟角色的方法，它们根据用户的行为和虚拟角色引入场景。面向场景的方法强调场景的总体质量（[CAR 15] 对此进行了完整的概述），必须定义模拟中所有可能方案的完整描述，从而实现了对仿真的完全集中控制。然而，指导的级别可以从完全引导用户到用户完全自由逐级变化。这些叙事模型主要基于 3D 环境的具体表现形式，这使得通过更高级别的信息丰富对象的几何形状成为可能：知情环境（智能对象或对象关系模型）。而对于面向字符的方法，叙述是建立在用户和填充环境的虚拟角色之间的交互之上的，系统分配控制权，每个角色负责自己的决策。这些方法侧重于认知虚拟角色的创建（对此的全面介绍可以在 [BAR 14] 中找到）。

实际上，这两种方法之间有一条非常细微的界线，必须考虑几个参数，例如以静态方式（脚本方法）或动态方式（生成方法）生成场景，甚至控制其是集中式还是分布式的。最后，大多数方法使用这两种方式的混合方法来解决上述问题，例如 Thespian［SI 10］和 Crystal Island［ROW 09］。

2. 场景模型：两个示例

在这里，我们将描述使用混合方法来控制场景的两个平台：面向角色的 HUMANS（见图 1.41）和具有预定义场景模型的协作的、面向虚拟环境的 #（FIVE，SEVEN）。

图 1.41　HUMANS：面向角色方法（© EMISSIVE）

1）HUMANS（基于人类模型的人工环境软件平台）方法是一种以人为本的方法，用于创造各种情景的系统：它是高度动态的，容易出现随机的、有时甚至是严重的错误，在这种情况下没有理想的解决方案。HUMANS 设定的一系列目标往往看起来相互矛盾：学习者的行动自由，使他们在错误中学习；一个动态的性质和有效的控制场景，以保证学习；为使系统具有自解释性而提出的行为的一致性；最后，系统的适应性保证了场景的可变性。虚拟角色是独立的，以使系统具有适应性。它们有情感、不同的个性和社会关系，它们有"人类"的行为、可以妥协、违反安全规定、犯错误、扰乱或促进团队合作等［HUG16，CAL 16］。为了控制学习情境，保持模拟世界的连贯性，情景生成系统必须通过偶尔修改虚拟世界或虚拟角色的控制条件，间接地引导事件的展开，而不是给它们排序［BAR 14］。

场景生成器使用学习者的活动轨迹来诊断他们的动态轮廓图［CAR 15］，该轮廓图实现了［VYG 78］所描述的近端发展区（ZPD）。情境类的向量空间与学习者对其描述的情境管理能力的信念值相关。引擎以 ZPD 中的场景空间的形式选择每个场景的目标，视学习者的情况，引擎会选择近端区域或扩展该区域。此外，它还以期望值的形式确定了在特定情况下的目标，以及对场景属性（例如复杂性、临界性）的一般限制。场景生成器通过使用模拟底层的模型，使用规划引擎预测模拟的发展［BAR 14］。它根据这些预测数据和一组可能的修正数据来计算一个场景。可以用三种方法来确保一致性：触发与系统一致性无关的外生事件、延迟承诺（该原理能在模拟期间逐步指定初始化时不确定的状态）和共现约束（强制随机行为）。如果实际场景偏离了计划场景，引擎会有新的计划场景。HUMANS 已经被部署在各种培训应用中：风险预防、航空航天、营救伤员等。

2）#（FIVE，SEVEN）提出了一个具有预定义场景模型的反应性、协作性环境（图 1.42）。VR 应用程序是在几个组件的帮助下定义的，其中包括一个知情环境模型和一个场景模型。STORM［MOL 07］中提出了一种通用的对象 – 关系类型模型。后来，又提出了新一代的反应性、协作性的环境——#FIVE（Framework for Interactive Virtual Environments，交互式虚拟环境框架）［BOU 15］。这个模型使描述和合理化对象成为可能，这些对象可能参与使用请求操作（并且操作可能使用对象）。与此同时，还提出了基于并行分层有限状态机的单用户场景规范语言 LORA［MOL06］。在此，动作通过 STORM 模型表示。使用 LORA++［GER 07］将其扩展到协作方案。然而，除了用户的行为与环境的交互不是实时的之外，环境模型是固定的。

图 1.42　#（FIVE，SEVEN）：使用预定义场景的方法（© IRISA）

场景模型 #SEVEN（Scenarios Engine for Virtual Environment，虚拟环境场景引擎）是为了解决上述限制而开发的［CLA 14a，CLA 15b］，代表了模拟的技术和过程事件可能的复杂时间布局。它是建立在 Petri 网的基础上，由于与环境的传感 - 效应器相连，所以内容丰富。它紧凑、富有表现力、独立于应用领域、与多用户管理协作（真实或虚拟用户），并实现了使用动态角色的模型［CLA 15a］。#SEVEN 还被用于非软件工程师的行业专家，并具有离线编辑器和在线事件生成器。要知道，生产力对于设计 VR 应用程序至关重要。#FIVE 使得在知情的环境中独立定义对象和交互成为可能，这些可以以活动的形式完成。#SEVEN 使用 author 编辑工具以紧凑的方式描述了一组可能的解决方案，并且独立于知情环境模型。然而，我们提出了这两种模型之间的耦合。

当我们希望用户角色是可交换的（即用户可能是虚拟人或真实人）［GER 08］时，这些模型必须抽象并简化参与者（虚拟和真实）与对象的协作交互。引入 Shell 概念［LOP 13］：将参与者（真实或虚拟）连接到虚拟世界的抽象实体，通过协议［LOP14］允许参与者交换角色，同时保证动作的连续性和信息的收集。

这些模型和概念应用于不同的领域：工业、医疗和电影［BOU 16］。它们正在研究中，以便应用于文化遗产领域。

1.4.2 艺术和文化遗产领域

艺术和文化遗产领域特别适合发展与互动和沉浸有关的创新方法。VR 和 AR 可以将基于图像、声音和多模态交互的先进技术结合起来，让用户沉浸在增强其感受的艺术或文化体验中。3D 打印通过提供可视化显示和交互支持，进一步开辟了该领域继续发展的可能性。因此，用户可以通过沉浸式的科学探索，成为艺术作品或体验学习的一部分。用户还可以是历史学家或考古学家，并与他们正在研究的对象的实际或虚拟模型进行交互，从中获得新信息。

1. 表演的艺术：舞蹈

对于计算机工程师来说，在案例研究和实验环境中"使用"舞蹈和舞蹈演员是可能的。艺术家的创造力引导他们制定需求，然后引导 VR 和 AR 的研究方向，从而帮助推进这些技术。就舞者而言，这门科学本身就是一个通过他们的艺术表现来探索的世界。计算机科学家面临的问题，就是以模拟互动的背景引导舞蹈编导重新审视舞蹈的基本原理。此外，开发这些技术为舞者提供了新的艺术工具，艺术家们可以用来更好地探索艺术世界。

AR 提供了一个理想的框架用于这项联合研究，可以在下面的简短讨论中看到，框架从奠定该领域基础的工作开始。

其中一个前身是 1998 年开始的手绘空间，由著名的创新者和舞蹈指导 Merce Cunningham 与 Unreal Pictures 公司的 Paul Kaiser 和 Shelley Eshkar 合作创作。这一表演在 SIGGRAPH'98［KAI 98］国际会议期间展示，是舞蹈和动作捕捉的一个里程碑时刻：表演是一个由三块屏幕和一个手绘图形组成的虚拟景观，舞者则以全尺寸设计的形式呈现。此外，2002 年在德国慕尼黑歌剧节上观众们看到了马耳他犹太人的首演［SAU 02］。这个表演则是 AR 在艺术上运用的成功范例，由慕尼黑双年展的 Büro Staubach 和 ART + COM 工作室联合创作，它通过音乐和歌手在舞台上的位置并结合建筑和服装，实时生成 AR 投影。

类似的实验从 2006 年开始在法国进行，从里昂当代艺术双年展开始，舞蹈和技术有了交集。2013 年，由 "Pietragalla-Derouault 身体剧院"（le Théâtre du corps Pietragalla-Derouault）与达索系统公司（Dassault 系统）联合制作的 "M. et Mme Rêce" 是工程与艺术结合的象征。在这场表演中，舞蹈和 3D 技术在舞台上相遇，为观众带去了一场独特的 3D 虚拟现实体验。在 2009 年，首次展示了"增强型舞蹈表演"的概念，将芭蕾舞和 AR 结合在一起。2009 年和 2010 年，在 Bayonne 举行的"埃塞俄比亚节"（festival les Ethiopiques）提供了结合舞蹈、音乐、阅读和虚拟世界的增强即兴表演［DOM 09，CLA 10a］。2010 年再次举办了 "Le Temps d'aimer la Danse"（爱跳舞的时候）节日，重点展示了联合数字艺术和舞蹈的节目作品，就像 Gaël Domenger 创作的 "Un coup de dés jamais n'abolira le hasard"（骰子一掷改变不了偶然），向 Mallarmé 和他的诗致敬。

在这些创作中，艺术家在舞台上创造了一个虚拟的世界，在这个世界中他们可以发展和创作他们的艺术，让他们的创作过程和结果对观众可见。其实早期的表演仅限于将虚拟内容投射到舞台上。但是我们需要能够用手和身体在一个广阔的空间内生成和渲染 3D 图像，同时允许其他人（这里是指观众）参与进来。在这些表演中需要解决的主要难题之一是创建实时投影的虚拟对象并进行动态效果的展示［COU 10，CLA 10b，CLA 12］（图 1.43）。舞者不仅通过操纵预定义的虚拟元素来控制虚拟世界，还通过用他们的手来创建自己的视觉材质。从此，舞者成为雕塑家，他们的手势和动作随着时间的推移而永远定格；雕塑创造了一件艺术品，但他们的艺术创作升华为舞蹈［CLA 14c，CLA 14b］。

图 1.43　3D 虚拟芭蕾舞，Biarritz，2010（© Frédéric Nery）

从 2016 年起，微软的 Kinect 位置传感器被广泛用于舞蹈表演的创作，因为它可以做到基本的可视化（像素化），非常适合艺术渲染［KEN 16，FIS 16］。这使 VR 的表现更加丰富。例如，"TREEHUGGER，虚拟现实体验"［MAR 16］、"L'arbre Intégral"［GAE 16］（图 1.44）以及使用"增强表演"创作的许多其他艺术实验［SIT 17］。

图 1.44　L'arbre Intégral（The Integral Tree）（2016）

正如上述作品所展示的，艺术和工程不再是分离的，他们之间的界限变得模糊，并且相互充实。在法国和其他国家，这一趋势无疑将继续下去。以美国为例，一个名为"从 STEM 到 STEAM"的思想流派诞生了。（STEM 代表科学、技术、工程和数学，STEAM 代表 STEM+ 艺术。）后文将会谈到，在计算机科学和文化遗产的世界中，这种结合也是现实的。

2. 文化遗产：考古学

VR 和 AR 都为文化遗产和 AR 领域提供了新的视角，更具体地说，就是在考古领域独树一帜。

（1）文化传承与虚拟现实

VR 可以很自然地成为考古学家们的助手和工作方式［FUC 06］(pp.229 ～ 233）。他们在很久以前就引进了以 Robert Vergnieux 为代表的交互式模拟技术，这项技术使得手势重现和验证成为可能［VER 11］，保证了物理上的一致性和技术上的可行性。以后 Pujol Tost 等人［PUJ 07］认为考古学必须考虑交互和感知以及 VR 仿真，而不仅仅是 3D 模型的可视化。Le Cloirec［LEC 11］通过在沉浸式模型中使用 3D 重建来评估所研究的建筑元素和空间的功能或象征作用，这其中感知是非常重要的。环境（例如船舶）的规模、功能和交互性重建（图 1.45）使历史学家或考古学家成为模拟中的参与者［BAR 15］。

图 1.45　一艘 17 世纪船舶的互动重建（© Inria）

考古学的独特性往往给 VR 带来特殊的问题。首先，我们必须明确，重建文物的基础是对碎片的观察和专家提出的假设。如果我们希望确保这些模型在任何方面都是可信的，那么在与考古学家密切合作的重建及最终恢复过程中，绝对有必要考虑到关于其假设的不确定性［APO 16］。但是，在对被破坏的古物古迹（寺庙、居所）进行 3D 重建时，这种考虑常常被忽略。这些重建结果被广泛传播（通过电视或网络），并提供以高度真实的渲染，例如类似于电子游戏中的渲染。由于人类对视觉细节的感知并非高度敏感，非专业用户几乎不可能区分现实和这些图像中开发者想象的细节。换句话说，这些应用程序中，涉及的道德责任往往被遗忘。

此外从定义上讲，考古遗址是早就存在的，因此它随着时间的推移在不断变化（有时是显著的）。这一点同样需要对变化进行动态和交互式的表示。这样，一方面考古学家可以更好地研究它们［LAY 08］，另一方面非专业用户也可以更好地理解它们。

这两种特性（不确定性和变化）在考古学中都是独一无二的，而在 VR 应用的其他领域中是不存在的，比如在产业结构中，研究对象是"稳定的"。因此，研究人员必须发明适应这种特定环境的特定表示模式。

与在 VR 应用的其他领域中经常遇到的对象相比，与考古对象的交互也带来了一些独特的问题。例如，考古学家研究的人工制品往往比工业中遇到的人造物品更接近自然，这意味着要操纵的几何图案更加复杂［BRU 10，PAC 07］。此外，如果没有破坏性分析，这些工件的数据可能无法获取。复制品的 3D 打印实现了与完整实物的有形交互（图 1.46），同时也保留了实际考古文物的原有残片［NIC 15］。

我们还要特别指出的是，在 VR 中，用户的切身感受和动作体会可以为他们重现某些过去的技术动作，这些动作在今天已经消失了，重现可以使之更好地理解［DUN 13］。考古学家还可以通过在数字模型中添加注释，保留其反射的视觉痕迹［KLE 08］。

图 1.46　与有型物品的互动：镓的重量（© IRISA）

（2）文化遗产，增强虚拟和空间增强现实

增强虚拟化（AV）是指在虚拟世界中融合真实物理信息。通过科学家们的构造，AV 是有形接口的范例。事实情况是用户位于虚拟世界中进行任务，并且通过操纵表示数字信息或控制数字信息或两者的物理对象来对数字信息起作用。交互器是在交互式系统中输入和输出的实体的抽象表现形式。因此，交互器是具有物理和数字属性的混合对象，而计算机系统负责连接这些属性。考古学中 AV 的一个例子是 ArcheoTUI［REU 10］，它基于双人工交互的概念，有效地进行交互操作和组装考古碎片，这些碎片已预先数字化处理为 3D 对象（有点像 3D 拼图难题）。自动匹配技术虽然是可能实现的［HUA 06］，但其性能仍然有限。因此，AV 能够为考古学家提供一个系统，使纯手动装配与自动装配相结合，如［MEL 10］作为 ANR SeARCH 项目的一部分所进行的工作：亚历山大港灯塔及其周围雕像的模型重建。

空间增强现实（SAR）基于投影显示。它使用投影仪，可以将虚拟元素直接显示到真实对象上。它们为引入新的交互技术提供了强大的潜力，因为感知空间和现实世界中交互空间的共同定位可能颠覆我们自发的交互习惯，例如，使用我们的手直接进行交互。考古学中 SAR 的一个例子是开发一种"魔术"虚拟火炬，一种具有启发性的手电筒［RID 14］：这是一个具有六个自由度的相互作用器，旨在通过数字信号的叠加增强对真实物体的视觉投影信息的分析。根据 Fisckin 的分类［FIS 04］，这种相互作用的有形表面是具有三个特征的手电筒：要检查的区域由位置、方向、检查角度（以方向为特征）和强度决定，其可视化由距离决定。由于物体预先以 3D 形式进行数字化，并且对表面进行了多层次的几何分析，因此真实物体通过富有表现力的可视化进行了增强，可以显示有时肉眼看不见的物体细节，例如不同尺度的、沿着不同的角度的曲线。这个交互器特别适用于埃及石碑（墓碑）铭文几乎完全丢失的情况，交互者可以提高易读性而不会丢失真实对象和抽象信息之间的联系。

1.4.3 结论

通过对相关技术的学习，技术人员可以将 VR-AR 应用在更多的培训和应用领域，它允许使用者积极参与互动（例如通过手势交互改变他们的观点等），这大大增加了参与度。

如今，交互式讲故事和 ITS（智能辅导系统）领域的研究与 VR 中的工作重叠，而且在未来一年，其系统内容和相关模型将会更加丰富，系统可以考虑到使用者的某些心理特征，例如情绪或兴趣，或者学习者的动机，从而对相关内容进行个性化的调整。

此外，还有一些跨学科研究项目出现，这些项目的启动可以证明，（在目前情况下）对人类学习来说虚拟环境具有较好的教学效果和可接受性［LOU 16b］。

对于空间中的 AR（例如增强的芭蕾舞），我们还必须考虑观众的视角问题。如何构建虚拟图像，才能够使观众从不同的角度看它都不会出现错误？这是否意味着我们必须根据这些不同视角构建不同的模型图像？一种解决方向是研究感知上的差异，并利用这一点来编写程序，将艺术与科学结合以应对这一问题。

最后，VR 还提供了一个在文化遗产相关的专业领域创建新的实践和研究工具的发展机遇，从而促进人类获取新知识。它也可以作为助力人类文化遗产保护的主力军，也可作为增加产值、共享重构模型和构建 3D 数字化危险场所的载体（无论是自然磨损估计，还是面临地震风险、战争、全球变暖等问题，城市化建模可以解决某些地方人类难以实地到访的问题）。关于 AR，提供更好的、有针对性的体验是一项真正的挑战，也是许多有前景的项目正在开展的研究工作［LOU 16a，CIE 11，LEC 16］。

1.5　参考书目

[ANX 13] ANXIONNAT R., BERGER M.-O., KERRIEN E., "Time to go augmented in vascular interventional neuroradiology?", in LINTE C., CHEN E., BERGER M.-O. *et al.* (eds), *Augmented Environments for Computer-Assisted Interventions*, vol. 7815, Lecture Notes in Computer Sciences, pp. 3–8, Springer, 2013.

[APO 16] APOLLONIO F.I., *Classification Schemes for Visualization of Uncertainty in Digital Hypothetical Reconstruction, in 3D Research Challenges in Cultural Heritage II*, vol. 10025, Lecture Notes in Computer Science, 2016.

[ARN 03] ARNALDI B., FUCHS P., JACQUES T., *Le Traité de la Réalité Virtuelle*, Les Presses de l'Ecole des mines, 2nd edition, 2003.

[ART 12] ARTH C., MULLONI A., SCHMALSTIEG D., "Exploiting sensors on mobile phones to improve wide-area localization", *Proceedings of the 21st International Conference on Pattern Recognition (ICPR2012)*, pp. 2152–2156, November 2012.

[ART 15] ARTH C., PIRCHHEIM C., VENTURA J. *et al.*, "Instant outdoor localization and SLAM initialization from 2.5D Maps", *IEEE Transactions on Visualization and Computer Graphics*, vol. 21, no. 11, 2015.

[BAR 14] BAROT C., Scénarisation d'environnement virtuel. Vers un équilibre entre contrôle, cohérence et adaptabilité, PhD thesis, University of Technology of Compiègne, Compiègne, 2014.

[BAR 15] BARREAU J.-B., NOUVIALE F., GAUGNE R. *et al.*, "An Immersive Virtual Sailing on the 18th-Century Ship Le Boullongne", *Presence: Teleoperators and Virtual Environments*, vol. 24, no. 3, Massachusetts Institute of Technology Press (MIT Press), 2015.

[BEN 12] BENKO H., JOTA R., WILSON A., "Miragetable: freehand interaction on a projected augmented reality tabletop", *Proceedings of the SIGCHI Conference on Human Factors in Computing Systems*, pp. 199–208, ACM, New York, 2012.

[BER 66] BERGER P., LUCKMANN T., *The social construction of reality: a treatise in the sociology of knowledge*, Anchor Books, 1966.

[BIL 11] BILGER A., DEQUIDT J., DURIEZ C. *et al.*, "Biomechanical simulation of electrode migration for deep brain stimulation", in FICHTINGER G., MARTEL A., PETERS T. (eds), *14th International Conference on Medical Image Computing and Computer-Assisted Intervention - MICCAI 2011*, vol. 6891/2011, pp. 339–346, Toronto, Springer, September 2011.

[BIL 14] BILGER A., BARDINET E., FERNÁNDEZ-VIDAL S. *et al.*, "Intra-operative registration for deep brain stimulation procedures based on a full physics head model", *MICCAI 2014 Workshop on Deep Brain Stimulation Methodological Challenges - 2nd edition*, Boston, September 2014.

[BOU 15] BOUVILLE R., GOURANTON V., BOGGINI T. *et al.*, "#FIVE: high-level components for developing collaborative and interactive virtual environments", *Proceedings of Eighth Workshop on Software Engineering and Architectures for Realtime Interactive Systems (SEARIS 2015), conjunction with IEEE Virtual Reality (VR)*, Arles, March 2015.

[BOU 16] BOUVILLE R., GOURANTON V., ARNALDI B., "Virtual reality rehearsals for acting with visual effects", *International Conference on Computer Graphics & Interactive Techniques*, pp. 1–8, GI, Victoria, 2016.

[BRU 10] BRUNO F., BRUNO S., SENSI G.D. *et al.*, "From 3D reconstruction to virtual reality: A complete methodology for digital archaeological exhibition", *Journal of Cultural Heritage*, vol. 1, no. 11, pp. 42–49, 2010.

[BUC 10] BUCHE C., BOSSARD C., QUERREC R. *et al.*, "PEGASE: A generic and adaptable intelligent system for virtual reality learning environments", *International Journal of Virtual Reality*, vol. 9, no. 2, pp. 73–85, IPI Press, September 2010.

[BUR 06] BURKHARDT J.-M., LOURDEAUX D., MELLET-D'HUART D., "La réalité virtuelle pour l'apprentissage humain", in MOREAU G., ARNALDI B., GUITTON P. (eds), *Le Traité de la réalité virtuelle*, vol. 4, 2006.

[CAL 16] CALLEBERT L., LOURDEAUX D., BARTHÈS J.A., "A trust-based decision-making approach applied to agents in collaborative environments", *Proceedings of the 8th International Conference on Agents and Artificial Intelligence (ICAART 2016)*, vol. 1, pp. 287–295, Rome, February 24–26, 2016.

[CAR 15] CARPENTIER K., Scénarisation personnalisée dynamique dans les environnements virtuels pour la formation, PhD thesis, University of Technology of Compiègne, Compiègne, 2015.

[CHA 15] CHANTEREAU P., Biomechanical and histological characterization and modeling of the ageing and damaging mechanism of the pelvic floor, Thesis, Lille 2 University of Health and Law, 2015.

[CHE 13] CHEN Y.W., KAIBORI M., SHINDO T. *et al.*, "Computer-aided liver surgical planning system using CT volumes", *35th Annual International Conference of the IEEE Engineering in Medicine and Biology Society (EMBC)*, pp. 2360–2363, July 2013.

[CHI 13] CHI H.-L., KANG S.-C., WANG X., "Research trends and opportunities of augmented reality applications in architecture, engineering, and construction", *Automation in Construction*, vol. 33, pp. 116–122, 2013.

[CIE 11] CIEUTAT J.-M., HUGUES O., GHOUAIEL N. *et al.*, "Une pédagogie active basée sur l'utilisation de la Réalité Augmentée Observations et expérimentations scientifiques et technologiques, Apprentissages technologiques", *Journées de l'Association Française de Réalité Virtuelle, Augmentée et Mixte et d'Interaction 3D*, 2011.

[CLA 10a] CLAY A., DOMENGER G., DELORD E. *et al.*,Improvisation dansée augmentée: capture d'émotions, Les Ethiopiques'10, Bayonne, 2010.

[CLA 10b] CLAY A., DELORD E., COUTURE N. *et al.*, "Augmenting a ballet dance show using the dancer's emotion: conducting Joint research in dance and computer science", *Arts and Technology*, vol. 30, Lecture Notes of the Institute for Computer Sciences, Social Informatics and Telecommunications Engineering, pp. 148–156, Springer Berlin Heidelberg, 2010.

[CLA 12] CLAY A., COUTURE N., NIGAY L. *et al.*, "Interactions and systems for augmenting a live dance performance", *Proceedings of the 11th IEEE International Symposium on Mixes and Augmented Reality (ISMAR)*, pp. 29–38, IEEE Computer Society, Atlanta, November 2012.

[CLA 14a] CLAUDE G., GOURANTON V., BOUVILLE BERTHELOT R. *et al.*, "Short paper: #SEVEN, a sensor effector based scenarios model for driving collaborative virtual environment", in NOJIMA T., REINERS D., STAADT O. (eds), *ICAT-EGVE, International Conference on Artificial Reality and Telexistence, Eurographics Symposium on Virtual Environments*, Bremen, Germany, December 2014.

[CLA 14b] CLAY A., DOMENGER G., CONAN J. *et al.*, "Integrating augmented reality to enhance expression, interaction & collaboration in live performances: a ballet dance case study", *IEEE International Symposium on Mixed and Augmented Reality (ISMAR-2014)*, pp. 21–29, Munich, Germany, September 2014.

[CLA 14c] CLAY A., LOMBARDO J.-C., COUTURE N. *et al.*, "Bi-manual 3D painting: an interaction paradigm for augmented reality live performance", in CIPOLLA-FICARRA F. (ed.), *Advanced Research and Trends in New Technologies, Software, Human-Computer Interaction, and Communicability*, Hershey, Information Science Reference, 2014.

[CLA 15a] CLAUDE G., GOURANTON V., ARNALDI B., "Roles in collaborative virtual environments for training", in IMURA M., FIGUEROA P., MOHLER B. (eds), *Proceedings of International Conference on Artificial Reality and Telexistence Eurographics Symposium on Virtual Environments*, Kyoto, Japan, 2015.

[CLA 15b] CLAUDE G., GOURANTON V., ARNALDI B., "Versatile scenario guidance for collaborative virtual environments", *Proceedings of 10th International Conference on Computer Graphics Theory and Applications (GRAPP'15)*, Berlin, Germany, March 2015.

[COM 08] COMAS O., TAYLOR Z.A., ALLARD J. *et al.*, "Efficient nonlinear FEM for soft tissue modelling and its GPU implementation within the open source framework SOFA", *Proceding of the International Symposium on Biomedical Simulation*, pp. 28–39, Springer

Berlin Heidelberg, 2008.

[COT 99] COTIN S., DELINGETTE H., AYACHE N., "Real-time elastic deformations of soft tissues for surgery simulation", *IEEE Transactions on Visualization and Computer Graphics*, vol. 5, no. 1, pp. 62–73, 1999.

[COU 10] COUTURE N., Interaction Tangible, de l'incarnation physique des données vers l'interaction avec tout le corps., HDR, University of Bordeaux, 2010.

[CRU 92] CRUZ-NEIRA C., SANDIN D.J., DEFANTI T.A. *et al.*, "The CAVE: audio visual experience automatic virtual environment", *Communication ACM*, vol. 35, no. 6, pp. 64–72, June 1992.

[DOM 09] DOMENGER G., REUMAUX A., CLAY A. *et al.*, Un Compte Numérique, Les Ethiopiques'09, Bayonne, 2009.

[DUN 13] DUNN S., WOOLFORD K., "*Reconfiguring experimental archaeology using 3D movement reconstruction*", pp. 277–291, Springer, London, 2013.

[EAS 08] EASTMAN C., TEICHOLZ P., SACKS R. *et al.*, *BIM Handbook: A Guide to Building Information Modeling for Owners, Managers, Designers, Engineers and Contractors*, Wiley Publishing, 2008.

[ELM 16] ELMI-TERANDER A., SKULASON H., SODERMAN M. *et al.*, "Surgical navigation technology based on augmented reality and integrated 3D intraoperative imaging: a spine cadaveric feasibility and accuracy study", *Spine*, vol. 41, no. 21, pp. 1303–1311, 2016.

[ENG 14] ENGEL J., SCHÖPS T., CREMERS D., "LSD-SLAM: Large-Scale Direct Monocular SLAM", *European Conference on Computer Vision*, 2014.

[FIS 04] FISHKIN K., "A taxonomy for and analysis of tangible interfaces", *Personal and Ubiquitous Computing*, vol. 8, no. 5, pp. 347–358, 2004.

[FIS 07] FISCHER J., EICHLERA M., BARTZA D. *et al.*, "A hybrid tracking method for surgical augmented reality", *Computer and Graphics*, vol. 31, no. 1, pp. 39–52, 2007.

[FIS 16] FISCHER A., GRIMM S., BERNASCONI V. *et al.*, "Nautilus: real-time interaction between dancers and augmented reality with pixel-cloud avatars", *28ième conférence francophone sur l'Interaction Homme-Machine*, pp. 50–57, alt.IHM, Fribourg, Switzerland, October 2016.

[FLE 15] FLECK S., HACHET M., BASTIEN J.M.C., "Marker-based augmented reality: instructional-design to improve children interactions with astronomical concepts", *Proceedings of the 14th International Conference on Interaction Design and Children*, pp. 21–28, ACM, New York, USA, 2015.

[FOL 13] FOLLMER S., LEITHINGER D., OLWAL A. *et al.*, "inFORM: dynamic physical affordances and constraints through shape and object actuation", *Proceedings of the 26th Annual ACM Symposium on User Interface Software and Technology*, pp. 417–426, ACM, New York, USA, 2013.

[FRE 14] FREY J., GERVAIS R., FLECK S. *et al.*, "Teegi: tangible EEG interface", *Proceedings of the 27th Annual ACM Symposium on User Interface Software and Technology*, pp. 301–308, ACM, New York, USA, 2014.

[FUC 98] FUCHS H., LIVINGSTON M.A., RASKAR R. *et al.*, "Augmented reality visualization for laparoscopic surgery", *Proceedings of the First International Conference on Medical Image Computing and Computer-Assisted Intervention*, pp. 934–943, 1998.

[FUC 05] FUCHS P., MOREAU G. (eds), *Le Traité de la Réalité Virtuelle*, Les Presses de l'Ecole des mines, Paris, 3rd edition, March 2005.

[FUC 06] FUCHS P., MOREAU G., ARNALDI B., *Le traité de la réalité virtuelle Volume 4 - Les applications de la réalité virtuelle*, Mathématique et informatique, Les Presses de l'Ecole des Mines, March 2006.

[FUC 09] FUCHS P., MOREAU G., DONIKIAN S., *Le traité de la réalité virtuelle Volume 5 - Les humains virtuels*, 3rd edition, Mathématique et informatique, Les Presses de l'Ecole des Mines, 2009.

[GAE 16] GAEL D., L'Arbre intégral, http://malandainballet.com/actualites/article/larbre-integral, 2016.

[GER 07] GERBAUD S., MOLLET N., ARNALDI B., "Virtual environments for training: from individual learning to collaboration with humanoids", Edutainment, Hong Kong SAR China, June 2007.

[GER 08] GERBAUD S., MOLLET N., GANIER F. *et al.*, "GVT: a platform to create virtual environments for procedural training", *IEEE Virtual Reality*, pp. 225–232, Reno, USA, March 2008.

[GER 16] GERVAIS R., ROO J.S., HACHET M., "Tangible viewports: getting out of flatland in desktop environments", *Proceedings of the TEI'16: Tenth International Conference on Tangible, Embedded, and Embodied Interaction*, pp. 176-184, ACM, New York, USA, 2016.

[HAO 13] HAOUCHINE N., DEQUIDT J., PETERLIK I. *et al.*, "Image-guided simulation of heterogeneous tissue deformation for augmented reality during hepatic surgery", *2013 IEEE International Symposium on Mixed and Augmented Reality (ISMAR)*, pp. 199–208, October 2013.

[HAO 15] HAOUCHINE N., COTIN S., PETERLIK I. *et al.*, "Impact of soft tissue heterogeneity on augmented reality for liver surgery", *IEEE Transactions on Visualization and Computer Graphics*, vol. 21, no. 5, pp. 584–597, 2015.

[HAR 11] HARRISON C., BENKO H., WILSON A.D., "OmniTouch: wearable multitouch interaction everywhere", *Proceedings of the 24th Annual ACM Symposium on User Interface Software and Technology*, pp. 441–450, ACM, New York, USA, 2011.

[HEE 92] HEETER C., "Being there: the subjective experience of presence", *Presence: Teleoperators and Virtual Environments*, vol. 1, no. 2, pp. 262–271, 1992.

[HEN 08] HENDERSON S.J., FEINER S., "Opportunistic controls: leveraging natural affordances as tangible user interfaces for augmented reality", *Proceedings of the 2008 ACM Symposium on Virtual Reality Software and Technology*, pp. 211–218, ACM, New York, USA, 2008.

[HIL 12] HILLIGES O., KIM D., IZADI S. *et al.*, "HoloDesk: direct 3D interactions with a situated see-through display", *Proceedings of the SIGCHI Conference on Human Factors in Computing Systems*, pp. 2421–2430, ACM, New York, USA, 2012.

[HUA 06] HUANG Q.-X., FLÖRY S., GELFAND N. *et al.*, "Reassembling fractured objects by geometric matching", *ACM Transaction Graphic*, vol. 25, no. 3, pp. 569–578, ACM, 2006.

[HUG 16] HUGUET L., SABOURET N., LOURDEAUX D., "Simuler des erreurs de communication au sein d'une équipe d'agents virtuels en situation de crise", *Rencontres des Jeunes Chercheurs en Intelligence Artificielle (RFIA 2016)*, Clermont-Ferrand, France, June 2016.

[INA 03] INAMI M., KAWAKAMI N., TACHI S., "Optical camouflage using retro-reflective projection technology", *Proceedings of 2003 IEEE / ACM International Symposium on Mixed and Augmented Reality (ISMAR)*, pp. 348–349, 2003.

[ISH 12] ISHII H., LAKATOS D., BONANNI L. *et al.*, "Radical atoms: beyond tangible bits, toward transformable materials", *Interactions*, vol. 19, no. 1, pp. 38–51, ACM, January 2012.

[JAN 15] JANKOWSKI J., HACHET M., "Advances in interaction with 3D environments", *Computer Graphics Forum*, vol. 34, pp. 152–190, Wiley, 2015.

[JON 13] JONES B.R., BENKO H., OFEK E. *et al.*, "IllumiRoom: peripheral projected illusions for interactive experiences", *Proceedings of the SIGCHI Conference on Human Factors in Computing Systems*, pp. 869–878, ACM, New York, USA, 2013.

[JON 14] JONES B., SODHI R., MURDOCK M. *et al.*, "RoomAlive: magical experiences enabled by scalable, adaptive projector-camera units", *Proceedings of the 27th Annual ACM Symposium on User Interface Software and Technology*, pp. 637–644, ACM, New York, USA, 2014.

[KAA 05] KAARTINEN H., GÜLCH E., VOSSELMAN G. *et al.*, "Accuracy of the 3D city model: EuroSDR comparison", in *The International Archives of the Photogrammetry, Remote Sensing and Spatial Information Sciences*, pp. 227–232, 2005.

[KAI 98] KAISER P., "Hand-Drawn Spaces", *SIGGRAPH'98*, ACM, p. 134, 1998.

[KAN 87] KANT E., *Kritik der reinen Vernunft*, J. F. Hartknoch, 1787.

[KEN 16] KEN JYUN WU, https://vimeo.com/189359517, 2016.

[KIL 10] KILBY W., DOOLEY J.R., KUDUVALLI G. *et al.*, "The cyberKnife robotic radiosurgery system in 2010", *SAGE Technology in Cancer Research & Treatment*, vol. 9, no. 5, pp. 433–452, 2010.

[KIM 06] KIM S., KIM H., EOM S. *et al.*, "A reliable new 2-stage distributed interactive TGS system based on GIS database and augmented reality", *IEICE Transactions*, vol. 89-D, no. 1, pp. 98–105, 2006.

[KLE 08] KLEINERMANN F., DE TROYER O., CREELLE C. *et al.*, "Adding semantic annotations, navigation paths and tour guides to existing virtual environments", *Proceedings of the 13th International Conference on Virtual Systems and Multimedia*, Springer-Verlag, pp. 100–111, 2008.

[KRE 10] VAN KREVELEN D.W.F., POELMAN R., "A survey of augmented reality technologies, applications and limitations", *International Journal of Virtual Reality*, vol. 9, no. 2, pp. 1–20, June 2010.

[LAV 17] LaViola J.J., Kruijff E., McMahan R. *et al.*, *3D user interfaces: theory and practice*, 2nd edition, Addison Wesley, 2017.

[LAY 08] Laycock R.G., Drinkwater D., Day A.M., "Exploring cultural heritage sites through space and time", *Journal Computer Culturage Heritage*, vol. 1, no. 2, November 2008.

[LEC 11] Le Cloirec G., "Bais, Le bourg St Père, proposition de restitution des volumes", in Pouille D., La villa gallo-romaine du bourg St Père Bais (35), DFS de fouille archéologique préventive, Inrap, Rennes, 2011.

[LEC 16] Le Chenechal M., Awareness Model for Asymmetric Remote Collaboration in Mixed Reality, Thesis, INSA de Rennes, 2016.

[LEI 14] Leizea I., Alvarez H., Aguinaga I. *et al.*, "Real-time deformation, registration and tracking of solids based on physical simulation", *2014 IEEE International Symposium on Mixed and Augmented Reality (ISMAR)*, 2014.

[LOM 97] Lombard M., Ditton T., "At the heart of It all: the concept of presence", *Journal of Computer-Mediated Communication*, vol. 3, no. 2, Blackwell Publishing Ltd, 1997.

[LOP 13] Lopez T., Nouviale F., Gouranton V. *et al.*, "The ghost in the shell paradigm for virtual agents and users in collaborative virtual environments for training", *VRIC 2013*, p. 29, Laval, France, March 2013.

[LOP 14] Lopez T., Bouville Berthelot R., Loup-Escande E. *et al.*, "Exchange of avatars: toward a better perception and understanding", *IEEE Transactions on Visualization and Computer Graphics*, pp. 1–10, March 2014.

[LOU 12] Lourdeaux D., "Réalité virtuelle et formation", *Techniques de l'ingénieur*, 2012.

[LOU 16a] Loup G., Serna A., Iksal S. *et al.*, "Immersion and persistence: improving learners' engagement in authentic learning situations", *European Conference on Technology Enhanced Learning*, pp. 410–415, Springer, 2016.

[LOU 16b] Loup-Escande E., Jamet E., Ragot M. *et al.*, "Effects of stereoscopic display on learning and user experience in an educational virtual environment", *International Journal of Human–Computer Interaction*, pp. 1–8, Taylor & Francis, 2016.

[LUE 09] Luengo V., Les rétroactions épistémiques dans les Environnements Informatiques pour l'Apprentissage Humain, HDR, Université Joseph Fourier - Grenoble I, 2009.

[MAR 03] Marsh T., *Staying there: an activity-based approach to narrative design and evaluation as an antidote to virtual corpsing*, Ios Press, Amsterdam, 2003.

[MAR 04] Marescaux J., "Augmented reality assisted laparoscopic adrenalectomy", *Journal of American Medical Association*, vol. 292, no. 18, pp. 2214–2215, 2004.

[MAR 14a] Marner M.R., Smith R.T., Walsh J.A. *et al.*, "Spatial user interfaces for large-scale projector-based augmented reality", *IEEE Computer Graphics and Applications*, vol. 34, no. 6, pp. 74–82, 2014.

[MAR 14b] Marzo A., Bossavit B., Hachet M., "Combining multi-touch input and device movement for 3D manipulations in mobile augmented reality environments", *ACM Symposium on Spatial User Interaction*, Honolulu, United States, October 2014.

[MAR 16] MARSHMALLOW LASER FEAST, http://www.treehuggervr.com, 2016.

[MEL 10] MELLADO N., REUTER P., SCHLICK C., "Semi-automatic geometry-driven reassembly of fractured archeological objects", *Proceedings of the 11th International Conference on Virtual Reality, Archaeology and Cultural Heritage*, pp. 33–38, Eurographics Association, Aire-la-Ville, Switzerland, 2010.

[MER 45] MERLEAU-PONTY M., *Phénoménologie de la perception*, Gallimard, 1945.

[MIL 94] MILGRAM P., KISHINO F., "A taxonomy of mixed reality visual displays", *IEICE Transactions on Information Systems*, vol. E77-D, no. 12, pp. 1–15, 1994.

[MOL 06] MOLLET N., ARNALDI B., "Storytelling in virtual reality for training", *Edutainment*, pp. 334–347, Hangzhou, April 2006.

[MOL 07] MOLLET N., GERBAUD S., ARNALDI B., "STORM: a generic interaction and behavioral model for 3D objects and humanoids in a virtual environment", *IPT-EGVE the 13th Eurographics Symposium on Virtual Environments*, pp. 95–100, Weimar, Germany, July 2007.

[MUR 15] MUR-ARTAL R., MONTIEL J.M.M., TARDÛS J.D., "ORB-SLAM: A versatile and accurate monocular SLAM system", *IEEE Transactions on Robotics*, vol. 31, no. 5, pp. 1147–1163, 2015.

[MUR 16] MURATORE I., NANNIPIERI O., "L'expérience immersive d'un jeu promotionnel en réalité augmentée destiné aux enfants", *Décisions Marketing*, vol. 81, pp. 27–40, 2016.

[NAN 15a] NANNIPIERI O., MURATORE I., DUMAS P. *et al.*, "Immersion, subjectivité et communication", in *Technologies, communication et société*", L'Harmattan, 2015.

[NAN 15b] NANNIPIERI O., MURATORE I., MESTRE D. *et al.*, "Au-delà des frontières : vers une sémiotique de la présence dans la réalité virtuelle", in *Frontières Numériques* L'Harmattan, 2015.

[NEW 11] NEWCOMBE R., IZADI S., HILLIGES O. *et al.*, "KinectFusion: real-time dense surface mapping and tracking", *International Symposium on Mixed and Augmented Reality*, 2011.

[NIC 15] NICOLAS T., GAUGNE R., TAVERNIER C. *et al.*, "Touching and interacting with inaccessible cultural heritage", *Presence: Teleoperators and Virtual Environments*, vol. 24, no. 3, Massachusetts Institute of Technology Press (MIT Press), 2015.

[PAC 07] PACANOWSKI R., GRANIER X., SCHLICK C., "Managing geometry complexity for illumination computation of cultural heritage scenes", in VERGNIEUX R. (ed.), *Virtual Retrospect, Collection Archéovision*, pp. 109–113, 2007.

[PET 12] PETERLÍK I., DURIEZ C., COTIN S., "Modeling and real-time simulation of a vascularized liver tissue", *Proceeding Medical Image Computing and Computer-Assisted Intervention*, pp. 50–57, 2012.

[PIU 13] PIUMSOMBOON T., CLARK A.J., BILLINGHURST M. *et al.*, "User-defined gestures for augmented reality", *Human-Computer Interaction - INTERACT 2013 - 14th IFIP TC 13 International Conference, Part II*, pp. 282–299, Cape Town, South Africa, September 2–6, 2013.

[PLA 15] PLANTEFÈVE R., PETERLIK I., HAOUCHINE N. *et al.*, "Patient-specific biomechanical modeling for guidance during minimally-invasive hepatic surgery", *Annals of Biomedical Engineering*, Springer-Verlag, August 2015.

[PUJ 07] PUJOL TOST L., SUREDA JUBRANY M., "Vers une Réalité Virtuelle véritablement interactive", *Virtual Retrospect*, pp. 77–81, 2007.

[REI 06] REITINGER B., BORNIK A., BEICHEL R. *et al.*, "Liver surgery planning using virtual reality", *IEEE Computer Graphics and Applications*, vol. 26, no. 6, pp. 36–47, November 2006.

[REU 10] REUTER P., RIVIERE G., COUTURE N. *et al.*, "ArcheoTUI—driving virtual reassemblies with tangible 3D interaction", *J. Comput. Cult. Herit.*, vol. 3, no. 2, pp. 1–13, ACM, 2010.

[RID 14] RIDEL B., REUTER P., LAVIOLE J. *et al.*, "The revealing flashlight: interactive spatial augmented reality for detail exploration of cultural heritage artifacts", *Journal on Computing and Cultural Heritage*, vol. 7, no. 2, pp. 1–18, Association for Computing Machinery, May 2014.

[ROW 09] ROWE J., MOTT B., MCQUIGGAN S. *et al.*, "Crystal island: a narrative-centered learning environment for eighth grade microbiology", *Workshop on Intelligent Educational Games at the 14th International Conference on Artificial Intelligence in Education*, pp. 11–20, Brighton, UK, 2009.

[RUB 15] RUBENS C., BRALEY S., GOMES A. *et al.*, "BitDrones: towards levitating programmable matter using interactive 3D quadcopter displays", *Adjunct Proceedings of the 28th Annual ACM Symposium on User Interface Software & Technology*, pp. 57–58, ACM, New York, USA, 2015.

[SAU 02] SAUTER J., http://www.joachimsauter.com/en/work/thejewofmalta.html, 2002.

[SCH 99] SCHUBERT T., FRIEDMANN F., REGENBRECHT H., "*Embodied Presence in Virtual Environments*", pp. 269–278, Springer, London, 1999.

[SCH 01] SCHUBERT T., FRIEDMANN F., REGENBRECHT H., "The experience of presence: factor analytic insights", *Presence: Teleoperators and Virtual Environments*, vol. 10, no. 3, pp. 266–281, MIT Press, June 2001.

[SCH 07] SCHMALSTIEG D., REITMAYR G., "*Augmented Reality as a Medium for Cartography*", Springer Berlin Heidelberg, pp. 267–281, 2007.

[SHE 11] SHEN T., LI H., HUANG X., "Active volume models for medical image segmentation", *IEEE Transaction Medeam Imaging*, vol. 30, no. 3, pp. 774–791, 2011.

[SI 10] SI M., Thespian: a decision-theoretic framework for interactive narratives, PhD thesis, University of Southern California, 2010.

[SIT 17] http://www.augmentedperformance.com/, 2017.

[SPI 09] SPIERLING U., SZILAS N., "Authoring issues beyond tools", *Interactive Storytelling*, pp. 50–61, Springer, 2009.

[SUC 09] SUCCAR B., "Building information modelling framework: A research and delivery foundation for industry stakeholders", *Automation in Construction*, vol. 18, no. 3, pp. 357–375, 2009.

[SUT 02] SUTHAU T., VETTER M., HASSENPFLUG P. *et al.*, "A concept work for Augmented Reality visualisation based on a medical application in liver surgery", *The International Archives of Photogrammetry, Remote Sensing and Spatial Information Sciences*, vol. 34, no. 5, pp. 274–280, 2002.

[SUW 11] SUWELACK S., TALBOT H., RÖHL S. *et al.*, "A biomechanical liver model for intraoperative soft tissue registration", vol. 7964, pp. 79642I–79642I-6, 2011.

[TAC 14] TACHI S., INAMI M., UEMA Y., "The transparent cockpit", *IEEE Spectrum*, vol. 51, no. 11, pp. 52–56, November 2014.

[TAL 13] TALBOT H., MARCHESSEAU S., DURIEZ C. *et al.*, "Towards an interactive electromechanical model of the heart", *Interface Focus*, vol. 3, no. 2, p. 4, Royal Society publishing, April 2013.

[TAL 16] TALBOT H., SPADONI F., DURIEZ C. *et al.*, "Interactive training system for interventional electrocardiology procedures", *Lecture Notes in Computer Science*, vol. 8789, pp. 11–19, Springer, 2016.

[TAN 04] TANG A., BIOCCA F., LIM L., "Comparing differences in presence during social interaction in augmented reality versus virtual reality environments: an exploratory study", in RAYA M., SOLAZ B. (eds), *7th Annual International Workshop on Presence*, Valence, Spain, 2004.

[TEB 09] TEBER D., GUVEN S., SIMPFENDORFER T. *et al.*, "Augmented reality: a new tool to improve surgical accuracy during laparoscopic partial nephrectomy? preliminary *in vitro* and *in vivo* results", *European Urology*, vol. 56, no. 2, pp. 332–338, 2009.

[VER 11] VERGNIEUX R., "Archaeological research and 3D models (Restitution, validation and simulation)", *Virtual Archeology Review*, vol. 2, no. 4, pp. 39–43, May 2011.

[VER 15] VERDIE Y., YI K.M., FUA P. *et al.*, "TILDE: A Temporally Invariant Learned DEtector", *Conference on Computer Vision and Pattern Recognition*, 2015.

[VYG 78] VYGOTSKY L.S., *Mind in Society*, Harvard University Press, Cambridge, 1978.

[WES 04] WESARG S., SCHWALD B., SEIBERT H. *et al.*, "An augmented reality system for supporting minimally invasive interventions", *Workshop Augmented Environments for Medical Imaging*, pp. 41–48, 2004.

[WUE 07] WUEST H., WIENTAPPER F., STRICKER D., "Adaptable model-based tracking using analysis-by-synthesis techniques", *International Conference on Computer Analysis of Images and Patterns*, 2007.

[YOO 15] YOON C., KIM K.H., "Augmented reality information registration for head-up display", *2015 International Conference on Information and Communication Technology Convergence (ICTC)*, pp. 1135–1137, October 2015.

[ZEI 15] ZEISL B., SATTLER T., POLLEFEYS M., "Camera pose voting for large-scale image-based localization", *International Conference on Computer Vision*, 2015.

第 2 章 *Chapter 2*

VR-AR 的普及

Sébastien KUNTZ, Richard KULPA 和 Jérôme ROYAN

本章的目的是研究 VR-AR 技术过去 10 年的主要进展（设备和软件）。

2.1 新设备

2.1.1 简介

虚拟现实和增强现实建立在交互式反馈（例如视觉、听觉、触觉）之上。因此，该领域的发展从一开始就基于位置和方向传感器以及反馈设备。本章将首先详细讨论当今使用的技术，包括专业背景和通用技术。其实直到最近，应用于专业领域的 VR-AR 设备才有了较低的价位，这彻底颠覆了相关行业。因此，我们很有必要退后一步，评估现有解决方案。

在以下大部分章节中，我们将举例说明一些商业设备或软件。当然，这不是最佳产品的排名，也不是一个详尽的产品清单。我们选择介绍它们是因为它们代表了市场上相关产品的平均标准。

2.1.2 定位和定向设备

要计算与观察者位置相对应的图像，我们必须首先知道它们的位置和它们的视角方向（将在 3.2 节中详细说明）。第一款 VR 耳机由 I. Sutherland 和 R. Sproull 于 1968 年开发，采用了一种非常简单的解决方法：使用旋转编码器检测头部的运动。几年后，基于电磁技术的传感器（特别是与 Polhemum 公司合作）代替了原来的解决方式，这也是多年来使用的主流技术。如今，光学技术越来越多地应用在 VR 领域中。VR 中的位置和定位等具体问题将在本节的最后部分讨论。在 4.1 节中，我们将更仔细地研究算法，尤其是基于视觉的位置定位算法。

接下来我们来看看现在的相关专业技术，这些都是实现 VR-AR 所必须解决的技术难题。

1. 专业技术

高速红外摄像机（最高 250 帧 /s）可用于跟踪。它们在空间中识别出一组反射红外线的"标记物"（实际上，我们使用直径小于 1 厘米的小球体进行标记）。这些"标记物"（也称为目标）形成刚性标记组（或"刚体"）放置在人体的某部位（通常是手，但也可以是肘、肩、骨盆等）或者其他我们希望跟踪其位置和空间方向的物体上，例如，立体眼镜或虚拟模拟中涉及的任意附件。图 2.1 给出了相关例子。

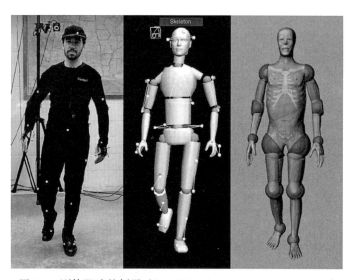

图 2.1　刚体跟踪的例子（© Wikimedia Commons-Vasquez88）

销售定位和定向设备的领先公司主要是 A.R.T[○]和 Vicon[○]两家，两家都提供基于光学

○　http://www.ar-tracking.com/

○　https://www.vicon.com/

技术的定位产品。这些高端系统提供高精度（mm 级）跟踪，并且具有高稳定性和低延迟性。我们需要捕获的表面可能非常大（超过 100m²），因此需要足够数量的相机。但是，随之而来的相机安装时间将会较长，因为所有摄像机必须以非常稳定的方式放置并连接到计算机，而且每个都需要虽然简单但必不可少的校准程序。此外，我们必须确保摄像机的数量足够多从而可以看到每个目标刚体。

　　值得一提的是 Natural Point[⊖]公司，该公司提供一套名为 Optitrak 的中档跟踪相机，其功能与上述系统相同。

　　4D Views[⊖]和 Organic Motion5[⊜]公司提供基于"传统"摄像机的基本解决方案，即没有任何"目标物"定位在用户身上。他们的方法是从摄像机拍摄的图像中提取轮廓，然后将它们处理组合，以简单的形式（简化的骨架模型）或完整的形式实时构建人体的 3D 模型。这样，相机就可以跟踪人体的运动，而无须使用者佩戴任何设备。此外，使用者必须在具有实体背景（通常是绿色）的专用空间中进行被跟踪，以便获得最佳的轮廓提取。这种方式的精度和延迟指标低于使用"目标物"的解决方案，但它们之间的性能差距正在进一步缩小。

　　还有其他技术可以跟踪空间中的位置和方向，如：使用电磁场，超声波场等。

2. 游戏配件

　　由于一些游戏需要跟踪游戏玩家的位置和方向，因此出现了一些针对这类游戏的特定设备。必须指出的是，由于这类设备的高性能和低成本，它们中的一些如今也被用于专业应用领域。

　　❑ Depth sensor-Microsoft Kinect®：微软 Kinect 是一种相对较新的相机的批量生产版本——3D 或深度采集相机。传统相机仅允许以图像或像素形式的视频采集 2D 信息；而 3D 相机使用不同的技术来添加图像中每个像素的深度信息。因此我们可以找出 3D 场景中的物体离相机中心有多远。该信息对于不使用标记物的 3D 相机可见的所有元素在空间中的相对精确定位非常重要。然而，与专业传感器相比，这种相机确实存在精度问题，如处理对象间遮挡问题和相当大的延迟性问题。因此，它们目前还不能用于处理信息需要非常快速的 VR 系统。

　　⊖　https://www.naturalpoint.com/
　　⊖　https://www.4dviews.com/
　　⊜　http://www.organicmotion.com/
　　⊗　http://www.xbox.com/fr-FR/xbox-one/accessories/kinect

❏ Stereoscopic cameras-Leap Motion[⊖]：Leap Motion 系统可以非常精确地捕捉用户的手部信息，从而实现更自然的交互。

该系统使用两个红外摄像机快速提取并确定手指的位置和方向。例如，摄像机可以放置在桌子上，交互空间将位于摄像机上方。我们还可以将此系统安装到 VR 头戴式耳机中，这样可以使用视线跟踪手的移动，如果手移出相机的视野，跟踪也不会受影响。

有趣的是，该系统仍然受到之前提到的有限视野的影响，尤其是遮挡问题：实际情况中 Leap Motion 只能在手指完全可见时提取数据。

❏ Electro-magnetic sensors-Hydra[⊜]：几年前，Sixense 公司与 Razer 公司合作，提出了 Razer Hydra 系统，该系统由两个位于空间中的控制器组成。这些是著名的任天堂公司 Wiimote 的后继产品，它们不仅拥有经典的操纵杆或游戏手柄按钮，而且还提供了一种测量物体空间位置和方向的解决方案，这使 3D 交互的实现成为可能。

基于放置在桌子上的基座发射的电磁场，该系统利用操纵杆中存在的传感器检测电磁场。在市场上几乎没有其他竞争对手时，Hydra 首先被在 Oculus Rift 到来之前便存在的少数忠于 VR 的用户所使用。该系统快速、精确且易于使用，但是具有任何电磁基础传感器都存在的问题：干扰（从接近电源到金属质量等）可能会使电磁场变形并因此使测量偏斜。此外，其跟踪可靠性不超过 50cm。

❏ Inertial sensors-Perception Neuron[⊜]：中国公司 Noitom 是传感器领域的后来者，致力于捕捉全部或部分用户的身体。他们的产品 Perception Neuron 结合了动作捕捉和竞争性定价的两个优势，目前在市场上产生了良好的效果。

该系统仅基于惯性单元进行运动捕捉。使用人体生物力学模型的算法，它能够精确地确定身体大多数部位的空间定位。

3. VR 头戴式耳机集成定位系统

现代头戴式显示器（HMD）具有内置定位系统，我们举例说明：

⊖ https://www.leapmotion.com/

⊜ http://sixense.com/razerhydra-3

⊜ https://neuronmocap.com

❑ *Inertial unit* – 三星 Gear VR：三星 Gear VR 头戴式耳机[一]（图 2.2）仅提供基于惯性单元的跟踪，惯性单元由加速度计、陀螺仪和磁力计组成。该装置产生非常快速且非常可靠的旋转信息。高性能融合算法可以最优地使用三个传感器，以便快速提供可靠的信息。然而，这些传感器仅允许我们获得旋转信息，并不能精确测量平移信息。

❑ 光学和惯性单元的耦合 – Oculus Rift：Oculus Rift[二]（图 2.3）提供了一种非常接近上述专业技术的跟踪系统。实际上，一个或多个摄像机捕获位于 VR 头戴式耳机中（壳体后面）的红外 LED 使得耳机在空间中的位置和方向可以计算。

图 2.2 三星 Gear VR（© Samsang）　　图 2.3 Oculus Rift V1（© Oculus）

惯性单元可以进一步减少延迟并提高跟踪精度。然而，虽然摄像机确实很快，但它们需要处理图像，这比利用加速度计、陀螺仪和磁力计的融合算法要慢。

❑ 激光和惯性单元 – HTC Vive：HTC Vive[三]（图 2.4）采用了与上述不同的原理，我们可以称之为对称原则（symmetrical principle）。虽然 Oculus Rift 需要外部传感器（摄像头）来观察 VR 头戴式耳机中的被动目标（红外 LED），但 HTC 采用的 Lighthouse 系统将传感器放在 VR 头戴式耳机上，目标在外部。

Lighthouse 系统看起来像相机，它使用两个激光束扫过空间——一个横向扫描，另一个纵向扫描。VR 头戴式显示器配备了一组传感器，可以检测激光束到达的位置。通过组合多个传感器产生的信息，我们能够获得 VR 头戴式耳机的空间位置和方向。与

[一]　http://www.samsung.com/global/galaxy/gear-vr/

[二]　https://www.oculus.com/rift/

[三]　https://www.vive.com/fr/

Oculus Rift 一样，增加了惯性单元，以最大限度地减少系统的延迟并提高精度。

    ❑ SLAM-HoloLens：到目前为止，我们描述的所有设备都需要一个外部参考，一个发射基座，以确定物体的位置和方向。我们现在看一下不再使用外部参考的新趋势：微软开发的 HoloLens（图 2.5）仅使用内置传感器感知自己置于空间的位置。这是业界的一次微革命。

图 2.4　HTC Vive（© HTC）　　　　图 2.5　微软 HoloLens（© Microsoft）

在 SLAM 标题下（同步定位和制图［REI 10］，智能手机 VR 应用程序见［WAG 10］）所使用的算法是 20 世纪 80 年代后期开始的研究结果。这些算法已被广泛应用于各个领域，特别是机器人领域，以实现机器人独立感知其自身工作环境。该系统最初基于环境识别：基于从摄像机捕获接收的深度信息创建 3D 空间地图，之后分析与来自惯性单元的信息混合的图像就可以在环境空间中找到 VR 头戴式耳机的位置和方向。

4. VR 中的定位技术

VR 取决于合成的视觉信息（图像、符号、文本）与用户自然视觉的叠加。为了增强相关性，这种叠加需要对用户的真实环境重新进行空间校准。因此，增强现实设备需要定位技术来确定其相对于测地系统的位置和方向，或者相对于真实环境中的一些参照物（例如标记、图像、对象、建筑物）。只要用户在传感器覆盖的区域内，用上述 VR 系统的解决方案就可能满足 AR 系统的需求。然而，这也意味着如果我们想要打破沉浸式空间的限制，这些方案就不再有用。因此，为了提供覆盖大范围的低成本定位系统，AR 系统使用智能手机上可用的技术，即外部 GPS、惯性单元（磁力计、加速度计和陀螺仪）、一个或多个彩色摄像机，甚至一个或多个深度传感器。这些不同传感器捕获的数据将被融合在一起来保证 AR 系统定位的精确性。

因此，GPS 为我们提供了设备的位置，其精度范围从几米到十几米左右，具体取决于所在环境（例如外部、城市、内部）和用途（例如大规模分配、军事）。智能手机配合磁力计（或指南针）可以在真实环境中轻松提供其近似位置。然而，大约十米的不精确就可能造成一些功能障碍。例如，所需的上下文信息显示在用户的后面，而该信息应该位于用户的前面，或者只是用于显示某种广告或通知的地址不是正确的地址。

所以，为了提高定位和定向的精度，AR 系统通常依赖于其与计算机视觉算法耦合的视觉传感器（相机、深度传感器）。这种精度消除了模糊性，正因为如此，AR 系统可以向维护操作员准确地指示必须松开哪个螺栓或断开哪个连接器。

AR 主要使用两套计算机视觉算法。首先是一组重定位算法，它使用真实环境的知识（例如二维码或基准型标记、图像、3D 模型、兴趣点的映射）来估计 AR 系统的位置和方向。其次是可以估计 AR 设备在空间中的位移的跟踪算法。这里会用到 SLAM 方法（在前一节中提到），并且会基于真实环境的 3D 重建模型计算位置并不断迭代，目前的位置是使用较早的位置估计来计算的。虽然该解决方案能够在不了解环境的情况下估计传感器的运动，但是会受到时间偏差的影响。基于视觉的算法将在 4.1 节中详细介绍。

2.1.3 恢复设备

自 I. Sutherland 和 R. Sproull 开发出第一款头戴式耳机以来，VR 中使用的视觉恢复设备已经有了很大发展。但是，我们不能忘记，最新一代的 VR 设备与第一款头戴式耳机之间相隔了近 50 年，在这期间，其他许多设备已经广泛应用于 VR 领域，其中大多数是基于大屏幕图像的显示或投影，以此获得集体沉浸式体验。例如，从 C. Cruz-Neira 于 1992 年开发的 Cave 开始［CRU 93］的像 visiocube 这样的设备，或者是两年后由 Silicon Graphics 公司实现商业化的"现实中心"（Reality Center）。Silicon Graphics 公司也制造了这阶段内 VR 技术中使用的大多数计算机。这些解决方案仍然被用作构建当今专业级沉浸式空间的构建模块。

我们笃定，头戴式显示器出现的大众分销市场将经历与专业设备当时相同的演变，集体解决方案将会是提供基于大型显示器表面显示（例如空间的墙壁）的"迷你"视频投影仪。

除视觉设备外，我们还不能忘记触觉和音频恢复设备，这些设备通过竞相提供丰富和连贯的感官信息以加强用户的沉浸感。

在这里，特别是随着智能手机和平板电脑的爆炸式增长，我们再次看到了关于 AR

所使用的设备在过去几年取得了巨大的技术进步并成倍增长。

1. VR 头戴式显示器（HMD）

我们决定首先讨论那些严格来说并不符合 VR 质量标准的设备，即使这些设备总是与新闻中的这项技术相关联。实际上，这些设备基于智能手机屏幕使用，这极大地限制了所创建的虚拟环境的复杂性和质量。而且，放置在眼睛和屏幕之间的光学系统的质量不够高，不能长时间舒适、持续地使用。但我们不会忽略这些设备，以便为读者提供对该领域的完整概述。

（1）使用智能手机的系统

此类别包括价格极低的头戴式显示器，因为这个价格不包括使用它们所需的智能手机。

❑ Google Cardboard：Google 的目标是将成本降至最低来为大众提供 VR 体验。因此，他们设计了一个纸箱，配有两个塑料镜头，手机可插入其中。手机的屏幕被"剪切"成两部分，每部分都按照 19 世纪中期开发的第一台立体镜使用的原理显示每只眼睛的图像。今天的智能手机包含惯性单元，能够捕捉此款设备的旋转。因此，它们能够通过修改显示的立体图像来做出反应，从而改变用户的观察点。

当然，鉴于手机有限的计算能力，真正可用的只有 360° 视频或轻型实时 3D 应用程序。由于用户移动行为与屏幕显示结果之间的延迟太大而无法提供真正的沉浸式体验，这可能使用户很快就会产生恶心和头痛。据谷歌 Daydream 平台的最新消息，他们似乎还没有解决这些基本问题。

虽然其他制造商纷纷效仿这一理念，用塑料盒替换纸板以确保更好的人体工程学体验、更好的镜头和更广泛的电话兼容性，但是基本问题仍然存在：当前的智能手机没有能够达到所需水平（速度和精度）的传感器。

❑ 三星 Gear VR：三星与 Oculus 合作，计制造了一款可以归类为 VR 的、基于手机的头戴式显示器。为实现这一目标，他们必须采取以下措施：

● 设备配有高质量的光学系统和其他传感器，其性能优于标准手机中的传感器；

● 开发特定的、非常高性能的算法，以减少系统的总延迟；

● 仅使用制造商生产的最先进的智能手机，因为这些智能手机具有足够的计算能力。

尽管有这些创新，但与连接到计算机或视频游戏控制台的头戴式耳机相比，该系统存在限制，特别是没有控制器（例如，没有操纵杆）并且仅考虑用户自身的旋转。即便如此，这样的设备仍具有易于携带且易于使用的特点，所以如果在其限制范围内使用，依然可提供良好的沉浸式体验。

（2）连接到计算机的头戴式显示器

由于上面讨论的质量限制，即便出现了新的低成本头戴式耳机，它们仍使用智能手机技术（尤其是屏幕）：

❑ Oculus Rift：它诞生于一个项目，其创作者 2012 年在众筹网站 Kickstarter 上创建该项目，结果大大超出创作者的预期。Oculus Rift 头戴式耳机的推出为有关新的 VR 头戴式耳机的一系列公告铺平了道路，这些头戴式耳机比当时现有设备的成本更低但提供的性能更高。

虽然这款设备在 2013 年最初仅是开发者用于自己"体验"，且只能提供低分辨率，只具有单个旋转捕获器，但其第一个版本（称为"开发人员套件"或 DK1）是第一个做到同时降低延迟和提供大视野的头戴式耳机——这两点是创建良好的沉浸式体验的主要障碍。

到 2014 年，Oculus Rift 被 Facebook 收购。它的第一个商业版本（CV1）于 2016 年发布，由于有一个或多个外部摄像头，它提供了更高的分辨率、大视野以及头部和两个控制器（Oculus Touch，可选附件）的位置跟踪，其中设备和附件必须全部连接到同一台计算机。这也是目前最轻的一款，且在所有中档设备中有最低的延迟。

这款设备在开发之初就被设计为坐着使用，这也是最重要的方式。但除此之外，它也可以在房间（"空间"或"房间尺度"模式）站立时使用。

❑ HTC Valve Vive：HTC Vive 是 Oculus Rift 最大的竞争对手之一。Valve 公司最初与 Oculus 合作，基于该公司开发的技术，HTC Valve Vive 的标准版本配备了两个控制器，允许应用程序开发人员创建使用双手的模拟应用，而无须担心用户是否要像购买 Oculus Rift 时那样购买额外的控制器。

如上所述的 Lighthouse，其创新的跟踪系统使得比使用"空间模式"更容易的方式实现跟踪成为可能。据我们所知，这是当今专业人士中使用最广泛的头戴式耳机。

❑ PSVR：索尼在 VR 方面有着悠久的历史，因为该公司早在 1996 年便开始销售像 Glasstron 这样的 VR 头戴式耳机。几年前，在 Oculus Rift 问世前，索尼还提议销售用于大规模发行的立体声头戴式耳机，以观看 3D 电影。因此，没有人对宣称专用于 Playstation 4 的设备这一消息感到惊讶。

在技术方面，这款设备的跟踪由惯性单元以及 Playstation 上的标准摄像机执行。该相机还可以捕捉 Playstation Move 控制器。

跟踪范围成为这款设备的主要限制，这是因为受到摄像机视野的限制，或者有可能发生遮挡的情况：如果我们转身，我们的身体就会出现在控制器和摄像机之间，从而导致跟踪过程停止，这时控制器不再传递有关位置的信息。

系统的低延迟、易于安装和图形容量高等优点，使其成为一款优秀的 VR 设备。它已经可被公众使用，且其可用的游戏类别在所有平台上都是最大的。这款头戴式耳机似乎已经取得了成功。

❑ 其他 VR 头戴式耳机：当然，市场上有许多其他（例如微软，Vrvana Totem，FOVE）以及为商业化而开发的设备。然而，鉴于篇幅和编辑问题，尤其是信息的连续性，我们不可能详细讨论所有问题。

2. 大屏幕

VR 是基于提供个人体验的头戴式耳机而发明的，但当它成为团队不可或缺的一环时，可以选择其他显示模式。例如，飞机或汽车的设计不仅仅需要单独将专家加入到虚拟环境中。相反，项目的后续会议涉及多学科团队，他们希望其产品的开发状态可以对整个集体进行可视化表达。这也是本领域研究人员设计的创新迅速取得巨大成功的主要原因——他们甚至总结了当今大多数沉浸式空间所使用的基本原则。

导致上述发展的第一个想法是用大尺寸屏幕取代耳机，一些模型由于视野很大而被工业界非常珍视，大屏幕就可以 1∶1 对模型进行可视化表达。由于技术原因，这种可视化需要通过视频投影仪来实现。这种方法有可能提供远远超出现在尺寸限制的画面。

第二个想法是改善用户的沉浸式体验，将用户放置在平行六面体中，其全部或部分面（3 个～6 个之间，大小在 3m 到约 10m 之间）是屏幕。因此，我们拥有由 C. Cruz-Neira 于 1992 年发明的第一个 CAVE 系统的 visiocube，其在 25 年后仍在使用（见图 2.6）。"现实中心"的概念也是基于同样的想法，但需要一个更轻、成本更低的环境（特别是建筑物）。"现实中心"提出在三分之一圆柱体（约 10m × 3m）上进行显示，这一产品两年后由 Silicon Graphics 公司销售（参见图 2.7）。它取得了巨大成功，现在仍在许多公司和研究中心使用。

这些不同系列设备的共同特征如下：

❑ 高品质和高品质的沉浸感：用户不会受到与头戴式显示器有限视野相关的限制；

图 2.6　具有 5 面的 visiocube 示例：SAS[3]（© CLARTE）

图 2.7　Barco 推出的"现实中心"（© Barco）

❑ 用户可以看到他们的身体以及他们的交流者，这有利于对话和交流；

❑ 用户可以根据需要调整分辨率、对比度和亮度，事实上，通过增加投影仪的数量可以简化投影像素的尺寸和亮度，但是这增加了成本；

❑ 图像计算是基于用户头部位置的，使用了我们在本章开头描述的系统进行跟踪；

❑ 相同的系统还允许跟踪用户身体的其他部位（例如手）和用户处理的对象。

这些系统有两个主要限制：首先，由于涉及成本（设置房间、购买设备、当然还有维护），这些系统主要限于公司内部或研究实验室的专业应用。其次，在由群体集体使用的情况下，图像感知对于系统跟踪的用户是理想的，但是当图像随后变形时其感知会受到损害，因为这取决于用户所处的位置距离。然而，有几种多用户解决方案以额外设备或较低性能为代价来保持这种感知（透视和立体视觉）。

多年来，这些系统在屏幕的几何形状（例如平面、平行六面体、圆柱体、球体）和视频投影仪（例如管、LCD、DLP）使用的技术方面经历了若干变化。

基于激光的视频投影仪和监视器墙的大规模外观将是未来几年的主要发展趋势。事实上，技术进步几乎能够使得显示的表面和监视器边缘之间的现有"边界"消失，因此可以构建提供近乎完美图像的监视器墙来获得良好的沉浸式体验。

毫无疑问，在保留现有几何形状（平面、平行六面体）的同时，随着显示器质量的提高、电力消耗的减少（从而减少热量散发）、尺寸的减小和成本大大低于视频投影仪，这些系统将发展迅速。

3. 增强现实设备

我们可以根据其物理性质将 AR 中使用的恢复设备划分为不同的类别：

❑ 耳机和眼镜：根据设备的复杂程度，我们将使用术语"增强现实耳机"或"增强现实眼镜"，我们将区分允许直接自然视觉的"光学透视"系统和通过摄像机间接感知环境的"视频透视"系统；

❑ 手持设备：这指的是智能手机和平板电脑，这些设备在市场上的大规模销售使大众能够发现并探索 AR；

❑ 固定或移动设备：视频投影仪可将图像直接投影到真实环境中的对象上，从而实现自然叠加，这种模式（称为空间增强现实或 SAR）已在工业应用中广泛开发，例如修理或维护设备，用户可以原位查看技术手册中的文本信息、组装图甚至视频，而无须准备任何设备；

❑ 最近已经开发出来，但尚未取得进展的基于隐形眼镜的系统：目前，这些系统只能显示高度简洁的符号和图像，主要的技术挑战是提高分辨率和降低能耗，且需考虑人为因素接受程度和易用性等主观因素。

在以下部分中，我们将主要关注第一类设备：耳机和眼镜。

（1）Google Glass

Google Glass 自 2012 年问世以来一直是人们特别是媒体关注的焦点，并且在非专业人士眼中代表了"所有"AR 技术。

其最早的版本是限量版，价格为 1500 美元，可以在尺寸为 1.3cm 的屏幕上显示图像，这些图像安装在一副非常轻的眼镜上（回想一下它们相对于凝视轴非常有限的视野和屏幕的偏移轴）。与系统的交互以声音和触觉方式进行（眼镜侧面有触摸板）。初始版本提供了谷歌内部应用程序（如 Google 地图或 Gmail）的使用，且用户可以拍摄照片或视频。在看到这种设备的巨大潜力后，许多开发人员基于这款设备匆忙开发应用，应用范围迅速扩大和多样化：体育、健康、媒体、当然还有军事。

公众对这种新设备爆发的激情被各种各样的问题所缓和。首先是法律问题，当驾驶员戴着 Google Glass 发生交通事故后，美国几个州开始禁止在驾驶时使用这些眼镜；接下来是道德问题，因为用户可以在未经他人同意的情况下识别并进行记录；最后，最初的用户放弃了这款眼镜，因为别人认为他们在使用这款设备时太另类、太与众不同。种种问题导致谷歌在 2014 年底宣布停止销售该设备。

然而，该公司依然谨慎地继续与几家伙伴公司合作，并在 2017 年年中宣布，将会在对眼镜进行一些改进后向专业人士恢复销售。

（2）Google Tango

Tango 于 2014 年发布，是谷歌一个 AR 平台项目，可在智能手机和平板电脑上使用。它可以测量设备的位置和方向。该软件使用视觉（跟踪）算法，这套算法将数据与其他传统传感器（加速度计，陀螺仪）以及深度相机的数据进行融合。这是第一个携带这种相机的"光"系统，尽管最早的版本使用的是红外深度相机，这也意味着它无法在室外使用。必须注意的是，Tango 是一个可以部署在各种设备上的平台：Google 为开发人员提供 Peanut（智能手机）和 Yellowstone（平板电脑）的原型，联想生产平板电脑 Phab2，华硕生产手机 Zenphone AR。

（3）HoloLens

HoloLens 由微软开发，是一款 2015 年推出的 AR 耳机。它配备了一个波导，其对角视野可扩展至约 35°（30° × 17.5°），每只眼睛的分辨率非常高（1280 × 720），可容纳 2m 内的物体。HoloLens 装有传感器：4 个用于确定定位和定向的摄像头，1 个低能耗的飞行时间深度传感器，1 个具有大视野（120° × 120°）的前置摄像头和 1 个惯性单元。HoloLens 的强大之处主要在于其计算架构：不仅仅是因为它的 CPU 和 GPU，最重要的是微软误称为 HPU（全息处理单元）的处理器，这与全息图无关，我们通常称之为 VPU（视觉处理单元）。这套处理器使我们可以在获得比传统软件好 200 倍的姿势计算的同时消耗非常少的能量（仅 10W）。与最先进的方法相比，这种架构可以产生非常好的自主性和姿势估计，这种估计更加稳妥和快速。

HoloLens 可以极大地增强用户的体验，其环境中的姿势计算速度是一个重要因素。实际上，上述光学透视 AR 系统没有集成材料解决方案以优化姿态估计。结果根据所使用的软件解决方案和设备，计算可能需要 200ms ～ 1s。这导致用户的快速移动和所得图像的显示之间感知性的延迟。这种延迟导致显示的内容"浮动"并使用户产生不适感，当用户过快地移动他们的头时，会导致系统拒绝计算。

必须注意的是，当我们使用平板电脑或智能手机时，这种浮选效果是不可察觉的，因为视频的显示延迟类似于系统的姿势计算时间。因此，视频和增强以类似的方式延迟，便可以提供看起来精确的感知重新校准（前提是姿势估计正确）。

HoloLens 还为用户配备了校准系统，这对于获得精确的重新校准至关重要。每次耳机围绕用户头部移动时，必须执行此校准。令人满意的是，耳机的附件系统设计得很好，可以在用户进行这样的移动时防止设备意外移动。

（4）Magic Leap

初始的 Magic Leap 由 Rony Abovitz 于 2010 年创立，但并这不是他的第一次冒险——2004 年，他便成立了 MAKO Surgical 公司（为医疗领域制造机器人手臂）。Magic Leap 到如今依然保持着获得最多募集金额（约 14 亿美元）的记录，但该产品未公开展示。它充满了神秘感，因为除了一些介绍视频之外，还没有向外界传达任何技术信息，只有极少数签署了保密协议的测试用户体验过，协议要求他们不能透露与 Magic Leap 相关的信息。因此，我们只能假设它是一个高度创新的设备。该公司表示，他们的解决方案将通过解决融合 – 容纳问题（3.4.2 中描述）提供远远优于任何竞争对手的眼部舒适度。Magic Leap 提交的专利在过去几年中已经对外发布，但对于技术解决方案仍然没有发布任何信息。它没有描述实现方式，而是描述了一系列或多或少受到先进科学启发的解决方案。然而，通过现在的信息看起来它所选择的技术是基于光场的使用，其将使用空间光调制器模拟可以由视觉系统自然捕获的发光波。与现有解决方案相比，这将使产品使用起来更加舒适。在写作本书之时，Magic Leap 依然是 AR 恢复设备领域最大的开放性话题：它到底是一场技术革命还是空欢喜一场？

（5）其他 AR 眼镜

除了有能力投入大量资金开发 AR 眼镜的这三家公司之外，还有许多其他参与者制造了基于光学透视系统的设备。为了便于比较，我们提出以下标准：

❑ 光学系统：在大多数情况下，光学透视系统通过光学波导将由微屏幕发射的图像传到用户的眼睛。这些光学波导可以将物理屏幕定位在眼镜的侧面或边缘上，同时提供透明显示器以使用户直接感知真实环境。可以使用几种波导技术如衍射、反射、偏振或全息［SAR 13］。另一种解决方案是使用半透明镜（通常是弯曲的），直接或间接地反射位于眼镜中的屏幕。

后一种情况的困难在于找到一个足够大的容纳距离，并给用户营造这个屏幕距离他们几米远的印象。CastAR 提出了一种原始解决方案：将投影系统集成到眼镜中，其发出的图像指向位于真实环境中的特定表面。该表面由反射显微镜（类似于高可见性背心上的反射表面）组成，可以将投影图像单独地反射到光源（眼镜）。因此，系统不会相互干扰，这为多用户解决方案提供了可能性。此外，该装置配备有用于每只眼睛的微型投影仪，与集成在眼镜中的主动立体视觉系统同步，从而提供虚拟内容的立体视觉体验。

❑ 显示器位置：显示器可以放置于用户的周边视觉中，就像 Google Glass 一样（将未经重新校准的数据显示在真实环境中并从用户主要视野中脱离以减小其误差），或者放置于用户视觉区域的中心部分（显示完全位于真实环境中的信息）。需要强调一点，某些设备（例如 Optinvent ORA 眼镜）可以从一个配置切换到另一个配置。

❑ 单眼与双眼：我们在这里区分仅为一只眼睛提供光学透视系统的系统和提供双眼视觉的系统，即每只眼睛都配有光学透视系统。单眼系统更容易配合，但可能引发一种称为"双目竞争"的现象（信息仅对一只眼睛可见造成的不适感）。所以如果系统完美配置，双眼系统具有更大的易用性。但这是一个复杂的过程，实际结果也取决于用户自身。

❑ 视觉领域：AR 眼镜视野相对较小的问题仍然存在，并且将在未来几年持续下去，这是一个很大的局限。这些和视野相关的值通常是角度制，由屏幕的对角线范围确定。但该值仅是指示性，因为实际视野取决于虚拟屏幕和用户眼睛之间的距离。目前，最好的光学透视系统为一些尚未上市的原型提供 40° 的视觉范围，有的甚至高达 60°。然而，考虑到可见光的波长和波导原理，上限将难以超过 60°［MAI 14］。

❑ 光强度：在 AR 眼镜中，像素的亮度越低，它们就越透明，反之亦然。因此，系统不可能在这些眼镜中显示黑色块或黑色物体，最好显示浅色的虚拟内容以便提高用户的感知度。

如果环境亮度很大，来自波导的显示就会变得难以看到且更不易察觉，所以光学透视系统必须保证能在高亮度下显示内容，从而在所有条件下都能使用。因此，许多 AR 眼镜选择太阳能滤光器：这种滤光器在高亮度条件下可以改善显示质量。由 CEA-LETI 开发的 GaN 微屏技术能够达到每平方米百万坎德拉的亮度，并且该公司将在未来销售适应真实环境光的 AR 眼镜。

❑ 传感器：如前所述，AR 眼镜在真实环境中必须能被精确定位。为了做到这一点，它们通常配备 GPS、惯性单元（由加速度计、陀螺仪和磁力计组成）和带有一个或多个彩色摄像机甚至深度传感器的视觉捕获器。将虚拟内容叠加到真实环境上的鲁棒性（系统的健壮性）和精确度取决于这些传感器。3.2 节详细讨论了整合真实世界和虚拟世界这一问题固有的各种困难，并在 4.1 节给出了建议解决方案。值得注意的是，从纯粹的物质观点来看，加速度计可能会被地球的引力场干扰，从而产生噪声信号。类似地，磁力计可能被周围的磁场干扰，向传感器提供错误的取向。此外大多数 RGB 相机都配备了滚动快门，当传感器或场景处于运动状态时会产生变形图像（图像采集是逐行完成的）。最好使用全局快门相机，瞬时捕获环境就不会使图像变形。虽然鱼眼镜头可以在真实环境中捕获更大的区域从而检测出有助于改善显示并进行重新校准的几个兴趣点，但这种方式的实现必须对所使用的视觉算法大量修改。因此，目前最好的解决方案就是如 Microsoft HoloLens 或 Google Tango 一样使用多个视觉传感器。

❑ 集成计算能力：并非所有 AR 设备都具备集成计算能力。有些设备仅提供显示功能，必须连接到外部终端来处理如姿势估计或虚拟元素反馈等信息。其他设备则将各种计算所需的所有电子元件（例如存储器、芯片组）远程设备（佩戴在皮带上的盒子）直接集成到眼镜中。

然而，由于计算的复杂性、传感器数量的增加以及在几毫秒内计算设备姿势的需要，设备必须使用专用处理器。因此，最新的设备除集成了 CPU 外，还集成了图形处理单元（GPU），最近的设备还集成了视觉处理单元（VPU）或数字信号处理器（DSP）。除了在执行信号处理和优化计算方面的表现之外，这些处理器还具有低能耗的优点，这极大地增强了移动设备的独立性。

- ❑ 人体工程学：AR 设备的人体工程学设计是其成功的关键因素。专业人员或普通用户可能需要佩戴该装置几个小时，因此，舒适性和无可挑剔的易用性是必不可少的。困难在于设计一种通常佩戴在头上的装置，需要让用户感觉它是轻的。但是实际上它需要装载微型屏幕、光学透视系统、传感器、计算模块和电池等各部件。因此，设备必须保证相对于使用者眼睛均衡的重量分布和良好的稳定性。此外，必须控制由装置发出的热量，因为有源部件的数量不断增加会增加产热，而设备与使用者皮肤直接接触会让使用者快速感知到温度的增加，从而降低设备易用性。这是相当大的挑战。

- ❑ 交互：AR 的使用不仅限于需要观察的任务——还必须集成交互界面。几个设备在眼镜的侧面具有触觉表面，而其他设备已经开始集成系统以在 3D 空间中跟踪用户的手以用于姿势识别，这可以与凝视跟踪系统或声音识别系统耦合。尽管如此，正如技术必须适应智能手机和其他触觉平板电脑一样，AR 眼镜专用人机界面的人体工程学设计必须经过彻底重新思考，以适应每个设备的交互和恢复能力。最后，出于安全考虑，在许多情况下，用户使用这些设备时必须对真实环境有无失真的感知，这涉及尽可能透视并且不会使真实环境的视觉感知变形的光学系统。

这在科学（交互模式设计）和技术（设备制造，同时考虑对鲁棒性、紧凑性、消耗和成本的约束）方面构成了真正的挑战。

- ❑ 移动性：只有用户可以在其环境中自由移动，这样的 AR 设备才有意义。尽管在开发阶段开发者会使用一根或多根电缆将一些 AR 眼镜连接到外部终端，但在市场上销售的产品中，所有计算处理器和电池通常都集成到眼镜内部以使它们可以独立使用，也就是所说的移动设备。

由于光学透视 AR 头戴式耳机和眼镜的数量不断增加，与之相关的技术快速迭代，想要描述所有市场上可用的不同系统是徒劳的。但是，表 2.1 提供了 2017 年年初几款 AR 眼镜和耳机的非详尽概述。

Microsoft HoloLens 是 2017 年年初提供 AR 服务的最先进的解决方案，它具有多重传感器和强大的处理能力，在重新校准质量方面延迟极低。但是，如表 2.1 所示，有几种解决方案可以作为 HoloLens 的替代方案，甚至在某些方面超越它。一些配备许多传感器的眼镜（例如 Meta 2，the Atheer Air Glasses 或 the ODG R-7）具有与 HoloLens

表 2.1

品牌	型号	光学系统	显示位置	单眼或双眼视觉	视觉领域	单眼分辨率	光强度
Microsoft	HoloLens	波导	视觉领域	双眼	～35°	1 268×720	?
Magic Leap	?	?	视觉领域	双眼	?	?	?
Epson	Moverio bt-200	波导	视觉领域	双眼	～23°	960×540	?
	Moverio bt-300	波导	视觉领域	双眼	～23°	1 280×720	Si-OLED 高强度
	Moverio pro bt-2000	波导	视觉领域	双眼	～23°	960×540	?
Meta	Meta 2	镜子（焦点在 0.5m）	对角线视觉领域	双眼	～90°	1 280×1 440	?
Vuzix	Blade 3000	波导	视觉领域	双眼	?	?	?
Atheer	Air Glasses	波导	视觉领域	双眼	～50°	1 280×720	?
ODG	R-7	波导	视觉领域	双眼	～30°（原型在～50°）	1 280×720（原型在 1 920×1 280）	?
Lumus	DK-50	波导	视觉领域	双眼	～40°（原型在～60°）	1 280×720	3 500cd/m²
Optinvent	ORA 2	波导	视觉领域或远程领域	单眼	～24°	640×480	>3 000cd/m²
Laster	Lumina	镜子	视觉领域	双眼	～25°（原型在～50°）	800×600	220cd/m²
Daqri	Smart Helmet	波导	视觉领域	双眼	～80°	?	?
Technical illusions	CastAR	带主动眼镜的立体投影	视觉领域	双眼	～90°	1 280×720	?

光学透视 AR 系统描述

传感器	计算能力	人体工程学	移动性	操作系统	版本	售价
IMU9 轴，4 台相机，1 个鱼眼相机，3D 传感器	CPU，GPU，VPU（HPU）	579g，手势互动	全部整合	Windows	开发套件和商业版	3 299 欧元
?	?	?	?	?	?	?
IMU9 轴，GPS，VGA 相机	ARM Cortex A9 双核 1.2GHz	88g，远程触摸板	遥控盒	安卓 4.0.4	商业版	699 欧元
GPS，IMU 9 轴，500 万像素相机	英特尔凌动 ×5 1.44GHz	69g，远程触摸板	遥控盒	安卓 5.1	商业版	799 欧元
GPS，IMU 9 轴，2 500 万像素立体相机	ARM Cortex A9 双核 1.2GHz	290g，远程触摸板	遥控盒	安卓 4.0.4	商业版	3120 欧元
720p 相机，IMU 6 轴，传感器阵列	无	420g，手势互动	电缆	NA	开发套件	949 美元
GPS，IMU 9 轴，1 080p 相机	?	?	?	安卓 6.0	商业版（2017）	?
GPS，IMU 9 轴，2 台 720p 立体相机，深度摄像机	英伟达 Tegra K1（四核 CPU 和开普勒 GPU）	手势互动	遥控盒	安卓	商业版（2017）	3 950 美元
IMU 9 轴，高度计，1 080p 相机	高通骁龙 805 2.7 GHz 四核	125g，触摸板在眼镜的一侧	全部整合	安卓 4.4	商业版	2 750 美元
IMU 9 轴，400 万立体相机	高通骁龙	手机交互界面	全部整合	安卓	开发套件	3 000 美元
GPS，IMU 9 轴，500 万像素相机	CPU 双核与 GPU	90g，触摸板放在眼镜的一侧	全部整合	安卓 4.4.2	商业版	699 欧元
GPS，IMU 9 轴，720p 相机	MTK 6595 八核心	165g，触摸板在一侧	全部整合	安卓 4.4	原型	?
IMU 9 轴，5 台摄像机（360），深度、温度和压力传感器	英特尔酷睿	1 000g	全部整合	安卓	原型	5 000～15 000 美元
IMU，头部跟踪器	无	100g，游戏手柄	电缆	NA	商业版（2017）	～ 400 美元

类似的性能，并且在某些情况下，更适合一般使用情景。由于视野范围是一个关键特性，Lumus 开发的波导技术因其相对较大的视野和高亮度因而比其竞争对手具有更高性能的优势。Lumus 没有将自己定义为 AR 眼镜的制造商，而是集成光学系统的开发商。Optinvent 提供效率较低但成本也较低的波导系统，在开发简单但具有许多优点的光学系统方面是专家，其系统的特色有可变的容纳距离、良好的容差、协调用户的注视轴和眼镜的光轴（该公差区域称为眼睛盒）等。此外一些产品也用于专业用途，这些产品通常是耐用的，例如 Epson Moverio pro BT-2000，尤其是 Daqri 耳机。这是一款配备了大量传感器的头戴式显示器，可以满足行业的许多需求。综合所使用的技术（投射）和目标市场（视频游戏市场），市场上目前出现了 castAR 解决方案。

2017 年年初，我们还处于透明 AR 设备技术发展的雏形阶段。然而，要想实现 AR 的真正普及，使其先在专业背景下使用，然后用于一般用途，在进行微型化和电子元件、电池和光学系统性能相关的开发方面需要付出相当大的努力。AR 眼镜是继智能手机之后的下一次革命吗？考虑到该领域的大量投资，似乎有很多人都这么认为！

4. 音频恢复

声音对于 VR 应用所需的沉浸式体验至关重要，对 AR 也很重要。在这两种情况下，高质量的音频恢复可以显著增强用户体验。但是如果音频反馈不遵守某些约束，这种体验也可能受损。

在 VR-AR 环境中，通常使用耳机来执行音频恢复，耳机通常被集成到可视化设备中。双耳化可以使用户将虚拟声源置于 3D 中，以再现声音传播到收听者耳道中的特征。对于每只耳朵而言，特性都包括频谱的衰减和修改，这取决于声源的位置。在实践中，开发者常使用源自声学测量的数字滤波器执行双耳化处理。

在 VR-AR 应用程序中，用户通过定期旋转头部改变观察视角。因此沉浸式音频反馈需要虚拟音频源相对于用户移动（反向旋转）。这种旋转必须实时进行，并且延迟必须在几十毫秒内，这样用户才不会察觉到任何可能破坏沉浸式体验的延迟。声场的呈现是以 ambisonics 格式处理，这也使以低计算成本执行旋转成为可能。顺便说一下，这也是 YouTube 和 Facebook 选择 360° 内容的 ambisonics 格式的原因之一。

所用设备的质量（例如耳机、声卡）在音频恢复质量方面起着决定性作用。确保没有任何串扰（左耳和右耳的通道混淆）尤其重要，否则可能会破坏双耳反馈。此外，还必须考虑耳机的保真度和无失真情况。

VR 和 AR 市场上有一定数量的声音恢复引擎。其中值得关注的是：Wwise（Audio-kinetic）、Rapture3d（Blue Ripple Sound）、用于 Unity 的 Audio Spatializer SDK、Facebook 的 Spatial Audio Workstation 和 RealSpace3d（VisiSonics）。

2.1.4　技术挑战和展望

1. 视觉领域

VR 或 AR 显示设备理想地产生视觉信号，但是该视觉信号不包括人类视觉系统可以检测到的目标物体之外的伪影（使看到的场景更逼真）。因此，在确定 VR 或 AR 显示系统的最佳特性之前，必须要了解人类视觉系统的视野范围。

首先，人类视野在不转动头部的情况下，一直被认为是水平 180°（对有些人来说可以达到 220°）和竖直 130°。然而，人类并非在整个视野内都能清楚地感知到他们的环境：最佳视力，称为中央凹视力，仅覆盖整个视野的约 3°～5°。因此，当你阅读本书内容时，仅使用了 20° 的视野，符号感知的范围只有 40°，颜色感知是在中心视野的 60° 处，双眼视觉覆盖约 120°。但是，这些值仅对固定位置的眼睛有效。眼睛通常扫过场景，因此能够清楚地感知的区域比中央凹视力大得多。

最早出售的专业 VR 耳机覆盖了 100° 到 110° 之间的视角，略小于人类双眼的视觉覆盖范围。但是，人类极端的周边视觉可以检测到动作并产生警告，例如侧面来袭的危险，或者可以帮助变戏法者在直视前方时抓住球杆。因此，视角小于 110° 的 VR 耳机会产生隧道效应，即减少一个人在视野边缘对环境的不自然感知。

回顾过去，最早在很大程度上克服这一局限性的解决方案是 Sensics 公司在 2006 年开发的 PiSight 耳机，这款耳机提供了可以扩展到 180° 的视野。这种技术基础是平铺的"小"LCD 屏幕（每只眼睛最多 12 个），并配有优质的光学系统。该设备的主要缺点是产生 24 个同步信号的复杂性，但是成功率非常高。除此之外，目前 VR 头戴式耳机的初始原型使用菲涅耳透镜来缩小外形的同时可以达到 210° 的视野（由 Starbreeze 开发的 StarVR，Starbreeze 收购了设计该技术的法国创业公司 InfinitEye）。因此，现在只需要增加屏幕的分辨率以保证图像定义不会丢失，VR 头戴式耳机就可以覆盖整个人类视野。

AR 的视野明显变小了。Epson BT-200 等眼镜的视野范围为 20°，而微软的 HoloLens 则提供接近 30° 的视角（基于屏幕相对于用户眼睛的距离）。在图 2.8 中可以比较一些 AR 眼镜的视野。即使在今天，光学透视系统的这种局限性仍然限制了人类视野，这是一个很难克服的障碍。广泛使用的波导技术具有与其全反射角度（从一种介质到另一种介质的光线被完全反射的临界角度）相关的物理限制，理论上这将导致 AR 眼镜的视野范围限制为 60°［MAI 14］。目前，只有与北卡罗来纳大学合作、由 NVidia 开发的光学系统原型才能达到 110°的视野［MAI 14］。但是这种基于微穿孔屏幕的技术目前只配备了分辨率非常低的显示器。

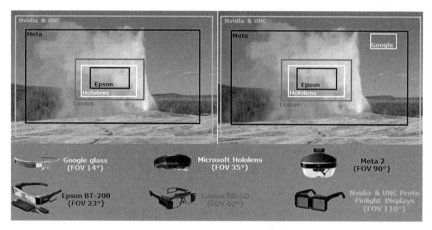

图 2.8　不同光学透视系统的视野比较（© Wikimedia Commons-Mark Wagner）。有关此图的彩色版本，请参见 www.iste.co.uk/arnaldi/virtual.zip

2. 显示分辨率

在设计用于 VR 或 AR 的显示设备时必须考虑人类视觉系统的另一个能力——视觉敏锐度，其表现形式是辨别力，也就是眼睛在视觉上分离两个不同物体的能力。在法国，视敏度通常以十分之一为单位表示，而不是以最小分离角度表示。不过 10/10 的正常视力（对于具有极高视觉敏锐度的人可能达到 20/10）对应于弧的一分角（即 1/60°）。因此，想要获得 210°视野的显示设备，每眼必须具有大于 8K 的分辨率（如果考虑理想情况，则为 9000×7800 像素），但这其中具有 10/10 视敏度的用户不会感知到像素。人类每只眼睛的水平视野是 150°，并且对于像素的感知尺寸是固定的，而不是由镜片造成的径向畸变情况决定。截至 2016 年底，市场上最好的屏幕可以达到每厘米 210 像素的密度。因此，要在 VR 耳机中实现 9000×7800 像素，就必须使用两个尺寸均为 42.8cm × 37.1cm 的屏幕，即总宽度为 85.6cm，高度为 37.1cm。当然这些仅仅是理论数字，仅用于适应每个人感知能力所需的指数和数量级。

但是其实近几代人都没有受到低质量图像的特别困扰，并在标准分辨率为 720×576 像素的电视机上欣赏各种各样的视听内容。从 720p（1280×720 像素），到高清或全高清（1920×1080 像素），再到超高清（3840×2160 像素）和即将到来的 8K 分辨率（7680×4320 像素），提高图像质量已然成为可能。那么对观看者来说，屏幕分辨率的增加给其对视听内容的关注和沉浸水平带来的影响是什么？我们可以将当前 VR 头戴式耳机的分辨率视为标准分辨率（2160×1200 像素）。而在未来几年，这些分辨率将像电视屏幕分辨率一样不断增加，从而使图像质量不断提高，直到达到与人类视觉系统一致的最佳分辨率。

3. 显示频率

人们普遍认为，由于人类视觉系统的特征之一：视觉持久性或"视网膜持久性"，以每秒 24 个图像的速度显示视频是不会产生停顿感的。因此，电影的帧速率已经被标准化为每秒 24 个图像。而对于电视内容，在欧洲是每秒 25 个图像，在美国和日本是每秒 30 个图像。视网膜持久性指的是投影图像保留在视网膜上的特性，这一特性允许人类视觉系统将一系列孤立图像融合成流体动画图像。在 19 世纪，当我们对视觉的理解仅限于人眼的光学和机械特性时，视网膜持久性是人类合并一系列图像能力的唯一解释。然而今天，神经心理学家认为这种解释是不完整的甚至是错误的。他们认为起重要作用的是将图像合并到大脑视觉皮层的过程。这主要得益于 β 效应，它使得大脑可以在动态场景的两个连续图像之间插入缺失图像，从而确保运动的连续性。β 效应经常与 φ 效应相混淆，φ 效应让我们可以忽略两个连续图像的显示之间的黑屏闪烁，电影院早期使用的电影放映机上的快门便是利用这个原理。

如果 β 效应可以插入缺失图像，为什么我们还要提高 VR 和 AR 设备的帧速率呢？原因是相机会产生运动模糊，所以 β 效应可以完美适用于电影。全速行驶的汽车车轮或者飞行中的直升机叶片看起来是静止的，足以说明上述观点，因为此时人眼在视觉化时产生相关联的模糊。还要注意的是当我们在高速相机捕获的视频帧速率为每秒 25 帧的电视上观看时，其闪烁是可感知的。运动模糊大大减少，甚至对于实时渲染的合成图像而言它们没有运动模糊，非常清晰，此时需要高频显示（120Hz）才能提供高质量的视觉体验。所以最新一代渲染引擎具有生成此运动模糊的内置能力来改善电视屏幕以每秒 25 帧的频率展示的视觉质量。这和电影中的数字特效是相同的，都需要运动模糊后处理以确保与电影摄影机捕获图像的一致性。

因此，我们可以得出这样的结论：每秒 24 帧的速率是不够的。目前，HMD 每秒仅显示约 90 个图像，但在未来几年中，这个数字应该能达到每秒 120 个。理论上每秒图像数量越多，用户体验质量越好。所以系统必须有能力计算单眼每秒 120 个图像，或双眼每秒 240 个图像。

4. 图形计算能力

假设技术上可以生产两个 8K 屏幕，每秒显示 120 个图像投影到人类视野范围内——那么是否可以使用当前可用的设备进行实时反馈？当然，答案取决于 3D 场景的复杂性。一般而言，在 2017 年年中如果我们希望获得每秒处理 120 幅图像所需的速度，最好配置一组图形卡。

最新一代的图形处理器架构 NVidia 开发的 Pascal 架构，它提供多种专用于多屏显示的优化，其中包括各种 VR-AR 显示设备。因此，所有屏幕都是在单个操作中执行构成虚拟场景顶点的处理。除此之外，在使用专用着色器的后处理中优化了 VR 耳机中的每个镜头所特有的渲染图像失真，这种失真可能使用户的眼睛感受到定影。由于每只眼睛感知像素的大小会因为 VR 头戴式耳机的镜头产生的径向失真而变化，所以需要优化（包括局部劣化）渲染图像的分辨率。为与凝视跟踪系统相结合，可以在靠近中央凹的区域中进行高分辨率恢复，并通过降低用户周边视觉的分辨率来优化恢复。目前（2017 年年中）还没有足够快速和精确的内置凝视跟踪的耳机。这些优化，加上图形处理中心的增加和蚀刻精细度的降低，让我们能够预见到极其强大的图形容量，从而使未来的 VR 耳机能够呈现超逼真的图像。

然而，必须提醒一点，图形处理能力的增加不能抵消用于实时显示 3D 场景的优化。我们还要明确的是用于场景 3D 建模的方法并不相似，而要看它们的用途：无论是视频游戏、VR-AR 应用程序还是动画电影，每个图像都需要不同的计算时间，从几毫秒到几分钟甚至几个小时。

以下规则（非详尽的）可以改善 3D 场景的反馈时间，同时保持高水平的真实感。首先，我们必须限制每个反馈对应的图形卡处理的对象和相关三角形的数量，以此降低虚拟屏幕的几何复杂度。目前有几种可能的解决方案：第一种是通过在给定视角（隐藏管理）场景中隐藏或遮挡部分物体，或者根据虚拟对象与其视点的距离调整虚拟对象的复杂性（细节程度），以此仅显示必要的内容。第二种是着色器的使用，这些编程接口允许处理用于优化图形卡的渲染线。例如，着色器可以将一些几何细节"移动"到材质纹理上以便降低处理复杂度，从而降低计算时间。举个例子，凹凸贴图在专用纹理中指定曲面法线，可以将浮雕特征应用于平面。在计算照明期间，将突出显示虚拟对象的粗糙度。如浮雕映射或位移映射之类的其他技术可以在对象的表面上动态地创建精细的几何图形，而不增加原始对象中三角形的数量。另一个优化是将对象的不同子元素分组为单个网格和单个纹理。其实大多数渲染效果是资源密集的内存分配和几何图形的纹理加载，而不是网格和纹理的处理。因此，包含 50 个对象、且每个对象都由 1000 个三角形组成的虚拟场景的渲染总是比包含由 50 000 个三角形组成的单个对象场景的渲染时间更长。

最终优化是指预先计算的可能性：例如，虚拟场景中静态元素的光照和阴影。该计算将一劳永逸地执行，并且可以在渲染阶段与动态元素（对象和照明）的亮度和阴影的计算实时组合。

5. 移动性

移动性是一种功能，可以极大增强用户在 VR 和 AR 中的体验。对于许多功能来说，在广阔的空间中移动通常是必不可少的。为了达到这种移动能力，我们需要消除几个障碍。需要能源独立、大范围内实现定位覆盖以及提供高计算能力的无线解决方案。

我们先谈一谈能源独立。移动 VR 或 AR 设备配备有许多消耗电能的电子元件，从屏幕到传感器再到内置处理设备（例如 CPU、GPU、VPU、存储器），这些设备经过严格测试后，需要超大电池才能在几个小时内独立使用。然而，这些电池也占据了设备重量的相当人一部分，并且还会发热，所以只有非常仔细地设计 VR 和 AR 头戴式耳机和眼镜才能确保用户的舒适。目前有几种解决方案可以加强这种独立性。首先，锂空气等新能源存储技术将在未来几年内有比目前使用的锂离子技术更好的储存容量 / 重量比。智能手机的普及改变了处理器制造商的政策，不再仅仅专注于提高计算能力，更关注降低电子元件的能耗。由于该装置的各种使用场景也需要很大的独立性，所以除了配备具有极低能耗的电子元件与具有高性能存储的电池，还必须配备远程电池（例如佩戴在带子上并通过电线连接到显示装置的电池）或固定电池以确保服务的连续性，这样用户无须停止设备即可轻松更换。

关于用户或 VR 或 AR 设备必须精确定位区域（位置和方向）这一问题，当前红外定位技术价格的下降为其带来了可能性，至少对于专业用途的沉浸式设备，其覆盖范围可以扩展到广阔的区域。尽管 HTC/Valve 的 Lighthouse 不是专门为专业用途设计的，但目前还不可能通过复制这一形式来扩大覆盖范围，这项新技术应该能在未来几年内实现以较低成本覆盖较广阔的本地化区域（如专业动作捕捉系统的情况）。最终的解决方案是简单地使用设备内置的传感器提供定位服务，而无须为真实环境配备昂贵的传感器。这是 AR 系统提出的方法，其独特性在于通过视觉传感器和内部惯性传感器来将使用者自身定位在空间中。此外，微软的 HoloLens 在该领域的技术发展已经展示了相当大的技术进步。尽管目前基于外部传感器的红外定位系统显得更加强大和精确，但我们必须等待、观察这种类型的独立定位系统在不久的将来是否会在 VR 耳机中得到推广。突破使用结构光投影的系统也是有意义的，但似乎这些系统在室内不可用。

最后，如果我们想要移动性，就必须去掉"球和链"！也就是说，VR 耳机和 AR 眼镜不能通过电缆链接到任何计算单元。将所有这些计算能力集成到便携式设备中（通过智能手机或完全集成的设备）才能实现这种移动自由。唯一需要注意的是，数字模拟虚拟环境的 VR 和 AR 需要适当的计算能力来保证用户的最佳体验（请参阅第 3 章以了解此处涉及的挑战）。此外，虽然移动设备和图形站之间的计算资源差距每年都在缩小，但只有高端性能的设备才能提供最佳质量的体验。所以最初的解决方案不是围绕用户的头部设计，而是将这种计算能力集成到专用背包中。这款背包相当于具有高计算能力的笔记本电脑。该解决方案具有多项优势，它结合了自由移动和高计算能力，可能会在 The Void 公司提出的几个 VR 拱廊和主题公园中使用。尽管如此，这个解决方案依然不很理想，因为用户必须携带重量在 3 ～ 5 千克之间的背包（对于某些主题公园的场景或者是家里的一般使用场景而言非常不方便），但是即使如此，这样的背包也仍然不能提供用于专业用途的图形服务器所需的计算能力。

因此，大多数 VR 耳机制造商与他们的合作伙伴开发由图形工作站向 VR 耳机呈现的无线实时流。另外，如后续进一步讨论的（参见 3.4.1 节），想要为用户提供高质量的体验就需要极低的图像传输延迟，大约一到三毫秒。因此，目前主要问题在于延迟、显示质量（分辨率和帧速率）和无线网络速度之间的折中。若以恒定速率改善图像质量就需要使用更好的视频压缩机制。目前拥有最佳性能的视频压缩技术是基于帧间编码机制（使用过去甚至未来的图像来压缩视频中的当前图像），该机制适用于称为"实时"（约 200ms）的流，但是远远没有达到 VR 所需的延迟水平（约 3ms）。

因此，提高无线系统的显示质量的唯一解决方案是增加网络流量。目前广泛使用的流量 802.1g WiFi 最大理论速率为 54Mbit/s。在这些条件下，很难想象以每秒 90 幅图像的频率流式传输 2160×1200 视频流，这是 Oculus Rift CV1 或 HTC/Valve Vive 的特性

（相当于 5.21Gbit/s 无压缩或大约 2Gbit/s，极低延迟压缩）。只有 60GHz 的新一代 WiFi，也称为 WiGig（无线千兆位），可实现 7Gbit/s 的理论速率。但是，WiGig 覆盖范围仍然受到限制，只有在中等大小的空间才能达到所需的 2Gbit/s。因此，WiGig 可以在短期内解决当前 VR 头戴式耳机中视频流的无线传输问题，但随着耳机特性的发展，该技术的局限性将迅速表现出来。那么对于要为每只眼睛提供 4K 甚至 8K 分辨率和每秒 120 幅图像的耳机，可以采用哪些解决方案？使用可见光的通信技术（如 LiFi）如今在极其受控的环境中达到了几十 Gbit/s 的速率，但商业解决方案只能提供大约十几 Mbit/s 的流量。未来几代 WiFi（90GHz，120GHz）的理论速率是什么？这些技术的覆盖范围是什么？VR 头戴式耳机中视频馈送的无线流传输问题仍然很复杂，对 VR 耳机行业提出了相当大的挑战。

2.1.5　关于新设备的结论

　　VR 耳机的普及已经从视频游戏和娱乐市场开始。Oculus、HTC/Valve Vive、三星 Gear VR 和其他耳机开始时提供的应用主要是视频游戏或 360° 视频。在最早的演示中曾有过山车模拟，但这给许多用户带来了强烈的、甚至是不愉快的体验，这些影响无法控制最终被证明是有害的。首先，开发人员加强了围绕这些耳机发出的嗡嗡声；其次，进入该领域的新人很快意识到专业 VR 世界长期以来的法则，即沉浸首先是用户体验，人为体验必须优先丁任何技术考虑。

　　这就是最大的视频游戏工作室采用以用户为中心设计方法的原因，经过周密考虑的应用程序设计，能完美适应耳机带来的限制。视频游戏行业的这一举动产生的影响已经开始进入专业 VR 世界。正如新设备开发（我们刚刚看到的）以及新软件（我们将在本章下一部分看到）所证明的那样，这一影响也反映在视频游戏世界与 VR 世界之间的互连中。

　　无可否认，尽管制造商获得了大量的金融投资，但由于某些原因，设备普遍使用的假设仍然存在疑问。首先是成本问题，虽然这些系统的供应商提供的价格很低，买家仍至少需要一千欧元才能购买，为此我们必须为计算机投入相同数量的资金才能真正使用这些沉浸式功能。我们距离公众不断听到的"低成本"预算还很远！当然，成本肯定会降低。举一个索尼 Playstation VR 耳机的例子，这款耳机约 500 欧元，可以与 Playstation 4 控制台连接。

第二个原因与前面描述的技术限制有关：无论是视野、分辨率还是显示速率，这些都会降低舒适度从而降低用户长时间体验的乐趣（除了他们第一次使用它时的"哇！"效果。）

第三个（当然不是最不重要的）原因与可用应用的丰富性和多样性有关。除了仅一般人群（特别是年轻一代）感兴趣的视频游戏之外，供应商必须设计能使用户真正从 VR 中获得优势的应用程序。建筑、旅游和遗址是开发商已经在探索的领域，但很明显，除非跨过这一挑战，否则面向一般公众的 VR 耳机将加入不会取得长期成功的其他技术创新行列。

关于增强现实市场，数字巨头（如谷歌、微软、苹果）再次投资数十亿美元收购创新公司和开发新产品，希望跟随智能手机时代引领新技术潮流。不幸的是，这些较低的设备技术成熟度使我们无法在短期内预见到任何真正大规模商业化的可能性。扩大视野、增强独立性、改善叠加信息的重新校准，当然还有降低成本——所有这些问题对于实现真正的普及至关重要。此外，还要对其形式进行必要的改进，以使设备更加严谨和舒适。用户是否乐意携带周围人群可见的设备？这是一个基本问题。即使技术限制被消除，这个问题也可能导致所有尝试失败。在等待这些变化发生的同时，我们还应考虑其专业用途市场的接管以及为这些发展提供资金支持的可能性，毕竟这其中存在相当大的经济挑战。

虽然这个过程很难，但我们试着看一看 VR 和 AR 的市场。如果消除了技术和使用相关的限制，AR 眼镜将在公众中更加成功，因为它们可能被用于大量日常活动。如果可以用作移动设备，这种可能性更强。公众可以将之视为智能手机目前所扮演的个人助理角色的"自然"延伸，从而帮助用户做出更好的决策。挑战是巨大的，但如果它被克服，那么将为我们生活中真正的技术革命敞开大门。

2.2 新软件

2.2.1 简介

本章的第一部分介绍了使虚拟现实系统为用户提供虚拟世界的感觉及与之交互所需的众多设备。同样，增强现实也需要特定设备来分析现实世界并进行虚拟对象的叠加。因此，用于构建 VR-AR 应用程序的软件必须能够最佳地配合提到的所有设备，使设备与处理接收信息的数字模拟器进行通信，并计算要反馈给用户的信息。如交互周期中所示，该设备必须同时管理大量功能。这个循环从用户的动作开始直到用户感知到动作产生的结果（图 2.9）。

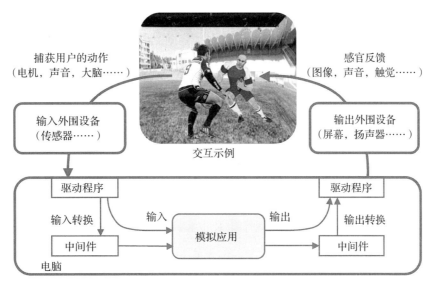

图 2.9　交互周期从用户的动作开始，直到感知到此动作结束。开发 VR-AR 应用程序需要从输入设备收集数据，处理此信息并推断出需要的感官反馈，然后将此信息传输到输出设备

　　除了模拟用户沉浸在其中的 3D 虚拟世界（VR 的情况下）或者叠加的现实世界（AR 的情况下），应用程序还必须能够保证用户与模拟之间的交互。也就是说，它必须能够读取用户的动作并提供相应的感官信息。例如，一个基于 VR 的运动训练工具，其目的是训练一名橄榄球防守队员阻止一名试图在有或没有身体转向的情况下绕过他的进攻者（见图 2.10）。为了实现这个想法，应用程序必须提供一个虚拟对手，他们会对防守者的真实行为做出反应并调整他们的进攻。应用的第一步包括使用动作捕捉设备收集防守者的动作，然后通过驱动程序将数据传输到计算机，应用程序可以通过称为 API（应用程序编程接口）的接口进行查询。然后，模拟器根据防守者的实际行为计算虚拟进攻者的反应。进攻者的这种反应通过动画的修改程序进行翻译，然后通过另一个 API 传输到输出设备。模拟还必须同时管理其他参数，例如沉浸物体（用户）视角的变化，如他们在 CAVE 中头部的位置或他们在使用耳机时越过的位置 / 方向（见 3.2 节）。最后，输出设备或多个设备执行感知反馈，例如，进攻者所在的虚拟环境中的立体视觉反馈。

图 2.10 虚拟现实中的交互示例

a）真实的防守者，配有 VR 耳机，b）虚拟进攻者，可能会也可能不会使用身体转向

由于开发此类 VR-AR 应用程序的复杂性，使用特定软件是通常的做法。这就是为什么许多公司专门为特定领域开发解决方案。只有少数例子，如用于安全和安保领域培训的 XVR Simulation［XVR 17］；用于建筑的 iris［IRI 17］；用于工业原型的 IC.IDO［ESI 17］；用于分析和复杂数据可视化的 ParaView［PAR17］；用于大规模并行仿真的 FlowVR［FLO17］和用于管理和可视化 AR 中 3D 内容的 Augment［AUG 17］。因此可以使用这种"轮流使用式"应用程序。但在本章中，我们将讨论创建特定 VR-AR 应用程序的不同方法。

根据交互周期，VR-AR 应用的开发可以分为两部分。第一部分包括开发数字模拟、处理由输入设备获得的信息、计算要提供给输出设备的结果，将在 2.2.2 节中描述。第二部分涉及该仿真与输入和输出设备之间的通信，将在 2.2.3 节中描述。

2.2.2 开发 3D 应用程序

VR-AR 应用程序基于在用户沉浸（在 VR 的情况下）或叠加在现实世界（在 AR 的情况下）的 3D 世界中使用。根据成本、开发时间、灵活性、易用性等因素，可以通过多种方式管理此 3D 环境并进行可视化。在本节中，我们将介绍这些不同的方法，从最"基本"的编程开始，一直到特定的 VR-AR 工具。

1. "基本"图形编程

创建 3D 应用程序最基本的方法是直接访问所用设备图形卡的驱动程序和编程接口。这种方法的缺点是每个应用程序都依赖于设备。使用如 OpenGL 或 DirectX 之类的编程接口可以克服这种困难，使其可以在指定类型设备之外工作，而不必限制在特定设备上。这种方法的主要优点是它可以完全控制从 3D 环境到图形呈现方式的整个创建过程。因此，我们可以直接控制构成 3D 对象的构面、创建自己的场景图、用于定义对象之间的关系和变换的分层结构，或者管理动画甚至提出新结构。这也使我们通过消除隐藏部分以及纹理和光照的应用来控制图形管道从计算这些面到最终渲染所需的一系列步骤。我们可以选择在该过程的哪个步骤中执行操作或如何执行操作来优化应用的性能。

因此，该选项可以保证最佳性能和非常高的灵活性。但是需要做的工作复杂得多，它需要创建所需的功能、加载 3D 环境（例如由 3DS Max 或 Maya 等建模者产生）、从动作捕捉中恢复数据。其主要缺点是这种方法不可移植。

2. 图形库

为了避免创建所有必需的功能，如 OpenSceneGraph［OPE 17b］的库可以对 3D 模型进行更好的控制，这主要归功于它们管理这些模型的加载和保存、用于对象的动画方法以及照明和阴影的控制、摄像机放置等的方式。这些库可以显著加速 3D 应用程序的创建。但它们仍具有相当高的专业性。

此外，其中一些库可能依赖于 Windows，Linux 或 Mac OSX 等操作系统。因此，开发适用于移动电话或视频游戏控制台的技术是很困难的。最后，在 VR-AR 应用的背景下，一个主要问题是它们专注于 3D 对象的建模、动画和渲染，很少管理相关的 VR-AR 设备或不同的传感器，即使所有这些都是交互式应用程序中的重要元素。除了使用这些外围设备开发接口的成本（参见 2.2.3 节第一部分）之外，鉴于 VR-AR 领域的高速发展，以及市场上新型外围设备的不断涌现，这些应用的维护和发展成为了最重要的问题。

3. 视频游戏引擎

为了提高工作效率，视频游戏行业多年来开发了称为"引擎"的通用环境，这些环境对所有产品都至关重要。这些引擎现在与功能强大的编辑器相关联，使创建 3D 应用程序变得非常容易。这些编辑器（特别是通过图形界面，无须开发）可以管理场景、声音、相机、动画等的视觉布局（见图 2.11）。此外，这些引擎可以在不同的平台上运行：电脑、移动电话或视频游戏控制台。所以它们被广泛用于制作游戏，不仅是移动电话游戏和视频游戏控制台，还有在线游戏。

在众多现有引擎中，每个都有自己的知名度和易用性，最著名的是：Unity［UNI 17］、Unreal［UNR 17］、Cry Engine［CRY 17］、Ogre3D［OGR 17］和 Irrlicht［IRR 17］。除了具有能够在很短的时间内在不同平台上生成相同内容的能力，最重要的是这些引擎提供了大量可以快速创建这些应用程序的功能。其中包括管理与对象渲染、灯光和摄像机放置相关的所有图形参数。除此之外它们还能够控制物体的物理模拟（例如考虑冲击），可以通过声音源和周围空间环境模拟声音的空间化扩散，还可以控制复杂结构的动画，例如虚拟人类。

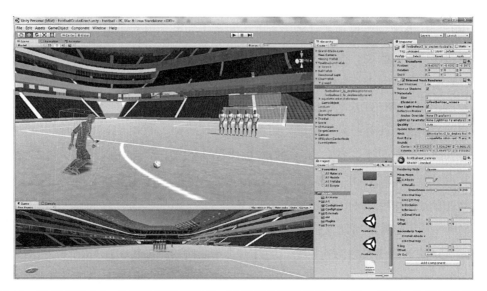

图 2.11 游戏引擎 Unity 的图像编辑器示例，可以轻松管理场景、声音、相机、位置等的视觉布局。有关此图的彩色版本，请参见 www.iste.co.uk/arnaldi/virtual.zip

这些工具产生了大量用户社区，包括在 VR-AR 领域内，他们提供了许多额外的资源，如使用手册，以及可扩展其功能的脚本，如下一节中所示。上面列出的引擎中，Unity 由于其易用性，目前已成为主要引擎之一，也可以被其他多个社区使用，如神经科学、体育和体育活动、医学等。

2.2.3 管理外围设备

在开发了应用程序的核心，即模拟之后，必须通过外围输入设备与沉浸在体验中的用户进行通信，从而产生感官反馈。就像创建 3D 图形模拟一样，可以在不同级别管理与外围设备的接口，从通过编程接口直接控制到最高级、最通用的工具。

1. 直接控制外围设备

为了允许应用程序与外围驱动程序通信，构造函数的方法提供了一个可以访问所有功能的编程接口，从而可以控制该设备或与设备交换数据。因此，开发人员只需要调用这些功能便可以使应用程序管理外围设备。事实上所有设备彼此不同，即使提供完全相同功能的外围设备也是如此，并且编程接口也可能是多样的。例如，外围设备是通过 USB 端口还是通过蓝牙连接，接口可能会有所不同。同样，如果你有两个不同制造商开发的旋转传感器，它们极可能具有不同的接口，至少对于其名称而言是这样。

幸运的是，目前已经出现了某些规范，为传统外围设备（键盘、鼠标、操纵杆、音频耳机或打印机）提供了标准化的编程接口，这使开发者可以无须担心设备制造商的问题，快速访问任何键盘或鼠标。品牌的变化并不妨碍应用程序的运行，最重要的是，不需要修改其代码。遗憾的是，目前 VR[⊖]还没有这样的标准，这导致应用程序开发人员要为每个新设备及其相关接口更新软件。为了避免上述问题，开发人员必须根据其功能（例如，运动捕获传感器）构建外围设备的抽象，然后为每个新设备创建该抽象的新实例。此外，由于应用程序与不同接口之间的链路倍增，增加了与接口的不同版本管理和对使用的每个设备的自动检测相关的问题。随着大量 VR-AR 工具的不断发展，直接控制这些外围设备给应用程序开发人员在维护上带来了很大的问题。

2. 用于管理外围设备的库

开发人员提出管理外围设备的库以简化与这些设备的通信。它们提供抽象使得处理提供标准化界面的通用设备成为可能，而不是针对某个特定品牌的设备。例如，对于运动传感器，可以使用相同的功能来收集位置和 / 或旋转信息，而不需考虑传感器使用的技术。这些库或多或少还提供简单的方法，用户可以指定他们当前使用的外围设备，甚至在应用程序启动时自动检测。最后通过指定初始数据，例如在 CAVE 的屏幕上显示（见图 2.12）操纵杆或耳机的初始位置，这些库可以轻松地配置外围设备。

除了从外围输入设备收集数据之外，这些库中的一些例如 VRPN（虚拟现实外围网络）[VRP 17]和跟踪库[TRA 17]，能够实现通过网络连接到一台或多台计算机的设备。这种特性使得开发人员可以与所选择的材料架构保持距离并与其传感器通信，无论它们是远程（通过网络）还是在本地（相同的机器）。如 CAVElib[CAV 17]的其他库则专注于模拟的视觉恢复，管理各种投影配置的视点和立体视觉的变化，如 CAVE 系统专注于从简单的屏幕到多屏幕和多机器系统。最后，一些库还可以管理所有这些不同的外围设备，如 OSVR（游戏的开源虚拟现实）[OSV 17]或 MiddleVR SDK[MID 17]和 TechViz[TEC 17]，它们是配备中间件的库，中间件是一个位于应用程序和设备之间的

⊖　事实上，在 VR 和 AR 中已经做出了引入规范的努力，但这些规范尚未得到应用。

接口的外部软件。在这种情况下，它的作用是提供一个软件界面，以便为应用程序轻松地配置不同的设备。

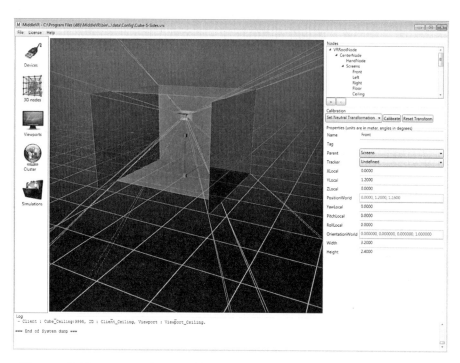

图 2.12　使用 MiddleVR 配置五面外围可视化设备的示例。有关此图的彩色版本，
请参见 www.iste.co.uk/arnaldi/virtual.zip

就 AR 而言，几个库提供特定的功能，例如在真实空间中交互时间内评估用户的位置和方向。OpenCV［OPE 17a］可以通过检测从线条到复杂图案的结构获取和处理图像。所有这些功能可以将 3D 虚拟对象叠加到用户观察到的现实世界。最大的库是 ARToolkit［ART 17］、Vuforia［VUF 17］和 Wikitude［WIK 17］，它们提供上述所有功能，管理移动平台和 VR-AR 耳机，并为开发工具提供接口（参见 2.2.4 节第二部分）。Apple 的 ARkit 3.0 于 2019 年 6 月推出，为基于 iOS 的平台提供了相同的功能。

2.2.4　VR-AR 专用软件解决方案

其他高级软件解决方案提出通过集成 3D 环境和外围设备的管理，以简化 VR-AR 应用程序的创建。

1. VR-AR 创建专用工具

某些图形工具可用于简化创建 VR-AR 应用程序的过程。例如，对于 AR，Wikitude 为开发人员提供了一个可以构建软件解决方案的 SDK，它允许识别图像的记录，然后将内容与这些图像关联，无须编程便可在自己的虚拟商店中发布应用程序。

由 Eon Reality 公司［EON 17］发布的 Eon Creator 软件提供了类似的 VR-AR 解决方案，使用者可以选择 3D 模型，与其交互并轻松传播内容。它还提供一个完整的开发环境来管理类似于视频游戏的功能，如反馈和物理模拟。除了类似的开发环境，WorldViz 软件［WOR 17］还可以管理具有不同投影和 / 或多个用户终端的外围设备，并提供嵌入设备的配置。

然而，这些专用于创建 VR-AR 应用程序的工具数量仍然很少。开发人员必须投入大量资源来开发它们。仅用于 VR-AR 这一点限制了它们在当今市场中的使用，这也使得这些解决方案与通过插件增强的通用游戏引擎相比难以具有竞争力。

2. 视频游戏引擎 VR-AR 插件

2.2.2 节第三部分描述了用于创建 3D 应用程序内容的视频游戏引擎。尽管该软件最初并不适用于 VR-AR，但它的易用性、多功能性以及开发其他脚本的开放性确保了它是这些领域中的参考工具。实际上，外围设备是使用交互式应用程序所需的主要组件之一，为了弥补外围设备管理的缺失，使用这些工具的开发人员社区首先根据构造函数使用的编程接口创建了特定的插件。随着这个社区人数的大幅增加，构建器现在可以直接提供插件，从而在它们启动后立即与新模型进行通信，有时引擎甚至可以将它们集成为本机工具，就像 Oculus、HTC Vive 耳机和 Unity 软件一样。

其他公司提供了更多用于管理外围设备的通用插件，这些插件可以直接集成到电机中，还可以通过先进的立体视觉管理、集群中的多计算机同步、外围设备的力反馈以及管理虚拟现实中的多个用户来扩展现有功能。一些参与者为输出外围设备（如 getReal3D）或所有外围设备（如 MiddleVR for Unity 或 Techviz）开发了通用库（参见 2.2.3 节第二部分）。同样，对于 AR，有 Vuforia 和 Wikitude 等库。

2.2.5　结论

在 Unity 等视频游戏引擎的帮助下，越来越多的 VR-AR 应用程序被开发出来。目前构造函数直接提供与其新外围设备通信的插件，而且存在通用集成解决方案，例如

MiddleVR for Unity。这种类型的开发使更低的成本和更快的速度实现解决方案成为可能，且它们无须重新编译应用程序便可适应新的外围设备。此外，最重要的是，它们可以轻松管理新外围设备的添加，这对于新型低成本 VR-AR 设备的发展至关重要。

2.3　参考书目

[ART 17] ARTOOLKIT, "ARToolkit", artoolkit.org, 2017.

[AUG 17] AUGMENT, "Augment", www.augment.com, 2017.

[AZU 97] AZUMA R.T., "A survey of augmented reality", *Presence: Teleoperators and Virtual Environments*, vol. 6, no. 4, pp. 355–385, August 1997.

[CAV 17] CAVELIB, "CAVElib", www.mechdyne.com/software.aspx?name=CAVELib, 2017.

[CRU 92] CRUZ-NEIRA C., SANDIN D.J., DEFANTI T.A. *et al.*, "The CAVE: audio visual experience automatic virtual environment", *Communication ACM*, vol. 35, no. 6, pp. 64–72, ACM, June 1992.

[CRU 93] CRUZ-NEIRA C., SANDIN D.J., DEFANTI T.A., "Surround-screen projection-based virtual reality: the design and implementation of the CAVE", *Proceedings of the 20th Annual Conference on Computer Graphics and Interactive Techniques*, ACM, pp. 135–142, 1993.

[CRY 17] CRY ENGINE, "Cry Engine", www.cryengine.com, 2017.

[EON 17] EON REALITY, "EON Reality", www.eonreality.com, 2017.

[ESI 17] ESI GROUP, "IC.IDO", www.esi-group.com, 2017.

[FLO 17] FLOWVR, "FlowVR", flowvr.sourceforge.net, 2017.

[FRE 14] FREY J., GERVAIS R., FLECK S. *et al.*, "Teegi: tangible EEG interface", *Proceedings of the 27th Annual ACM Symposium on User Interface Software and Technology*, UIST'14, New York, USA, ACM, pp. 301–308, 2014.

[FUC 05] FUCHS P., MOREAU G. (eds), *Le Traité de la Réalité Virtuelle*, Les Presses de l'Ecole des Mines, Paris, 2005.

[FUC 09] FUCHS P., MOREAU G., DONIKIAN S., *Le traité de la réalité virtuelle Volume 5 - Les humains virtuels*, Mathématique et informatique, Les Presses de l'Ecole des Mines, Paris, 2009.

[IRI 17] IRIS, "iris", irisvr.com, 2017.

[IRR 17] IRRLICHT, "Irrlicht", irrlicht.sourceforge.net, 2017.

[JON 13] JONES B.R., BENKO H., OFEK E. *et al.*, "IllumiRoom: peripheral projected illusions for interactive experiences", *Proceedings of the SIGCHI Conference on Human Factors in Computing Systems*, CHI'13, New York, USA, ACM, pp. 869–878, 2013.

[JON 14] JONES B., SODHI R., MURDOCK M. *et al.*, "RoomAlive: magical experiences enabled by scalable, adaptive projector-camera units", *Proceedings of the 27th Annual ACM Symposium on User Interface Software and Technology*, UIST'14, New York, USA, ACM, pp. 637–644, 2014.

[LAV 17] LAVIOLA J.J., KRUIJFF E., MCMAHAN R. *et al.*, *3D User Interfaces: Theory and Practice*, Addison Wesley, Boston, 2017.

[MAI 14] MAIMONE A., LANMAN D., RATHINAVEL K. *et al.*, "Pinlight displays: wide field of view augmented reality eyeglasses using defocused point light sources", *ACM Transaction Graphic*, vol. 33, no. 4, pp. 89:1–89:11, ACM, July 2014.

[MID 17] MIDDLEVR, "middleVR", www.middlevr.com, 2017.

[OGR 17] OGRE3D, "Ogre3D", www.ogre3d.org, 2017.

[OPE 17a] OPENCV, "OpenCV", opencv.org, 2017.

[OPE 17b] OPENSCENEGRAPH, "OpenSceneGraph", www.openscenegraph.org, 2017.

[OSV 17] OSVR, "OSVR", www.osvr.org, 2017.

[PAR 17] PARAVIEW, "ParaView", www.paraview.org, 2017.

[REI 10] REITMAYR G., LANGLOTZ T., WAGNER D. *et al.*, "Simultaneous localization and mapping for augmented reality", *2010 International Symposium on Ubiquitous Virtual Reality*, pp. 5–8, July 2010.

[SAR 13] SARAYEDDINE K., MIRZA K., "Key challenges to affordable see-through wearable displays: the missing link for mobile AR mass deployment", *Photonic Applications for Aerospace, Commercial and Harsh Environments IV*, vol. 8720, SPIE, April 2013.

[TEC 17] TECHVIZ, "techviz", www.techviz.net, 2017.

[TRA 17] TRACKD, "trackd", www.mechdyne.com/software.aspx?name=trackd, 2017.

[UNI 17] UNITY3D, "Unity3D", unity3d.com, 2017.

[UNR 17] UNREAL, "Unreal", www.unrealengine.com, 2017.

[VRP 17] VRPN, "VRPN", github.com/vrpn/vrpn/wiki, 2017.

[VUF 17] VUFORIA, "Vuforia", vuforia.com, 2017.

[WAG 10] WAGNER D., REITMAYR G., MULLONI A. *et al.*, "Real-time detection and tracking for augmented reality on mobile phones", *IEEE Transactions on Visualization and Computer Graphics*, vol. 16, no. 3, pp. 355–368, May 2010.

[WIK 17] WIKITUDE, "wikitude", www.wikitude.com, 2017.

[WOR 17] WORLDVIZ, "WorldViz", www.worldviz.com, 2017.

[XVR 17] XVR SIMULATION, "XVR", www.xvrsim.com, 2017.

Chapter 3 | 第 3 章

复杂性和科学挑战

Ferran ARGELAGUET SANZ, Bruno ARNALDI, Jean-Marie BURKHARDT,
Géry CASIEZ, Stéphane DONIKIAN, Florian GOSSELIN,
Xavier GRANIER, Patrick LE CALLET, Vincent LEPETIT, Maud MARCHAL,
Guillaume MOREAU, Jérôme PERRET 和 Toinon VIGIER

3.1　复杂性简介

　　模拟出反馈灵敏并且真实度高的 3D 世界，让用户实现真正的 3D 交互并非一件易事。越来越多的 APP 设计者期望虚拟环境可以尽可能地接近真实环境。某些工业虚拟现实应用需要高逼真的环境、演变、对用户的交互反应以及最终的自主性。本章目的是讨论存在哪些解决方案，以及仍然存在哪些科学挑战和哪些复杂性因素，细致讨论有助于达到我们的期望。我们将在 3.1.1 节讨论物理模型以检测碰撞，3.1.2 节讨论虚拟人的问题，然后在 3.1.3 节检查交互的自然性，3.1.4 节提出对交互环境中力反馈的分析。

　　这里讨论的并不是唯一存在的挑战。例如，在 AR 中，鉴于它在真实世界和虚拟世界之间建立了联系，新的挑战正在出现，我们将在 3.2 节中讨论这些。为了在 VR-AR 中拥有真正的自然交互，研究人员和 APP 开发人员不得不致力于创建特定于 3D 环境的用户界面。这些将在 3.3 节讨论。本章最后将对人为因素进行研究，3.4 节侧重于视觉感知，3.5 节讨论评估虚拟环境的一般问题。

3.1.1　物理模型和碰撞检测

　　为了以最可信的方式模拟真实环境，必须详细描述构成这些环境的实体（例如物体、人）以及实体的行为。为此，我们将使用不同的物理模型（例如光、位移、冲击）来呈现不同程度的复杂性，其中包括：

❑ 物理现象的模型，使确定与此现象有关的方程式成为可能。这一步骤也提供了一组必须以近似的方式解决的非线性微分方程，因为通常没有可解析的方法来解决它们。

❑ 实时模拟运动方程，以整合用户对系统的作用和现象本身的演化规律。"实时"模拟器是一个棘手的问题，因为它引入了对性能和模型简化的限制，以及精度与响应时间精度的对比。实际上，所采用的迭代解决方法（隐式或显式积分模式）基于时间步长的概念，时间步长可能是固定的或可变的，具体取决于应用的方法。因此，时间步长经常受到数值稳定性的限制。它在实践中通常没有 APP 设计者希望的那么大。"实时"被定义为要求模拟的计算时间必须低于时间步长的值。如果由于数值稳定性的原因，时间步长很小（例如 1/1000s），那么就计算时间而言，机械系统将需要处理至少每秒 1000 次的计算。

在可以模拟的物理现象 ［MAR 14］ 中，我们发现以下内容：

❑ 固体力学：当前的模拟技术允许与物体的实时交互，无论这些物体是自由刚体，还是多关节固体 ［BEN 14a］，甚至可变形固体 ［NEA 06，TES 05］，只要这些物体是"合理"的。

❑ 流体和颗粒：流体管理 ［BRI 08］ 带来了更高的复杂度。然而当流体分解成颗粒时，仍然可以实时处理。

❑ 拓扑变化：拓扑的实时变化，例如变形的对象，可以考虑关联几个特别有效的模型 ［GLO 12］。基于对象的内部振动方面的模态分析和用于在设备内传播裂缝的算法发挥了重要作用。在图 3.1 中，模拟器对由虚拟锤子的碰撞引起的相互作用做出反应。

❑ 改变材料状态：单一的粒子模型，例如 SPH（平滑粒子流体动力学）［CIR 11b］，使得在与场景中物体的双手触觉交互过程中可以确保材料从流体状态到固体状态实时移动的连续性（参见图 3.2）。

另一个相当大的问题是，在场景物体移动时检测它们之间的碰撞。事实上，在现实世界中，这些碰撞是由物体的性质"自然"控制的：一般来说，当两个刚体相碰时，它们的运动状态发生改变（改变运动的速度和方向）或者变为保持静止状态。例如，在橄榄球比赛中，前锋踢出的球从杆上反弹。这个问题是一个纯几何问题，其目的是避免虚拟场景中物体之间的相互渗透。在模拟的每个时间步骤中，碰撞检测器必须能够传送所有互穿对象，以便向物理模拟器提供允许其阻止此互穿的数据。检测碰撞的主要问题是物体的自由组合。实际上，由于任何对象都可能会与所有其他对象发生碰撞，最初略显幼稚的方法提出，测试每个对象相对于所有其他对象的相互渗透，这导致了 $O(n^2)$ 的自然复杂性。这种复杂性非常糟糕，所有使用优化算法的目的都是为了降低这种复杂性。

图 3.1　材料中的交互断裂　　　　　　图 3.2　材料中的交互断裂

尽管物体可以用一种简单的方式表达，但根据物体和所提出问题的性质，这个问题仍然有许多变体［KOC 07］，从而有不同类型的解决方案：

❑ 离散检测与连续检测：在所有离散方法中，该算法应用在固定时间内，不关注时间间隙发生了什么。这些方法非常快速，可能会忽略某些演绎。相反，连续的方法关注精确的碰撞时刻，这可能会影响模拟时间步长，这种策略特别适用于避免物体之间的所有穿透以及需要高精度时。当然，这样做的代价是计算时间更长。

❑ 凸对象与非凸对象处理：凸对象是这样的，对属于对象的任何一对点，连接这对点的线段完全包含在对象中。这种特性使实现简单、快速的算法成为可能，以确保碰撞检测。对于非凸对象，有两种策略是可能的：要么将对象分割成一组凸对象，这样我们得到一个简单的情形，要么我们使算法更复杂，以便考虑到非凸性。

❑ 两体问题与 n 体问题：在两体问题中，一个对象是移动的，另一个对象是固定的。这大大简化了 n 体问题，其中所有对象都是如此移动的［Lin98］。

1993 年，Hubbard［HUB 93］提出分解算法，以管道的形式检测碰撞。这种分解在科学文献中被广泛使用，并以图 3.3 的形式给出。宽相位就像一个过滤器，可以快速消除不能进入碰撞的对象对，它通常基于快速计算包含体积（包含对象）之间的交点。窄相位通过定位可能发生碰撞的物体来执行更精确的计算。而精确相位则对穿透进行非常精确的几何计算。在最新的方法中，后两个步骤被组合成一个单独的步骤，称为窄相位。

碰撞检测

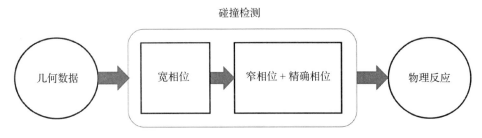

几何数据 → 宽相位 → 窄相位 + 精确相位 → 物理反应

图 3.3　检测碰撞的步骤

正如上文提到的与碰撞检测有关的科学文献证明的那样，这个问题并不新鲜，关于这个问题的文献很浩繁。然而，GPU（图形处理单元）的出现给这个问题提供了一个新的观点。虽然这些处理器最初只用于图形处理，但随着时间的推移，它们变得可编程（GPGPU：图形处理单元上的通用处理），并可用于各种计算，提供高水平的内在并行性（将计算分解为独立的子计算的可能性）。我们发现碰撞检测本质上是高度平行的。实际上，每个基本计算（例如计算两个几何基元之间的交点）都独立于其他计算。因此，我们将研究使用 GPU 对处理过程中两个主要步骤的影响：

❏ 宽相位的 GPU 解决方案：Avril 等人［AVR 12］建议考虑在 GPU 上计算三角形矩阵路径对对象进行分配，随后 Navarro 等人对此进行了概括［NAV 14］。Le Grand［LEG 07］使用常规网格和散列函数基于空间细分对对象进行了修改。每个对象存储包含该对象的单元格的哈希键。因此，存储相同键的对象可能在交集中。基于分类法，对扫描修剪算法［LIU 10］的 GPU 实现是在单个分隔轴上采用的一种适应于 GPU 的分类算法。

❏ 窄相位的 GPU 解决方案：Lauterbach 等人［LAU 10］提出一种在 GPU 上基于周围卷（有界卷层次结构或 BVH）的层次结构的方法。该方法以高度并行的方式在层次结构（实际上是树）上实现几何基元的分配，然后以并行方式计算绑定层次结构的新卷。通过比较两种层次结构进行碰撞试验。为了在计算开始时最大限度地提高并行性，该算法利用时间相干性，将计算结果重复用于检测前一时间步长中使用的碰撞。在这种方法中，跨 GPU 单元的任务分配是基于缓冲区的，通过 flux 的形式在层次路径中写入新任务，该分配得到了改进［TAN 11］。最后，使用哈希技术［PAB10］用于宽相位的空间细分，使得在窄相位获得高性能成为可能。最近，Le Hericey 等人［LEH 15］提出了碰撞检测管线的新版本和修订版本，其中使用光线跟踪算法可以优化计算（迭代光线跟踪与否）。此外，还对相对位移测量进行了专门的工作，以优化使用时间相干性。这个算法原理适用于刚性和可变形的物体。

图 3.4 给出了建立碰撞试验的两个案例研究［LEH 16］：（1）一组物体同时落在一个物体上，碰撞的数量急剧增加；（2）逐渐增加物体以形成一个堆，碰撞的数量有规律地增加。在这两种情况下，GPU 计算可以获得高于 60Hz 的性能。图 3.5 显示了 GPU 计算结果，它与变形系统［LEG 17］进行了双手动交互（折叠一段布料），其中存在许多自碰撞。

图 3.4　上图：512 个物体同时落在一个平面上。下图：500 个物体被逐步增加。有关此图的彩色版本，请参见 www.iste.co.uk/arnaldi/virtual.zip

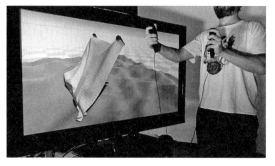

图 3.5　与不规则表面上的布料的相互作用

3.1.2　填充 3D 环境：从单个虚拟对象扩展到场景中复杂多样的虚拟对象

1. 介绍

一个 3D 环境中可能会有不同形状和不同需求的虚拟对象。因此，在一个城市的街道上可能存在着完全不同的对象。例如，在城市布局研究的背景下进行模拟时，特别是在多式联运的交通运输中，和在需要填充场景背景的电影中（见图 3.6）。这对于一家工厂来说也是如此，无论是研究未来大型喷气式飞机装配链的运作方式，还是 Monsters 公司的平面图。同样，约束也不同，这取决于你是在为 VR-AR 填充一个交互式虚拟世界，还是在为一个高预算电影填充背景。在第一种情况下，现实生活中的要求将对角色的质量及其渲染产生显著影响，而在第二种情况下，其标准是为视觉特效分配的预算。

图 3.6　a）Digital District 在 Roland-Garros 的重建工程实例，b）Union VFX 在电影《跑调天后》中拍摄的街景。有关此图的彩色版本，请参见 www.iste.co.uk/arnaldi/virtual.zip

Brian Thomas Ries［RIE 11］在他的工作中强调填充建筑类对象的空间将减少虚拟现实中低估距离的情况。Chu 等人［CHU 14］研究如何考虑社会行为对模拟器的认识。Haworth 等人［HAW 15］研究如何考虑建筑空间中的人群运动，以优化支撑柱的位置。

尽管目标不同，但某些功能是普遍的。因此有必要通过身体特征（如形态、年龄、舒适度、穿着、使用的饰品）来描述人群。一旦创建了身体封套，就必须允许他们在环境中执行一定数量的任务，这些任务的性质和内容将因模拟行为的类型而异。在［PAR 09］中，Paris 和 Donikian 展示了不同行为水平（生物力学、反应、认知、理性和社会）的行为金字塔和相关任务（见图 3.7）。根据填充函数的目标，这个金字塔全部或部分可以发挥作用。

由于本章的目的是概述在填充 3D 环境所需的不同模块上所做的工作，因此我们建议从现场的简要介绍开始，除了提供关于模拟人群的主题观点外，还提供入口点［BAD 14, DUI 13, ZHO 10］。专著 *Virtual Reality Treatise*［FUC09］也很好地介绍了我们讨论的关于虚拟人的不同研究主题。

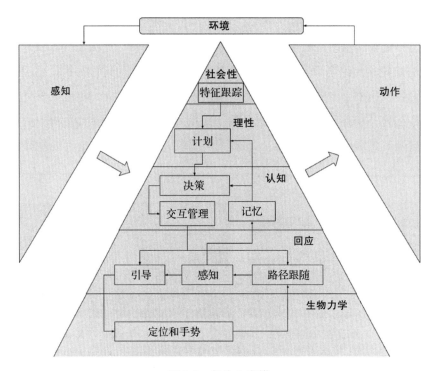

图 3.7　行为金字塔

2. 如何填充 3D 环境

许多研究都致力于导航任务：管理一个对象朝一个确定的点移动，同时避免静态和动态障碍。我们可以识别几种模型：基于粒子的、细胞机器、预测几何、代理等。[DON 09]

其中一些模型会面对来自现场、实验控制或视频采集的数据。需要注意的是，Wolinski [WOL 16] 通过尝试优化每个算法对于数据集的参数，比较从文献到实际数据的几种算法的行为。

他的研究并没有指出哪一个算法比其他研究案例更有效。Kok 等人 [KOK 16] 提出了一个概述，其中包括对基于物理学（基于粒子的模型）和生物学（基于规则和启发式的行为）的绘制行为的参考库基础分析以及使用视频观察和基于视觉的算法进行的行为分析。奥利维尔等人 [OLI 14] 提供了在实验方案中使用 VR 的总结，以便更好地理解人群中的人类交互。卡索尔等人 [CAS 16] 用四层夜总会疏散的地面数据使用他们基于规则的模型。奥利维尔等人 [OLI 13] 已经表明在避免路径交叉时两个人之间的行为不对称，并且在交互过程中突出了不同的角色。Rio 等人［RIO 14］研究了行人的驾驶特征，并考虑了其他人的行为。Gandrud 等人［GAN 16］在 VR 中进行了实验，这种实验倾向于显示凝视方向和头部方向以及行人选择方向之间的联系。这些信息可以通过所选路径自动管理头部来帮助增加角色动画的真实感。

Karamouzas 等人［KAR 14］提出了一项法则，管理对象之间的相互作用。该法则是基于来自实验环境（瓶颈，在行人专用区中穿越）的真实轨迹数据分析而构建的。鉴于所研究的案例数量很少，这绝不是一项普遍规律。然而，作者和其他人假定这样的法则必须建立在所估计的碰撞时间及速度上，而不仅仅取决于与障碍物的距离，与基于位置的模型相比，基于速度的模型［PET 12］的优势在于，它们能够整合预期的概念以避免碰撞，因此能够以更加现实的方式管理具有较低或非均匀人口密度的情况。

最初的研究重点是在避免制订碰撞策略时考虑社会群体［BRU 15，MOU 10］。他们研究了其他类型的群体行为，包括形成运动［HE 16］和一个群体［BOS 13］中的情绪感染。为了验证模型，Bosse 等人试图重现（使用视频）2010 年在阿姆斯特丹发生的大规模恐慌事件。他们对其进行了长时间的分析，重点关注人群中的某些人以提取随时间的路径和行为，这样他们就可以进行模仿。随后，他们使用校准方法，根据真实轨迹和建模轨迹之间的距离确定每个代理参数的最佳值。这些模型的缺陷是：根据个体是感染源还是易受感染者将其分到不同的组别。这与社会心理学中的情绪感染的定义不相容。实际上，在情绪卜每个人都是持续感染和被感染的。此外，建模和校准模型的复杂性使它们在成千上万的人群中无法运转。

模拟人们在环境中四处走动必须执行的另一项任务是规划路线。需要以导航网格形式的环境拓扑表示：以路线图［KAL 14］互连的一组凸多边形形式的空间表示。可以将权重与单元［JAK 16］关联以指示最常去的移动区域（例如，行人路径）。此外，路径［CUI 12］的计算是使用算法 A* 或其众多衍生物之一进行，这些衍生物可以进行分层规划（例如，参见［PEL 16］）或管理动态环境［VAN 15］。

如果人群的目标仅仅是在用户虚拟导航时使模型动态化，那么在循环中随机填充轨迹是可以接受的。K. Jordao 建议［JOR 15a］通过编辑和组装人群补丁以填充城市环境，其中人物遵循预先计算的轨迹，从而降低导航时的计算成本。

另一方面，如果目标是研究城市空间尺度上的现实行为的建模，那么我们需要编写填充空间的角色活动，或拟人化模型和本地化活动完整的脚本。

　　为了模拟比避免障碍的简单随机运动更复杂的行为，必须通过环境来为虚拟人提供与环境交互的能力。例如使用 ATM 或阅读路标。我们还须模拟人群中每个人的全部或部分形象（例如目标、知识、能力、情感模型）。

　　因此，Paris 等人模拟了车站中旅行者的活动［PAR 09］。根据个体目标的实现（在 Y 点钟赶上 X 号列车）和特征（已经购买或未购买的车票），在车站的某个入口处对人群中的每个实体进行创建。根据他们对空间的了解程度（当他们四处移动时更新的状态）更新可实现动作的列表，以允许他们前进完成最终任务。开始旅行者必须收集一张票，然后检票，在他们的火车将离开的站台上获取信息，并且对于每个活动旅行者都要在所有设施中确定最适合完成该任务的可用地点（见图 3.8）。

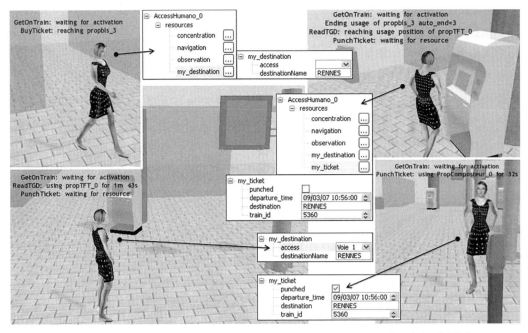

图 3.8　与环境交互对虚拟人物目标和内部状态的影响［PAR 09］。有关此图的
彩色版本，请参见 www.iste.co.uk/arnaldi/virtual.zip

　　C. J. Jorgensen 研究模拟一个城市居民的长期活动［JOR 15b］，这需要在已知环境、要执行的任务、与实现活动相关的时间限制之间建立联系。Trescak 等人［TRE 14］建议将人群中的行为建模减少到几个典型的角色，并通过基因交叉传递获得整个人群的行为。他们将此应用于模拟古城的行为（乌鲁克，公元前 3000 年）。

Durupinar 等人［DUR 15］在 Unity 3D 软件环境之上构建了一个软件架构（参见
3.2 节）。通过使用仪器 OCEAN（开放性、尽责性、外向性、愉快性、神经性）模拟成员
的某些心理特征并集成在一起，使用 OCC 模式进行情绪管理，并使用 PAD 模型选择动
作，外部事件将被人群中的某些成员感知，并通过情绪感染机制传播。

3. 结论

尽管大家总是围绕在某些研究项目上，没有用来控制人群行为和动作的通用模型。
有条不紊地确定每个模型的有效性是有用的，这能避免之后的用户进行错误的尝试。困
难之一在于正确校准模型，或者相对于地面数据校准模型⊖，或者获得期望的效果。

另一个挑战是将基于动力学、动力学的运动模型与决策层发出的命令正确耦合，而
不会产生伪影。例如，脚在地板上滑动，这构成了与计划轨迹的偏差，或者在给定时刻
不遵守期望的速度，甚至加强加速的不合理性。

关于共存真人与虚拟人之间的相互作用，VR 还有许多工作要做。另一个重点领域是
考虑除视觉之外的其他感官方式，特别是整合局部和空间化声音。与 IEEE VR 会议⊖联
合举办的"虚拟人群和沉浸式环境人群"研讨会很好地说明了正在探索的研究课题的多
样性和多学科性质。

关于真实人类在与虚拟世界中的虚拟人互动时的所有运动和行为是否具有合理性
也总是需要改进［TIN 14］。在大型购物中心或体育场的规模上处理现实人群的问题需
要成功地扩展当前算法。对于城市中的邻域更有必要将这些算法与专用于交通仿真的算
法相结合。所有在评估和验证模型方面所做的工作都必须延长和放大。北卡罗来纳大学
［CUR 16］参与了一项有趣的计划：他们提出了一种开源模块化方法，称之为 Menge，
其目的是提供一个独特的实验来测试和比较软件架构中的单一组件，致力于模拟人群。

3.1.3　实现 3D 自然交互的困难

1. 介绍

人类在真实的 3D 环境中移动时，使用他们身体的部位是完成日常任务所必需的：
普通任务（例如前往办公室、整理或烹饪）以及在性能方面要求更高的任务（例如运动、

⊖　David Wolinski 的工作为其铺平了道路。
⊖　http://ieeevr.org/2016/program/workshop-papers/ieee-vr-workshop-on-virtual-humans-and-crowds-for-immersive-environments/.

舞蹈或音乐）。尽管如此，交互任务本质上是困难的，性能和技能获取需要数月甚至数年的练习。实践和知识将复杂的交互转化为自然行为，使其变得直观。目前，由于手和身体跟踪的低成本解决方案的普遍可用性，基于手势的界面越来越受欢迎（参见 3.1 节）。这些接口有时称为 NUI（自然用户界面），旨在使用我们的隐式知识和先验的真实 3D 交互来生成直观的用户界面。这些用户界面可以在很少或没有训练的情况下使用，并且对用户是透明的。然而，设计适合虚拟环境的自然 3D 交互技术仍然是一个难题 [KUL 09，BOW 04]。与真实交互相比，除了触觉交互之外，用户在自由空间中进行交互，没有物理约束，也没有多感官反馈。实际上，触觉和触觉反馈很少可用，并且由于显示技术的限制，3D 空间感知可能会变形。例如，眼睛聚焦 – 调节冲突可能导致距离被低估或高估 [BRU 16]。这些限制可能会增加用户的物理需求并对灵活性有更高需求。例如在可以稍微改变距离感知的交互中，用户将需要连续地校正它们的移动以便补偿空间感知误差。用户拥有的任何先验知识都无法再应用，这阻碍了整个交互过程 [ARG 13]。在设计 3D用户界面时，必须考虑感知 – 动作周期以及用户的先验知识。此外，该界面还需要额外的学习才能达到预期的效率 [ARG 13]。

在设计新的交互技术期间，必须完整地考虑感知 – 动作周期。这个周期（图 3.9）可以分为几个阶段：（1）用户从虚拟环境接收多感官反馈（感知）；（2）用户决定并计划希望执行的活动（认知）；（3）用户执行计划的活动（动作）；（4）系统解释并执行用户的活动（命令）；（5）执行这些命令会产生额外的反馈。这就完成了循环。

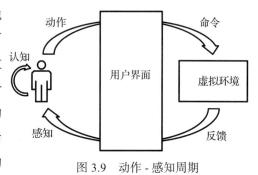

图 3.9 动作 - 感知周期

2. 交互下的感知 – 动作周期

在设计新的交互技术时，必须考虑交互周期中的所有步骤，确保交互技术匹配良好。回到图 3.9 中的模式，交互技术的设计者必须首先确保动作 – 命令耦合与强大而明确的法则管理之间存在一致性，其次，有反馈（反馈和感知）将确保用户具有良好的虚拟环境的心理表示。

来自虚拟环境的反馈（例如视觉、听觉或触觉反馈）必须确保用户知道虚拟环境的当前状态和他们自己的动作（动作 – 感知反馈），并且为表示尊重他们自己的感知信道，提供的反馈必须是准确和完整的。用户执行的动作由虚拟环境的感知构造引导，如果这种结构错误或不准确，将导致错误或不准确的行为。因此，感知信息的优点是它是原始的。实际上，对虚拟世界中的空间布局（大小、距离）和相互关系的精确感知是任何空间任务（例如，估计距离、处理对象）的关键。虽然当前的实时反馈系统能够提供空间视觉提示（例如透视投影、遮挡、光照、阴影效果、场效应深度），但是在沉浸式系统中，尺寸的距离和感知经常是偏斜的［BRU 16］。

　　沉浸式显示器的性质对交互过程额外有影响。在非阻碍性显示系统（例如，基于投影的系统）中，用户受到物理显示的约束，并且对呈现正视差的任何对象没有激活直接交互［GRO 07］。此外，用户自己的身体可能会遮挡更近的虚拟对象（图 3.10 左图）。通过尝试获得具有负视差的虚拟对象，用户的手可能遮挡该对象的投影，从而增加错误选择的风险，尤其是对于小物体。在这种情况下很少提供触觉反馈。当谈到突出显示（例如一个 visioheadset）时，我们必须提供用户身体的虚拟表示，如果没有正确跟踪用户的身体，本体感受信息将与虚拟化身冲突，这可能会阻碍交互过程（图 3.10 右图）。此外，突兀的屏幕更可能引发模拟器疾病（也称为"晕动症"）。

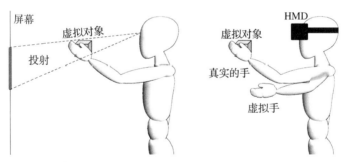

图 3.10　潜在感知不匹配的例子。左图：在基于投影的系统中由于可以遮挡屏幕中虚拟对象的投影，所以呈现负视差的对象可能被真实对象（用户的手）错误地遮挡。右图：在突出显示中如果用户的身体没有被正确跟踪，本体感受和视觉通道可能不同，这将需要电机重新校准

3. 交互和动作 – 命令耦合

　　为了提高 3D 交互的效率并能提供适当的反馈，3D 接口必须提供良好的动作 – 命令耦合。在设计交互技术时，必须考虑人的控制能力。由于自由空间中的交互是复杂的、不精确的，可能导致极大的疲劳，最小化同时控制的自由度成为了一种基本的设计原则。自由度越大，用户就越难以有效地控制它们［ARG 13］。不过另一方面，增加自由度

对于有经验的用户来说是有益的。在这种情况下，用户通过学习可以极大地改善初始操控能力。交互技术和输入外部输入设备之间符合人机相合性原则也可以提高操作的效率［HIN 94］。例如，如果外部输入设备不受限制，那么使用具有六个自由度的外部输入设备来执行需要较少自由度的任务可能成为混淆的原因［HER94］。这可以通过以下事实来解释：输入装置未使用的自由度的变化对于用户是不可见的，这导致不平衡或动作感知不连贯。最后，可以使用附加传递函数来调整命令和显示器上的运动之间的增益（CD比率）。精心设计的传递函数可以超越人类控制的限制，提高精度并减少用户疲劳。然而，不同的交互场景可能需要不同的传递函数，这需要临时进行调整。

4. 总结

无论如何，我们不能忘记用户特征：人的需求和限制。实际上，对于一个用户来说自然的 3D 交互技术对另一个用户来说可能不自然。首先，用户具有个人偏好、不同的专业水平、以不同的方式执行操作。因此，他们需要适应其技能或特定训练场景的选择或操纵技术，除了动作 – 命令和反馈 – 感知耦合之外，用户操作还必须生成额外的反馈，以允许了解操作对系统的影响。如果反馈是明确的，那么它就可以在交互层面上进行评估，交互设计者会考虑这些需求和限制，以便为用于特定目的用户提供最适合的 3D 界面，但对于通用 3D 交互体验的追求仍然是无法实现的。

3.1.4 合成触觉反馈的困难

1. 问题

触觉反馈（来自希腊语 haptomai，"我触摸"，一个涵盖所有动觉现象的术语，即力量感知、身体在其环境中的感知以及触觉现象）在 VR 环境的用户沉浸中起着至关重要的作用。实际上，如果作为运动捕捉系统的命令设备可以直观地控制身体的运动，用户将被投射在不可触知的虚拟世界中并将无法精细地控制施加在被操纵物体上的能力。然而逼真的触摸模拟难以实现，这出于各种原因：

❑ 各种可能的手势交互。我们可以列出 6 种用于识别周围对象（形状、体积、重量、硬度、纹理和温度）的探索方法［JON 06］和超过 30 种用于抓握和操纵它们的握把［CUT 89，FEI 09］，更不用说这些类型中没有包括的某些手势发生在除手之外的身体区域。

❑ 感知触觉信息的多样性和丰富性。当我们触摸物体时，皮肤与其接触，然后随着施加的力增加，手指的接触面积增加。手指也局部变形，这取决于对象的形状和纹理，或者如果受到切向力，它可以横向移位，还可能受到整体或局部振动的影响。

- 人体感觉器官的复杂性。它由大量不同的生理受体［JOH 07］（Meissner 小体、Merkel 细胞、Pacini 小体、皮肤水平的 Ruffini 神经末梢和动觉受体）组成，其空间扩展、频率和反应类型的灵敏度范围根据受体的类型而不同，反应也由中枢神经系统以复杂的方式处理（考虑到每个受体的神经活化峰的时间、数量和频率以及同一区域不同受体反应之间相关性的信息）。

- 人的高灵敏度。通过在表面上运行指针［SKE 13］可以检测几十毫牛顿的力，可以区分幅度介于几十纳米和几微米之间的纹理［KIN 10］，一直到几百赫兹的频率。

- 力量范围的重新设定。在某些姿势和方向上可达到几十千克［DAA 94］，可以非常快速地应用这些力来模拟刚性物体（用户感觉到的刚度必须至少达到 24 200N/m，即使闭眼也能保持刚性才能给出令人信服的印象［TAN 94］）。

2. 软件方面

在实践中，触觉反馈的合成首先需要模拟用户与环境之间发生交互时出现的现象。在现实世界中，这些交互受物理定律的约束，因此在虚拟世界中对这些定律进行模拟是有用的。然而真实地模拟和计算所涉及的现象是很难的，例如，表面黏附、变形、破裂和物体形态的其他变化［CIR 13b］。时间约束进一步加剧了这种困难。实际上，为了保证正确的触觉反馈，模拟必须以高频率（通常接近千赫兹）提供信息，否则将出现不稳定或者虚拟世界将显得柔软黏稠，没有质感。

在实时物理模拟领域，过去十年是视频游戏物理引擎的快速发展期。这种演变是私人经商者（尤其是 NVIDIA 和 AMD 显卡制造商）与视频游戏编辑合作并大量投资的结果。它还与电子卡的出现有关，这些电子卡匹配了 GPU 技术需要大规模处理的需求，这也产生了术语 PPU（物理处理单元）。

今天，我们发现了两个主要产品，一个是来自 NVIDIA 的 PhysX，它是一个免费的专有许可，另一个是 Bullet，最初是通过 AMD 后来在开源许可［GLO 10］下发布。我们需注意，对于 PhysX 和 Bullet，刚体的模拟不受 GPU 上加速计算的影响，GPU 上的加速计算仅限于可变形物体的模拟，并且计算凹对象之间的碰撞是有问题的。基于独特方法，最近由 NVIDIA⊖推出的 FleX 可能会改变现状。但是确定这一点还为时尚早。总而言之，这些物理引擎为改善交互性，在很大程度上牺牲了结果的精确性。这符合视频游戏和虚拟现实共有的要求，但是，它对大多数专业应用来说都不适用。

三个物理引擎超越视频游戏体现了过去几年取得进步的基本要素：Chai3D，SOFA 和 XDE。Chai3D 最初是斯坦福大学的一个项目［CON 03］，后来成为一个独立的开源引擎⊜。一个非常活跃的社会团体对它的研究做出了巨大科学贡献，今天它可以被认为是领域中最先进的实体。最后，Chai3D 支持市场上大多数触觉外部设备，并且易于使用。不幸的是这个引擎仍然无法处理凹对象。

SOFA⊜自称开源"框架"，由 CEMIT（波士顿）和 Inria（法国）于 2004 年初始化，其目标是为医疗应用提供实时仿真工具［ALL 07］。开发人员非常重视结果是否有代表性，而且将许多模拟技术结合在一个库存充足的工具箱中：弹簧质量系统、有限元素等。支持一些触觉外部设备，但不支持第三方库且只有非常简单的模型。实际上，今天的 SOFA 只适用于数字模拟专家，在该领域尚未成熟。

最后，CEA Tech 正在开发物理引擎 XDE 用于工业应用，其特点是具有复杂几何形状的对象并对结果的精度有严格要求［MER 12］。真正让 XDE 脱颖而出的特点是精确接触模型的集成，并且自身考虑了复杂的运动学，例如在工作中模拟人类操作员的情况。

此外，在这个阶段有必要记住，实时物理模拟的问题有两个主要组成部分：一个是物体之间接触点的识别，通常被称为"碰撞检测"（见 3.1.1 节）；另一个是固体力学和连续介质力学方程的整合，简称为"求解器"。在碰撞探测领域，Gabriel Zachmann 领导的团队与 René Weller 的（内球树）研究及其他研究［WEL 11］有了重大的发展。Weller 提出了球形填料方法，包括使用不同尺寸的非重叠球体排列填充物体。由于两个球体之间交叉点的检测与将它们中心之间的距离与它们的半径之和进行比较是相同的，因此检测物体之间的碰撞变得非常快速。关键问题是用球体填充物体。此外，Weller 提供了一种有效的方法来实现这一点，那就是使用 GPU 进行加速。

最重要的一个方面是快速开发专用于控制机器人系统的自由软件平台，包括 ROS⑧

⊖ http://developer.nvidia.com/flex

⊜ http://www.chai3d.org

⊜ http://www.sofa-framework.org

㉕ http://www.ros.org

和 OROCOS[○]。这些软件解决了触觉反馈的问题,因为它们可以促进不同外部设备之间的
互操作性。毕竟,触觉界面是需要控制软件的机器人。不是为市场上的特定产品开发的
特定模块。在不久的将来,物理引擎将只提供与 ROS 的接口,外部设备制造商将不得不
适应这一点。

3. 材料方面

触觉界面必须尽可能准确地重建模拟中的指令。在过去的几年中,已经开发了许多
接口来实现这一点。无论过渡是在自由空间与接触触觉界面、间歇性接触的外骨骼手套
[YOS 99,GON 15,NAK 05,FAN 09]、接触面积随施加压力的变化[AMB 99]、整
体形式的物体[HOS 94,YOK 05,DOS 05,CIN 05,ARA 10]、振动[YAO 10,GIU 10]
之间,还是与被触摸的物体纹理[BEN 07,WAN 10]之间。上述每种现象都需要尽力
模拟。然而,这些接口是高度专业化的,不能同时模拟所有现象。此外,它们中的大多
数只是在实验室的原型阶段,商业上可获得的装置和工业中使用的装置基本上是力 – 反
馈接口,例如来自 Haption(www.haption.com)的 Virtuose 系列。因此,我们将专注于这
种类型的界面。

该领域的研究人员一致遵循那些标准以便有效地刺激触觉。用户至少了解它们的存
在(我们说的是"透明度")。这需要最轻的界面,尽可能减少摩擦,使用户可以在自由
空间内移动。还需要算力、刚度和足够的带宽,以便我们清楚地感觉到障碍物的存在以
及自由空间和接触之间的过渡[GOS 06]。为了遵守这些标准,无论使用何种应用,在
最一般的情况下,界面必须能够产生数百牛顿的力,表观刚度超过 24 200N/m,分辨率
为至少 1μm 的位置和 1mN 的力(这是因为,正如我们之前看到的,界面在体积为几立方
米内测量用户整个身体的位置)。不幸的是,使用现有技术是不可能的,更不用说随着机
器人与用户的持续接触而发生的潜在危险。

这样做的结果是,在实践中力 – 反馈接口要适合执行的任务。因此,Sensable
Technologies 的 Phantom Premium 设备(最近由 Geomagic 收购,然后由 3D Systems 收
购)是在 20 世纪 90 年代末开发的,用于有限力且仅沿三个自由度的低幅度任务。这种
选择使得生成非常敏感的装置并广泛分布到实验室以研究触觉感知成为可能。在 2000 年
和 2010 年,该系列产品得到了低成本批量生产的接口(Geomagic Touch X,Geomagic
Touch 以及最近的 Touch 3D Stylus)补充。该技术可以与直观的 3D 建模软件相结合设

―――――――――
○　http://www.orocos.org

计。其他接口如 Virtuose，包括 21 世纪初提供的 Haption，六自由度的力 - 反馈以及与 CATIA 或 Solidworks 等 CAD 软件的耦合，它们广泛用于工程和设计中心。然而这些接口以及它们的竞争对手（例如 Force Dimension 公司（www.forcedimension.com）的产品）都存在局限性。

首先，它们限制用户的移动，因为用户只能对减小的音量进行交互，并且仅通过腕带或笔进行交互，从而严重限制了灵活性。这些界面虽然可以有效地与数字模型进行交互，但不能干预 2010 年初出现的数字工厂，并且用户不仅要模拟装配链，还要模拟完整的工作环境，包括为研究工作站的人体工程学培训虚拟操作员。这种应用需要具有更大工作空间且允许更高灵活性的接口，为了增加接口，我们可以将现有接口安装在电动载体上，例如 Haption 的 Scale1 接口（见图 3.11），使用由连接到框架的电机块组成的拉伸电缆结构（其尺寸可以很容易地适应 CAVE）并通过代替机器人结构［HIR 92］的电缆连接到腕带，甚至使用外骨骼，通过其运动直接跟踪用户［GAR 08］。增加用户移动自由度的另一个解决方案是使用固定到指尖的便携式接口［TSA 05，MIN 07，CHI 12，TSE 14，GIR 16］。这些装置在手指垫上局部起作用，并且提供触感，结构紧凑，重量轻。这可以保持用户的灵活性。可佩戴外骨骼手套的情况也是如此，这种手套允许真正的手上力 - 反馈，但代价是增加了重量和阻碍以及更显著的复杂性［GOS 12，HAP 16］（见图 3.12）。

图 3.11　Haption 的 Scale 1（左图）和 Able 7D（右图）接口
（©PSA Peugeot Citroën and Haption）

到 20 世纪 90 年代末，第二次出现的具有大多数商用的触觉接口反复出现的限制是相对较低的最大表观刚度，大约为 1000 ～ 3000N/m。这并没有妨碍模拟装配的任务，因为它可以在视觉形态上发挥作用，而视觉形态在触觉形态上占主导地位，从而给人更大的刚性印象。相反，这对于技术行为培训中使用的应用来说并不有效，这些应用最近得到了很大程度的发展，特别是在医疗领域。对于这样的应用，相对于现实以相同的方式再现手势可以在患者身上再现与他们在模拟中学习的相同的感觉——运动模式。这在牙科和骨科手术中要求必须特别精确，我们正在研究这个难题。如今已经进行了大量研究以增加力 – 反馈界面的刚度和带宽。Moog 公司（www.moog.com）开发了一种新的触觉界面，由于采用了平行结构，因此非常坚固，并且由于设定了力传感器而非常灵敏。该机器人被整合到多模式培训平台中用于牙科培训——Simodont Dental Trainer。目前正由几所牙科学校 ［BAK 15］进行测试。CEA 还开发了一种新的颌面外科机器人。由于在优化动作链方面所做的大量工作以及一系列并行混合结构，机器人具有更大的刚性。通过将其与高频振动腕带 ［GOS 13］相关联来增加带宽（见图 3.13）。

图 3.12　CEA 的 IHS10 力 – 反馈手套（左图）和 MANDARIN（右图）（©CEA）

图 3.13　多模式技术手势训练平台 –SKILLS（©CEA）

大多数触觉界面的第三个重要限制是它们的价格对于普通大众来说仍然太高。Sensable Technologies 取得了很大进展，其次是 Geomagic 和 3D Systems，其界面价格从 Phantom Premium 时期（20 世纪 90 年代末）的数万美元逐渐减少到 Touch 3D 时期的 600 美元（2015），不幸的是，这以大大降低性能（清晰度、力量）、灵敏度和坚固性为代价。Novint 的 Falcon 也是一项有趣的尝试，通过提供具有三个自由度的力 – 反馈界面，只需几百欧元（www.novint.com）就可以实现这项技术的普及。然而，尽管在 2008 年问世，它仍然需要找到一个真正的市场。与普通大众取得真正成功的唯一力 – 反馈接口是电动方向盘。我们还注意到开源社区中有一些有趣的举措，一些团队为使提供的教育设备成本降低，通常采用具有单一自由度的力 – 反馈界面 ［GOR 12，MAR 16］。

4. 当前状况和未来期望

对于任何用户而言，触觉反馈仍然仅限于振动触觉反馈，在智能手机上非常简单，但在视频游戏控制器上更复杂，其集成了多个振动器，效果被组合以产生复杂的触觉效果。随着高性能虚拟现实 HMD 以合理的成本出现在市场上，这种状态可能会迅速改变，这也强调了缺乏适用于力 – 反馈的外围设备。如利用大量尚未完成的优化工作的 MANDARIN 手套（见图 3.12）或 Dexta Robotics（www.dextarobotics.com）的 Dexmo F2 手套等设备正试图满足这一需求。

3.2 增强现实中的真实 – 虚拟关系

虚拟环境是连续体的一个极端（见图 3.14），另一个极端是我们生活的现实世界。AR 应用靠近真实环境，将虚拟信息插入到真实环境中。对于增强虚拟（AV），主要环境是虚拟环境。例如，其中一个元素是真实对象的 3D 场景如虚拟博物馆中的绘画照片，结合两种环境的所有应用程序创建"混合现实"（RM）。

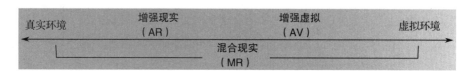

图 3.14　Milgram 和 Kishini 的真实 – 虚拟连续体［MIL 94］

AR 的特征在于真实和虚拟信息的组合，尤其是从视觉角度来看。要实现这种组合，首先我们必须拥有来自现实世界的数据。任何 AR 系统，如图 3.15 所示，都需要一个测量系统：这是采集阶段。原始数据不能直接使用（例如，来自扫描的点云需要重建步骤以确定来自它的相应表面），因此有必要处理这些信息。一旦提取了必要信息，就可以将其与生成的数据（例如照明的 3D 对象）组合。最后，必须通过显示设备来观察这种组合的结果，该显示设备是回归现实。

图 3.15　真实和虚拟世界的交互和转化

对于来自环境的数据及与用户存在相关的数据，现实世界受物理定律的支配。因此，一般而言必须提供现实与虚拟的连贯组合，无论是从物理定律的角度还是用户感知的角度，这取决于，可能结合这两个方面的应用。如果希望虚拟对象是自然集成的，那么它的移动、照明和与现实世界的交互必须尽可能正确。当目标是创建一个实时系统时，这个真实→虚拟→真实循环会带给我们最小化的延迟，这种强大的约束影响了系统的所有部分。

3.2.1 获取与恢复设备

AR 主要用于可见光域，光波长度为 380 ～ 780nm，因此，大多数采集和渲染工具在该领域中起作用。AR 应用的普及本质上是工具的普及，重要的是相机和可视化设备（屏幕、虚拟耳机、投影仪），所有这些都在一个便携式外围设备——电话中。

为了与环境相互作用，我们需要获取并考虑更多的数据而不仅仅是摄像机获取的图像：周围的几何形状是什么？这里的光源是什么？反射和折射的特性是什么？对象和用户的动作是什么？将用户置于空间中是 AR 的关键点之一，它适用于真实和虚拟数据共同定位的假设；也就是说，它们似乎是同一个世界的一部分，特别关注定位问题。为了捕获信息，我们通常使用计算机视觉产生的数字工具。然而，也可以使用超出可见光谱的信号：超出可见光范围的光信号（例如红外线、Kinect 使用，见下节），磁波（高精度，但需要磁场的映射——用于可控制的环境如驾驶舱），声波（特别是对于环境的几何形状如声纳）和机械能（包括在移动电话、平板电脑、控制器等中的加速度计）。我们将看到基于所有这些技术的交互工具。

3.2.2 姿势计算

从图 3.16 中可以看出，虚拟元素的渲染需要从用户的角度了解这些元素的属性（变换 A）。然而，这种属性主要是针对固定点（变换 B）定义的。然后，我们估计用户关于该相同固定点（变换 C）的观点。然后将变换 B 和 C 连接，并在此到达转换 A 即可。

能通过估计 3D 中的位置和方向来形式化的统称为“姿势”。一般来说，必须估计六个参数：三个用于位置，三个用于方向。有时会设定一些简化的假设：许多智能手机应用程序不计算智能手机的高度而使用合理的值。

目前已经提出了许多不同的方法来估计用户的姿势，但是这个问题仍然很困难，因为：

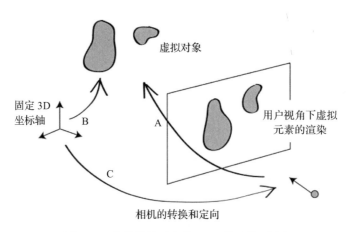

图 3.16　姿势计算（参考 3.2.2 节中的开头）

❑ 姿势计算必须精确。实际上，小于 1 度的角度偏差将对应于大约 2m 的偏差，距
离大约 100m，这在驾驶模拟中是不可接受的。

❑ 必须非常快速地完成姿势计算以限制延迟。刷新率非常低将导致几何集成不良以
及引起用户恶心的风险。

❑ 用户移动的空间会引起几个问题。例如 GPS 仅可在室外使用，并且仅提供几十米
的精度。标记（将在稍后进行更详细的讨论）必须在相同的图像上显示，这限制
了设想的工作空间。在工作空间大的情况下，我们必须考虑使用多种方法，例如
GPS 用于初始化然后在较小的空间中进行视觉跟踪。

我们现在继续讨论这些不同的方法。

1. 基于传感器的定位（相机外部）

沿三个垂直取向的电磁铁三联体可以通过测量由其他方面施加的磁场来确定其位置
和空间方向。然而，该解决方案对金属物体的存在非常敏感，它们会破坏磁场，使用超
声波发射器和捕获器的系统可能会非常精确，但它们很昂贵并且需要大型基础设施。

智能手机现在配备了 GPS 功能可以让它们自己定位，并使用加速度计和罗盘来测量
它们的方向。例如，非常成功的游戏 Pokémon-GO 使用这种技术来提供 AR 可视化，然
而这种方法不具备高精度：GPS 最多可以提供几米的精度，而罗盘可以提供几十度的精
度。此外，GPS 无法在室内访问且其更新频率较低。

2. 基于标记的定位

一个吸引人的方法是从用户的角度捕获图像。事实上，这种方法对 AR 来说非常自

然，相机的定位是计算机视觉研究的重要领域。

使用图像内容进行姿势计算的简单解决方案是添加类似于图 3.17 所示的标记。这些标记被设计成易于通过自动图像分析方法检测和识别。因此它可以实现相机的姿势计算。

但这种方法并不总是可以使用，因为标记必须被预先放置和定位，这是限制性的。在真实环境中它们通常是很虚幻的，并且会分散视觉。

图 3.17　使用标记定位相机。标记有助于相机的姿势计算但不能用于所有应用程序（©Daniel Wagner）

3. 基于图像的定位

与上述方法不同，基于图像的方法可以使用图像本身计算相机的姿势，而无须操纵场景。

图 3.18 说明了它的功能：如果已知真实场景中几个元素的空间定位，并且它们在图像中的 2D 位置也是已知的，则可以计算相机的姿势。例如，如果这些元素是 3D 中的点，则它们在图像中显示为 3D 点，并且可以通过三角测量来计算相机的姿势［GAO 03］。

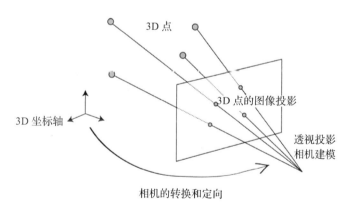

图 3.18　基于图像的空间定位。如果已知场景中几个点的空间位置以及在图像中的新投影，则可以将相机定位在与这些点相同的参考中

然而，虽然问题的几何形状现在已得到很好的控制，但主要的困难是自动解释图像以找到图像中的已知元素。不熟悉计算机视觉的人经常低估这种困难：虽然我们看到的图像似乎很容易解释，但我们的视觉皮层调动了数亿个神经元，这种分析是以一种基本无意识的方式进行的，所以它明显易于解释，但非常复杂，目前仍然没有得到很好地理解。

计算机视觉中普遍的方法是基于兴趣点的使用。如图 3.19 所示，兴趣点对应于图像中不连续性的 2D 点，当相机移动或修改照明条件时这些不连续性被认为是稳定的：同一场景中的两个图像，取自两个不同的视点，或者在不同的光照条件下，具有对应于相同物理点的兴趣点。

图 3.19   在同一场景的两个图像中自动检测"兴趣点"。这些点对应于图像中的显著位置，并且它们中的大多数对应图像中的相同物理点。例如，如果已知其在 3D 中的位置，可以使用它们来定位相机。若在某些物体上检测到许多点，在其他物体上检测到很少的点，例如分别在桌布和马克杯上。因此，如马克杯之类的物体更难以用于定位相机。有关此图的彩色版本，请参见 www.iste.co.uk/arnaldi/virtual.zip

如果我们可以测量这些兴趣点的 3D 位置，并在从用户的视点捕获的图像中识别它们，那么可以计算用户的姿势。事实上这是本领域科学文献中许多方法的出发点，然而这种方法可能由于以下几个原因而失败：场景可能提供的兴趣点非常少，室内经常出现这种情况；兴趣点的外观可能有很大差异，因此难以识别，这可能发生在户外，在早晨和傍晚、夏季和冬季之间甚至是由于天气条件，光线发生剧烈变化。因此，使用姿势计算方法是有用的，该方法可以补救兴趣点的过度检测或检测不足，以及 2D 和 3D 点之间的不良匹配。

定位方法不是使用无法感知颜色的传统相机，而是使用能够感知深度信息的相机。与微软游戏机一起发布的 Kinect 摄像机就是最著名的例子之一。存在不同的技术：一些相机使用"结构光"，包括以红外线投射已知图案，这使得可靠的立体重建成为可能，其他则使用激光束的"飞行时间"。相机给出的深度图对定位有很大帮助，它们可以通过不同的方法使用，但这些摄像机也有很大的局限性：它们是有源传感器，只能在空间有限的室内媒体中发挥作用；金属环境导致不精确；它们还消耗更多能量并迅速耗尽移动设备的电量。

3.2.3　逼真的渲染

在 AR 中，渲染虚拟对象也是很重要的，某些应用需要逼真的渲染。如图 3.20 所示，几何图形和光线必须只作用于虚拟对象上，它们与具有相同几何形状的真实对象类似，并且由相同的材料组成：

- 首先，真实对象必须遮挡位于它们后面的虚拟对象的部分，这需要非常精确地估计这些真实物体的几何形状和视角；
- 虚拟物体必须看起来是被真实光源照亮，这需要知道这些光源的属性，例如它们的空间位置、几何形状或功率；
- 虚拟对象必须在真实场景上投射阴影，除了真正的光源之外，这还需要有关真实场景的几何信息；
- 必须模拟真实和虚拟部分之间的轻微交换。这可能变得非常复杂。例如虚拟对象必须将落在其上的真实光漫射到真实物体上，从而改变它们的外观。

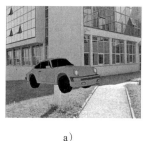  

a)　　　　　　　　　　　　b)　　　　　　　　　　　　c)

图 3.20　逼真的渲染。一旦知道了视点 a)，就必须识别位于真实对象后面的虚拟对象的部分，并从最终渲染中删除 b)，还必须呈现真实和虚拟之间的轻微交互。在这里移除隐藏的部分并将阴影投射到汽车上有助于用户感知到其所需的位置。有关此图的彩色版本，请参见 www.iste.co.uk/arnaldi/virtual.zip

这不仅仅是美学效果的问题：这些方面中的每一个对场景的视觉解释都有帮助，但是它们并非都同等重要。例如，不需要非常精确地知道光源的位置，因为视觉皮层对这种错误不是非常敏感。另一方面，在真实对象对虚拟对象进行掩蔽的渲染中，几个像素的误差很容易被察觉。因此，真实图像和虚拟图像之间的边界位于真实物体的轮廓上，而这个轮廓很难根据需要精确地识别，无论是根据计算机视觉还是深度传感器。最后，我们不能忘记在没有任何额外特殊光线的情况下观察真实物体，而虚拟物体通常在屏幕的帮助下被感知，或者至少是在引入光源的设备中被感知，如果不使用补偿机制，它们自然会比真正的对应物更亮。

3.3 3D 交互带来的复杂性和科学挑战

3.3.1 简介

在过去的几年里，我们看到了新一代 3D 人机交互界面（如微软 Kinect, Oculus Rift, Leap Motion, HTC Vive，见第 3.1 节），它重塑了科学 3D 交互与虚拟或混合世界的挑战。VR-AR 为广大公众所认可，并且扩大了使用 3D 交互的应用领域，同时也给基础性的人机交互界面的研究增加了新的挑战。在本节中，我们将通过研究当今实验室和公司面临的主要科学挑战，介绍他们所开发的与虚拟世界程序中的交互。我们通过在 3D 交互环中替换它们，来呈现不同的挑战。

3.3.2 围绕 3D 交互环的复杂性与挑战

在本章中，我们选择 3D 交互循环作为围绕虚拟或混合环境进行 3D 交互的科学挑战的解释框架。这个循环来自感知 – 动作循环［FUC 05］，它在文献中经常被用来解释虚拟现实和增强现实中的挑战。图 3.21 表示 3D 交互环，其中确定了三个主要挑战。此循环阐释了用户与虚拟或混合环境交互的不同组件。除了 3D 环境的纯视觉渲染之外，VR-AR 旨在让用户沉浸在虚拟或混合世界中。因此，用户可以与数字内容交互并通过不同的感官反馈感知他们动作的效果。使用户真正沉浸在日益复杂的虚拟环境中。VR-AR 研究必须面对的一些重要挑战：必须捕获用户的手势，然后直接传输到虚拟世界，以便实时修改。感觉反馈不仅指视觉反馈，还必须与全局多模态响应中的听觉和触觉反馈相结合。

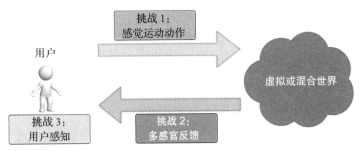

图 3.21 出现在 3D 交互环中的三个主要科学挑战的表示

在此背景下，我们确定了三个重大挑战，我们将在以下各节中详细讨论这些挑战，已在图 3.21 中以图解方式描述：

❑ 挑战 1：用于交互的感觉运动动作

❑ 挑战 2：多感官反馈

❑ 挑战 3：用户感知

3.3.3　挑战 1：用于交互的感觉运动动作

1. 捕获用户数据的爆炸性增长

谈及与虚拟或混合世界进行交互时，第一个挑战就是将用户的动作转录到他所希望与之交互的世界中。几年前，大部分的用户行为受限于用户动作的粗略捕获。

然而，3D 界面已经取得了相当大的进步，现在可以捕获用户的各种数据。捕获的最常见数据是动作数据。信息可以检索用户的不同位置，然后将其转录到虚拟或混合世界中。随着市场上出现的许多捕获解决方案，特别是对于普通公众而言，可以记录用户身体的不同部位（他们的手臂，他们的腿，他们的头部）或整个身体的位置。尽管如此，非常精确地捕获仍然是一项关键挑战。因此，捕获用户的手是与虚拟或混合世界交互的必不可少的工具，但仍然不是很精确。而且，我们仍然不能在交互中的任何给定时刻区分不同的手指。解决此技术数据捕获问题的一种有趣方法是使用现有接口来设计交互技术。例如，在跟踪指针的情况下，"Thing"［ACH 15］或 Finexus［CHE 16］技术使用其他现有接口，例如平板电脑甚至磁性传感器，以便能够实时捕获手指互动（图 3.22）。

图 3.22　"Thing"交互技术示例：使用可触摸的平板电脑来捕捉手的动作
并在屏幕上映射出动画虚拟手［ACh 15］

除了从用户捕获的数据空间精度相关的挑战，时间维度也是科学挑战的一部分。即使在今天，实时跟踪用户移动也是一项重大挑战。在 AR 中，时间维度特别难以实现：必须精确调整物理和虚拟世界，但目前可用的传感器不够精确。因此，对于需要精确覆盖真实世界和虚拟世界的情况，AR 的应用程序数量仍然有限。尽管如此，这些应用程序具有巨大的潜力，并为未来几年的前瞻性研究提供了许多途径，比如增强医学或者土木工程（仅举两个可能的领域）。

2. 选择交互技术

捕获用户数据，有几种在虚拟世界或混合世界中转录这些数据可能的选择。

为了匹配用户在现实世界和虚拟世界中的自由度，完美同构可能被实现，从而尽可能重现现实世界的行为。

考虑到以上所讨论的材料在捕捉用户动作时的限制，这种完美的同构经常被证明难以实施。因此通常优先选择弱同构：用户可以求助于这些通常称为交互技术的机制，以便执行虚拟环境中的任务。

这些交互技术允许他们自己与现实世界中的行为有一些偏差，允许用户执行在日常生活中无法执行的行动。非同构技术通常使得同构技术更有效，并且在执行任务所花费的时间或精度方面有显著的改进，其还可以执行由于材料限制而无法以同构方式执行的任务。

最后，VR-AR 应用程序的同构程度将取决于应用程序上下文：在目标是重现真实的情况下通常需要高度同构，而其他情况是更多地从真实的物理世界中获取数据，从而用户可以更容易地接受与现实世界的偏差，选择基于要执行的任务的交互技术［LAV 17］：选择对象，操作对象，导航虚拟环境或控制系统。

未来交互技术将面临的挑战之一是扩展其通用性，以便适用于其他环境而非其单纯设计的环境。这一挑战与目前这些技术对拟议应用和可用 3D 接口的材料限制的依赖性密切相关。在交互隐喻中统一几个数据流还有待探索。3D 界面数量及其兼容性的增加会产生新类别的交互技术。

3. 未来的 3D 交互界面

除了动作捕捉之外，现在还可以记录许多其他类型的用户数据，这些数据与过去几年在实验室和公司内部提出的新 3D 界面的多样性有关。例如，现在可以借助用户平衡感的接口［MAR 11］来跟踪用户的整个身体（图 3.23）。在较小的规模上，越来越高性能的系统，用户的眼睛可以实时跟踪，用户的能力也可以增强。例如 360° 视觉［ARD 12］。最后，现在还可以捕获用户的生理测量值，例如他们的肌肉活动[⊖]，甚至更具创新性，以使用脑机接口［LEC 13］来测量大脑活动（见 6.2 节）。与大量数据相关的主要科学挑战

　　⊖ http://www.myo.com

在于数据的处理：即使在今天，仍有许多科学问题需要"克服"，以便成功地同步数据并将其转录，并以其丰富的内容与虚拟或混合世界交互。

图 3.23　一种新交互接口描述，用户使用整个身体通过这种接口与虚拟世界进行交互。这种叫作"Joyman"的接口（界面）使用用户的平衡感来建立控制的法则，这使得它有可能导航虚拟世界

与可以从用户捕获越来越多的数据并行，用于与虚拟世界交互的 3D 接口在过去几年中也在不断发展。因此，现在使用笨重且昂贵的 VR 设备较少，让位于一般公众越来越容易接触的轻型接口。未来 3D 交互相关的科学挑战将会通过最小化材料的方式提供更自然地与虚拟或混合世界交互的能力。解决方案可以是通过捕获未标记的数据，例如 Microsoft Kinect，甚至是使用人体作为投影表面的接口［ HAR 11］，这些新一代 3D 接口的示例将在未来几年得到发展。

3.3.4　挑战 2：多感官反馈

用户在与虚拟世界或混合世界交互时收到的反馈，对他们刚刚在真实世界或虚拟世界中执行的操作赋予意义至关重要。为了改善相互作用，使用者的不同感觉方式发挥作用。听觉和触觉是基本的感觉方式。在本节中，我们将确定与这些不同感官方式相关的科学挑战。

1. 视觉反馈

视觉是在大多数交互系统中被使用最多的感官，尤其是在虚拟现实或混合现实系统中给用户提供反馈。

尽管当前的 LCD 屏幕技术已经高度成熟，但是将它们用于立体 3D 渲染仍然是个问题。近年来，我们看到 3D 电影和电视空前增长，但我们仍然需要配戴眼镜观看这种 3D 内容，渲染的质量并不能提高到可圈可点的程度。可能的解决方案是使用 HMD（正在普及）；然而，太多问题出现使得用户只能与虚拟环境交互，与真实环境的交互也存在问题。这些问题是许多研究项目的主题［GUG 17］。最初的挑战是改进非沉浸式屏幕的3D渲染技术。这包括在沉浸式环境中促进与所显示内容的交互以及允许用户继续与现实世界交互。

过去几年中，不同的研究项目已经提出了在非平面上的显示。它们可能是皮肤［HAR 11］或者甚至房间里的一系列物品［JON 13, JON 14, PEJ 16］。渲染由投影仪执行，投影仪基于物理环境的3D重建实时修改投影，以便正确地投影场景。这些应用的挑战是微型和强大投影系统的可用性，例如，它们是否可以由用户执行。第二个挑战是视觉系统和3D重建系统的集成，使它们在广泛的应用中可以真正发挥作用。开发可动态变形的［NAK 16］，动态可重新配置［LEG 16］或集成到用户衣服［POU 16］中的显示表面都是需要探索的研究途径，并将在未来几年内取得重大进展。

2. 力反馈

与其他感官方式相比，与触摸相关的触觉方式即使在今天也基本没有得到充分利用。主要原因是多种材料的限制，它们通常会在用户与虚拟物品交互时阻碍充分的触觉反馈。不像其他感官反馈，触觉反馈需要更高的刷新率［COL 95］因此需要经常使用高性能设备。除此之外，人体内的受体使可能恢复触觉的感觉遍布全身，倍增设备和用户之间的接触面。现有的触觉设备主要关注以动觉或触觉方式将力量反馈给用户的手。然而，很少有设备提供力量对多个自由度的反馈，如果他们这样做，大多数是减少到单点联系。因此，未来主要的科学挑战是提供高质量的力反馈设备。同时，需要紧凑和合理定价的设备是一个额外但不可或缺的约束，这些设备在与虚拟世界或混合世界的互动中实现普及。除了材料限制外，还有很多获得高性能的触觉反馈算法。为了将触觉转录给用户，与物理相关的虚拟对象的形式是必不可少的，它们尽可能应该接近真实物体的物理形态。在此背景下，研究物理已经提出了模拟，首先是刚性物体［LIN 08］，然后是可变形物体［DUR 06］，最后是流体［CIR 11a］（图3.24）。

图 3.24 图解新的由固态的、可变形的和液态的物体组成的允许虚拟环境建模的物理模式。它们也允许用户与两个触觉设备进行交互

也有更多尽可能好的（材料）属性可以被用来转录现实世界的感觉，但是与这些属性相配的高效算法仍然十分稀少。将感觉传递到用户的手是一个科学挑战的例子，当前模型刚刚开始模拟与接触可变形表面的相互作用［TAL 15］。

3. 多模态反馈

当今研究领域的一大挑战是结合不同的感官方式。这里面临的挑战与材料和软件相关。从材料的角度来看，需要高性能接口，允许耦合不同的信号，同时保证对用户有一定质量的反馈，特别是在带宽方面，对于触觉反馈仍然非常高。从软件的角度来看，我们必须能够提供可以同步不同感官模态的算法。在上游，这需要虚拟环境的高性能模型，必须为其生成视觉、听觉和触觉信号。这些模型必然基于物理定律，模拟它们的交互时间是当今重要的计算挑战。最近几年提出的初步解决方案［CIR 13a］，由于要模拟的虚拟场景的复杂性以便为给定的应用获得满意的反馈它们在实际应用中几乎从未使用过。

3.3.5 挑战 3：用户感知

与虚拟世界或混合世界的互动必然意味着考虑到每个用户独有的人类维度，其可以分为两个主要区域：一个以每个用户的个人感知为中心，另一个侧重多个用户之间的交互。

1. 更好地理解人类能力的挑战

了解和理解人类的感知能力、运动能力和认知能力对于开发不同的 VR-AR 技术至关重要，以减少这些技术的一些副作用，例如"晕动症"。

研究人员一起研究了与真实环境中的感知能力、运动能力和认知能力相关的人为因素。与人为技术的交互带来了现实中不存在的问题，例如引入延迟（这是任何交互系统的一个特征）、引入感知冲突或创建不切实际的情况。

这些问题是虚拟系统所独有的，已经由科学界通过不同的研究［STA 98］解决。然而，这里仍有许多工作要做，系统地分析与虚拟现实和混合现实相关的不同感知、运动和认知因素，这些因素可能会影响用户体验。研究者还在进行增量研究，目的是将现有结果外推到更大的背景和更广泛的用户。所有这些项目都可以创建设计指南，不仅适用于材料系统，还适用于操作系统，尤其是应用程序。

2. 如何实现多用户的交互

超越单个用户与虚拟世界交互的感知，当今重大的科学挑战之一是存在多个用户与虚拟环境交互。设计多个用户可以协同工作的协作环境存在两个困难：（1）协作系统的材料设计和软件设计，其中包含许多可能位于同一地点甚至不同地方的用户；（2）设计有效的协作技术交互以便每个用户被其他用户的动作通知，从而进行共同的交互。

从材料的角度来看，协作环境需要在多个计算机之间建立本地或扩展网络，这可能对共享虚拟环境的一致性产生重大影响。从软件的角度来看，协作环境面临着与传统环境相同的挑战。除此之外，我们还存在渲染引擎（图形、物理和行为）之间的互操作性问题。允许不同软件之间同步的高级协作系统代表了越来越频繁使用的替代方案之一，另一种是直接分发数据 [LEC 15]。

从交互技术的角度来看，仍有许多问题需要解决，以促进多个用户之间的交互。此时大多数技术都是在应用环境中提出的，主要用于虚拟原型设计、装配操作或维护。虽然当前的协作系统允许多个用户同时操纵多个对象，但是使多个用户能够操纵同一对象仍然是重要的挑战。用户之间的通信也是需要改进的领域，以便在用户之间和环境本身中转录最大量的信息。因此，未来几年将有大量研究致力于集成的重大问题，以便能够引入从每个用户以及环境本身捕获的多模态数据。

3.3.6 结论

我们通过回顾 3D 交互周期的不同阶段，介绍了与虚拟或混合环境的 3D 交互相关的主要科学挑战。从技术和科学的角度来看，存在许多挑战，但本章并不能保证提供最详尽的清单。应对这些挑战将使普通大众和专业人士普及 VR-AR 技术并使其多样化成为可能。

3.4 视觉感知

在虚拟环境中一个或者多个用户的沉浸感和存在感通常是以感官妥协甚至冲突为代价。实际上，VR 技术是以一种或多或少透明的方式混淆人类感知系统，这会产生感知偏差从而产生认知负荷，甚至会导致身体不适。因此，我们必须研究人类感知系统，与新技术相互作用以更好地采用这些设备。

我们主要使用调查问卷来研究用户对 VR 系统的感知和反应，有时针对客观的实验测量。通常该系统引起模拟器疾病、晕动病、晕动症和诱发视觉的晕动病等各种不适和不安。

由于这些技术向普通大众和应用的新领域例如多媒体等开放，精确定义这些常见问题的术语以帮助与不同的领域结合在一起是非常重要的。首先，我们将提供相关术语的一般词汇表，这些术语是虚拟现实界面引起的不适和疾病，再罗列这些问题的适应症和症状以及评估方法。最后我们将展示视觉沉浸式界面的某些技术因素对人类感知和反应的影响。

3.4.1 与不安、疲劳、身体不适相关的词汇

1. 虚拟空间疾病

在 VR 中，使用沉浸式系统时经历的不安、疲劳和身体不适反应通常使用模拟器疾病问卷（SSQ）［KEN 93］测量。该问卷将症状分为三类：由 SSQ-N 表示的恶心、SSQ-O 表示的动眼神经（头痛、视觉疲劳）和 SSQ-D 表示的定向障碍（眩晕、头晕）。每类症状的严重程度通过不同的问题进行评估，分数范围为 0 到 3。每个类别中获得的分数合并记为总分。计算的方式取决于具体的研究，（用户的）不适可以由总分来评估也可以由每个类别的分数来评估。该调查问卷在 20 世纪 90 年代主要应用于飞行模拟器设计评估，最常见的是诱导视觉和运动刺激。现如今晕动症一词越来越多地用于这种不适，而评估方法通常不变。有时会使用其他概念，例如关于模拟器的晕动病和主要用于评估感染化[○]不适的*视觉诱发晕动病*（VIMS）。

在每个术语的定义中找到共同点及区别它们的不同是非常困难的。尽管如此，我们建议通过不同的文献和过去的研究对这些问题进行比较。一方面，*模拟器疾病*和*晕动症*，另一方面，*晕动病*和 VIMS 之间的主要区别似乎在于症状的类型。在 VIMS 和晕动病中，我们实际上将更多地关注由运动感觉引起且与恶心相关的症状。因此，有时用于衡量这两个概念的快速运动疾病调查问卷与 SSQ-O 和 SSQ-D［KES 04］部分相比，其与 SSQ-N 有更高的相关性。从另一个角度来看，模拟器疾病和晕动病、晕动症和 VIMS 之间的差异主要在于引起不适的刺激类型和效果。因此，在引起晕动症和 VIMS 的原因中将视觉效果占优势，而运动和模拟器疾病更可能由视觉和运动效果的组合引起。根据 Stanney 等人的研究，这些刺激的差异可以解释为什么晕动症患者中的方向迷失高于模拟病患者［STA 97］。最后，可以通过与虚拟现实无关的事实将晕动症与 VIMS 区分开，

————
○ 光通量引起的运动感觉。

而 VIMS 是 VR 环境中的更广泛使用的术语（VIMS 可以在视觉系统和运动感觉的冲突引发不适时使用，无论是什么技术导致这种不适）[REB 16, KES 15]。

根据我们对文献的分析，术语模拟器、运动、网络和视觉诱发晕动病似乎根据症状的类型、诱发刺激的类型和所用技术的类型彼此区分。然而有一些交叉点和定义有时可能因研究而异。表 3.1 说明了我们对该术语表的看法。

表 3.1　已存在的"模拟器疾病"类别概览

	刺激	技术	症状
模拟器疾病	视觉刺激和动作	各种模拟	各种症状
晕动病	视觉刺激和动作	各种模拟	主要表现为恶心
晕动症	主要是视觉刺激⊖	数字技术	各种症状
诱发视觉的晕动病	视觉	各类技术	主要表现为恶心

我们还将提醒读者，尽管存在这些差异，但这四个概念通常使用相同的问卷（SSQ）进行评估，该问卷将症状分为三个不相互独立的类别。

开展"虚拟空间疾病"研究的挑战之一是如何解决感官内和感官间的冲突。具体而言是关乎视觉和前庭系统之间的冲突。关于多媒体系统的体验质量，其越来越多地关注沉浸式 HMD 中的视觉感知，已经引入疲劳和视觉不适的概念以支持关于舒适性和立体视频系统质量的研究。虽然这些概念仅限于单个感官维度（视觉），但它们可以为"虚拟空间疾病"词汇表和研究与评估此问题的通用方法做出更一般的定义。

2. 体验质量、舒适度和立体视频系统

根据 Urvoy 等人的观点，使用立体视频系统时的体验质量可以在三个方面进行定义[URV 13a]：

❑ 视觉质量：指图像质量、独立深度；

❑ 深度质量：指 3D 效果的质量，主要在真实感与存在感方面；

❑ 视觉舒适度：指由立体内容的可视化产生的生理和心理需求。

视觉和深度质量有时组合为一个概念：图像的自然性[LAM 11]。

多媒体体验质量领域的目标之一是提供能够预测将被感知的质量的客观模型。因此必须清楚地定义我们希望建模的不同方面以及这些方面可能会影响所经历的质量。因此，

⊖　用户可以移动或四处走动，但多数情况下没有移动直接来自系统。

在三维系统的背景下特别研究了视觉疲劳和视觉不适的概念。视觉疲劳和视觉不适可以在感知和时间方面加以区分［URV 13b］：

- 视觉不适是观察者通过一种或多种负面感觉（例如眼痛、刺激、复视或视力模糊、收敛困难）立即感知到的视觉不适；
- 视觉疲劳是由反复的视觉努力（例如会聚距离的反复大变化）引起的，其通常与通过生理体征感知的症状相关。视觉疲劳的观察者需要有足够的休息时间来恢复。视觉疲劳有许多迹象和症状：睫毛上有泪水、眨眼频率变化、眼睛干涩、异视⊖、调节和聚散问题、融合间期变化、头痛等。

这些定义，如图 3.25 所示，区分通过暴露于立体刺激引起的体征（使用定义协议获得的生理测量的对应客观线索）和症状（用户描述感知的精神或身体状态表达的主观线索），以及他们揭示这种不适或疲劳的方式。这种区分使得定义评价方法变得更加有可能。由于不适是由用户构建和评估的直接感知，因此最佳解决方案是测量并要求用户实时评估它［YAN 02］。然而这种技术仍然是侵入性的，且会改变患者的真实体验。由于视觉疲劳结合了体征和系统，通常使用主观问卷［YAN 02］进行评估，辅以眼科测量（瞳孔的调节、聚散和扩张）［URV 13a］。

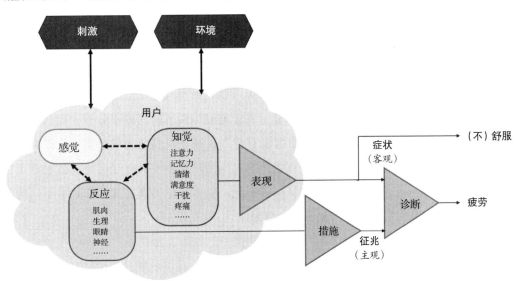

图 3.25　视觉疲劳和不适：情境和术语

⊖　这是眼球的病理性偏差，只有当双眼视力不同时才会出现，它不同于斜视，因为它不是永久性的偏差。

3. 客观生理测量

使用调查问卷时要求用户提供有关自己体验的反馈。他们也可以尝试解释问题来靠近他们的预期答案，这可能会扭曲结果。为了减小这种偏差，我们最近增加了生理测量（例如皮肤电导、心脏和呼吸节律、肌肉紧张、大脑皮层活动）以评估隐含的和实时的不适、疲劳和晕动症［MOO 17，REB 16］。这些生理测量也可能伴随着姿势的测量，可能会显示出不适和不安［REB 16］。

最近开发的低成本可移植传感器为这些测量提供了便利。然而在分析和解释这些数据时仍然存在很大挑战，这些数据虽然丰富但通常噪声很大，且用户之间数据不稳定。因此，虽然体征和症状之间的联系对于视觉疲劳和不适而言似乎是明确的从而便于对生理测量的解释，但是使用这些测量来研究晕动症还需要更清晰的"虚拟空间疾病"词汇表。目前，该词汇表更侧重于症状而非体征。

3.4.2 显示因素

一些研究试图比较显示系统对不适、疲劳和不安感的影响。研究者们经常得出 HMD 的不安感更大的结论。然而从一个显示系统到下一个显示系统的各种差异使他们无法得出可靠的结论。因此，在本节中我们将讨论沉浸式渲染系统的某些材料特性对感知以及不适、疲劳和晕动症的影响。

1. 单镜、立体镜和双眼镜

在立体渲染设备中，两个略微不同的图像可以重新呈现给每只眼睛以再现浮雕和深度的视觉。如果两个图像在整个屏幕上显示并且通过偏振或时间频率分开，则是我们说的立体屏幕。在 HMD 的情况下两个图像没有叠加，则是我们说的双目显示。作为该过程的结果，如果图像之间的视差涉及双眼距离，则用户能够使具有浮雕特征的场景可视化，这通常使其看起来自然且沉浸式。尽管如此，立体视觉的恢复过程带来了不同的眼睛认知限制，也是引起不适和视觉疲劳的根源。

最常见的限制无疑是对调节和聚散要求的同步，如图 3.26 所示。在立体视觉中观看视频或虚拟 3D 场景时，用户必须在收敛于对象"真实"位置的同时容纳屏幕。一些研究表明视觉疲劳的迹象与这种调节 / 聚散冲突有关，例如收敛困难和动眼不稳定、融合时间增加或立体视敏度降低［URV 13a］。然而似乎冲突的变化（与深度快速运动有关）比冲突本身更重要，它们是视觉不安的来源［SPE 06，YAN 04，EMO 05］。

　　其他认知约束，主要与双目融合的局限性和不同深度线索的整合有关，可能导致立体可视化中的视觉不安。人类视觉系统能够融合每只眼睛感知的被称为"Panum 的融合区域"的图像区域，在该区域之外不可能融合：通过抑制另一个图像或在两个图像之间交替仅来解释两个图像中的一个。因此为了使浮雕中的 3D 内容可视化，提出的刺激必须位于 Panum 区域内。此外，该区域还受到与 3D 内容相关的虚拟体验的不同特征以及可视化系统的影响。实际上，Panum 的面积随着刺激的大小和光照增加，但是当空间频率和时间深度调制增加时减小。因此，黑暗、细节、小尺寸和频繁深度运动的内容可视化可能引起双重视觉的发作，导致视觉疲劳和不适［URV 13a］。因此，Panum 的面积随着视角、曝光时间和曝光频率（阻力）而增加，长时间而重复的沉浸式可视化因此有助于更好地感知较大差异。

　　创建立体视觉中可视化 3D 内容时的一个好习惯是将中央凹刺激的收集限制在定义为 Panum 的融合区域与场地深度关联的舒适区，（见图 3.27）。根据指定的方式，该舒适区位于景深的 ±0.2 屈光度和与屏幕的视差角度的 ±1°（根据交叉和非

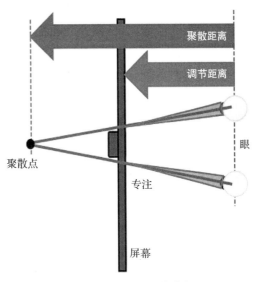

图 3.26　调节／聚散冲突

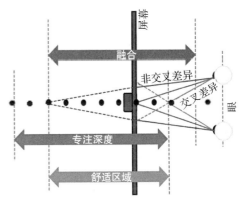

图 3.27　根据［URV 13b］，立体视觉中的感知和认知限制

交叉视差对应于屏幕尺寸的 1% 和 2%）［URV 13a］。其他解决方案也可以减少调节／聚散冲突。中央凹反馈包括根据观察者的固定位置修改图像的分辨率或清晰度、最大化固定水平的清晰度和增加周边视觉的模糊性。模糊效应修改物体的深度线索和尺寸线索

　㊀　人类视觉能够适应的区域。

［HEL 10，WAN 11］，并减弱调节的作用［OKA 06］。这减少了调节/聚散冲突。中央凹反馈的使用已经证明可以有效减少传统立体屏幕和 HMD 的视觉疲劳［CAR 15a］。这种技术的挑战是基于精确的扫视模型或实时眼动追踪预测或准确地知道用户的固定位置。其他更复杂的材料解决方案提出通过多焦点或多透镜显示系统减少 HMD 中的调节/聚散冲突［KON 16，AKE 04，LIU 09，HU 14］。

2. 延迟

延迟与时间差相关，这种时间差是导致虚拟环境中的位移的用户动作（例如点头）与来自屏幕上对应于新的视点的环境反馈之间的时间差。延迟是由于系统不同组件的刷新频率以及数据传输和处理时间而产生的。一些研究表明延迟增加和不安感之间存在联系［JEN 04，JEN 00，WIL 96，DRA 01］。然而，这种关系似乎比简单的线性相关更复杂，并且这些结果不能总是在使用 HMD 的实验中复制［NEL 00，MOS 11b，MOS 11a］。因此，比平均延迟时间更重要的晕动症［ST 15］可能是由体验期间的延迟变化引起的。此外，HMD 产生可变等待时间，幅度在 10 ～ 100ms 之间，主要是由于运动传感器和屏幕的采集与刷新频率之间的相互作用［WU 13］。HMD 中虚拟体验流的出现也可能影响与数据传输和反馈速度直接相关的延迟变化。

3. 视觉区域

虚拟现实中可视界面的一个重要方面是沉浸式视野的大小。这种沉浸式视野可能因显示系统而异。

在由几块屏幕组成的沉浸式空间中，沉浸式视野几乎是完全的（立体眼镜的安装可能遮挡自然视野的一部分），用户可以继续感知自己的身体：失衡和前庭眼部的冲突减少了。沉浸式屏幕类型系统仅将自然视野的一部分沉浸在虚拟世界中，现实世界在外围可留下感知，这可导致感觉不一致。许多研究表明，对于这种类型的视觉界面，当浸入的视野增加时，特别是在 60° 和 140° 之间的水平角度时，晕动症会增加［SEA 02，DUH 01，LIN 02］。与沉浸式屏幕一样，HMD 中的沉浸式视野减少了（在 Oculus Rift 和 HTC Vive 耳机的情况下大约 100°×100°）。然而与沉浸式屏幕不同，现实世界是隐藏的。用户因此无法看到自己的身体，这会造成姿势不稳定和不安。Moss 和 Muth 证明在具有 50°（水平）和 30°（竖直）［MOS 11b］视野的 HMD 中周边视觉的闭塞增加了晕动症。

沉浸式视野增加后带来的不适和不安可以通过周边视觉对运动最敏感的事实解释。因此在更大的视觉沉浸情况下，从光学流动的运动感觉将更加强烈［BRA 73，WEB 03］。

此外，已经证明这种感染是 VIMS 和晕动症的原因［KES 15，PAL 17］。这个问题在今天变得更加重要，因为我们看到具有越来越大的沉浸式功能耳机正在发展，这些功能被广泛用于可视化多媒体和视频内容，其中摄像机的运动和头部的运动可能是去相关。因此，这可以在周边视觉中产生不可预测且非常不舒服的动态刺激（例如，参见［KIM 15，PAL 17］关于被动导航对 HMD 中晕动症的影响）。在增加周边视觉的模糊性时，中央凹反馈也是可以减少由移动视觉刺激引起的不适感的解决方案。

令人不安且与视野相关的另一个方面可能是沉浸式视野（物理视野）与几何视野之间的比率，该视野直接取决于相机的焦距及其在场景中的位置（虚拟合成内容，或真实照片和 360° 视频）。Draper 等人［DRA 01］是第一个证明 1 比例最小化的晕动症率的人。然而许多后续研究表明情况正好相反，也就是说，不同的物理和几何视野（或外部和内部视野）可以减少不适和不安的感觉［TOE 08，BOS 10，EMM 11］。Moss 和 Muth［MOS 11b］未能发现这个比例在使用 HMD 时对晕动症有任何重大影响。结果的这些差异可以通过使用的不同显示系统——［MOS 11b，DRA 01］的 HMD 和［TOE 08，BOS 10，EMM 11］的沉浸式屏幕来解释。比率的值也可能影响这些结果。实际上，如果两个视野（物理视野和几何视野）非常不同，那么视觉刺激不能以自然的方式刺激前庭系统，因此减少了感染的感觉。这导致真实感、存在感和晕动症减少［TOE 08，EMM 11］。所有这些都研究了虚拟现实耳机在多媒体中的应用，其中放大 / 缩小效果和相机放置可能会导致不适或不安。

4. 屏幕质量

屏幕的内在品质——图像分辨率、动态亮度范围、色彩范围和刷新频率——也可能影响场景感知，引起视觉不适。

当涉及改善虚拟现实应用的图像质量时，这些沉浸式显示系统的分辨率仍然是一个相当大的挑战。让我们来看看 HTC Vive 耳机的情况。这款耳机的分辨率约为每度 14 个像素（水平）和每度 8 个像素（竖直），远低于人类视敏度的极限（1 分钟角度，相当于每度 60 分辨率的像素数）。因此，用户可以看到屏幕上的像素，但是在复杂场景中，图像可能难以阅读并且可能产生体验不适甚至视觉疲劳。

最近开发的屏幕称为高动态范围（HDR）和宽色域（WCG），它们能够再现更广泛的光线和色彩对比，现在正进入虚拟现实耳机的世界。例如，三星 Galaxy Note 7 支持 HDR 视频，可用于 Samsung Gear VR 耳机。这些新技术引发了一些关于 HDR/WCG 图像的问题，这些图像由色调和色域映射算子[⊖]处理。特别地，图像的自然性可以改变它们的真实感并因此改变用户的存在感［ BAR 10，KRA 14］。因此虚拟现实头戴式耳机中对比度的增加带来了视觉舒适度的问题。

最后，刷新频率直接影响系统延迟，这可能导致不适和不安。

3.4.3　结论

通过努力为用户提供更大的沉浸感，VR 中的视觉呈现系统产生感觉和认知约束，这有时是不适、疲劳和不安的根源。与产生这些约束的因素相关的人类感知研究对于舒适的显示技术和内容的开发是必不可少的。对"虚拟空间疾病"研究的一个充满刺激且巨大的挑战是整合感官内和感官间冲突的影响，这需要明确和横向定义（跨越感官、感觉和操纵技术）的症状和体征。这样就可以开发出主观和客观的稳健且精确的评估方法和尺度，有助于为获得的结果提供更大的科学有效性。

目前，我们主要关注的是技术的感知效果，这些技术可以通过更大的沉浸感、真实感和互动感来增加用户的存在感。然而，我们将数字信息叠加在现实上的 AR 新工具通过不透明屏幕[⊜]感知也解决了与晕动症研究相关、与创建真实 / 虚拟感知不一致有关的新问题。

3.5　评估

3.5.1　本节的目标及范围

本节是以用户为中心的评估。所选择的框架是 VR-AR 系统¹⁵的使用、设计和选择[⊜]，而不是以技术可靠性验证和技术规范方面为中心的评估。它可以通过其他文献来补充，特别是［ BUR 06b，BUR 06a，LOU 14，HAL 15］。混合现实的挑战在其他参考著作中呈现（例如［ GAB 99，BUR 06b，BUR 06a，LIV 13，JUL 01，LOU 14]）。

3.5.2　评估：一个复杂的问题

1. 定义

评估指的是一种评估行为，即测量、估计、确定甚至判断价值的行为。评估可以用

⊖　进行色调和色域匹配的算子。

⊜　例如，微软 HoloLens。

⊜　这项研究一定程度上是作为 McCoy Critical 项目（项目编号：ANR CE14-24 0021）的一部分。

于多种目的（例如设计、选择、伴随学习和发展、货币化），评估的主题可能具有不同程度的复杂性：评估药物的效用、交互隐喻的效率、软件学习性能的评估甚至是公共政策概念的社会影响。因此，评估的概念在人文科学（例如经济学、教育科学、心理学、人体工程学）、生命科学（例如医学、生物学）以及工程和设计科学（例如计算机科学、虚拟现实、力学）等许多学科中都是共有的。

2. 总结性和形成性评估：定量和定性方法

根据评估的目标，有两种方法可以区分：总结性评估和形成性评估。总结性评估旨在衡量系统的质量和/或量化参与者绩效的各个方面。这通常是定量方法的基础（例如，以单个分数或多个分数的形式如成本和效率），以便根据标准参考对其进行排名，或者通过将它们与竞争替代方案进行比较。定量方法是指通过各种数据收集工具例如调查问卷、生理数据记录、行为观察（最常见的是仪器观察）和痕迹收集来收集可量化数据（例如劳动力、频率、数值）的方法根据变量（名义、序数、数值）和所用程序的特征（特别是样本的大小和特征）使用适当的统计分析方法。这些至少包含每个变量的描述性分析和变量之间的交叉。如果需要，在问题和条件合理的情况下进行适当的推理测试。因此，总结性评估的目的是帮助做出决定。例如，在现有系统和新系统之间选择几种备选方案评估此决策的成本或影响，甚至验证其实际有效性例如当使用环境进行学习时。此外，总结性评估还可以使用模拟中的情况来预测或估计人类行为的表现或维度的值，并使自己摆脱现实世界中的某些约束。

形成性评估旨在产生数据——通常是定性或混合（定量/定性）数据，这些数据涉及用户在与系统交互时观察到的活动和所采用的流程、遇到的困难以及解释这些困难的最可能因素，有助于确定不可预见的需求，甚至是解决问题和问题的潜在想法。特别是定性方法侧重于探索、理解和提供有关在特定情况下研究的人类活动的相关方面的更多信息。例如，如何与系统进行交互。这些方法通常利用基于所收集材料类别的分析和细化，例如从主题演讲中收集的口头内容、对开放问题的回答，或进一步询问更详细的信息并分析由此产生的痕迹内容、进行活动时的主体观察到的行为类型。在这些方法中我们可以提到专题研究、个人探索性访谈、集体访谈（即焦点小组）、公开观察、文献分析、界面专家检查等。在这种情况下可以使用适用于名义变量分析但不能系统地使用的统计数据，这取决于信息收集情况的目标和特征。通过识别可以解释这些新系统的有效性、可接受性和使用的因素，形成性评估的基本目标是给予研究者或设计者反馈，包括正在评估的系统和任何可能需要的未来变化，以及研究工具和程序的开发。

3. 形成性和总结性方法阐明：定量和定性的方法

目前主流的评估方法由形成性评估和总结性评估共同组成，并且发展形成性评估与正在开发的总结性评估一样多，甚至在不同研究背景下以互补的方式将两者结合起来。归因于价值或分数并不总是足够的，因为很多情况下需要鉴定是什么因素导致了分数的获得，以及最关键的改进点是什么。此外，在当今的研究中我们看到了基于几种方法（三角测量方法）收集数据和指标的方法上的变化。因此，巧妙地阐明这些方法的优点和缺点是一个重要的发展，特别是当评估涉及正在开发的原型时，直接影响评估的复杂性和实施方法的类型。在问题和样本方面，评估的目标和需求取决于正在被评估的最终完整工具，或者是聚焦于设备可用性和 / 或浸入质量的界面原型，甚至是针对系统的特别创新的概念或想法（表 3.2）。

表 3.2　依赖被评估系统的性质以及成熟度阐明目标和方法

被评估对象的性质或成熟度	总结性评估的可能目标	形成性评估的可能目标
现实情境中的用途	● 决定并选择一个工具 ● 衡量有效性、可用性、表现、行为 ● 泛化：测试假说、测试理论等	告知设计、解释观察的表现、确定使用和接受的决定因素、确定新兴需求、准备下一版本等
交互	● 在不同设备和 / 或隐喻和 / 或 HMI 类型之间确定 ● 衡量可用性、设计原则的相关性、此类因素对使用的影响、精度、速度等。	通知设计、解释观察到的表现、支持植入、识别影响理解和与设备交互的因素
概念、想法	● 决定：分层、选择命题 ● 测量：原创性、感知效用、先验可接受性	进行详细的阐述、确定新的概念和想法、扩大可能的用途

特别是以界面的人体工学为中心的评估方法缺乏将用户处于不同场景下的考量。通常关注混合现实环境或工具的可用性和人体工学质量的方法是通过改编一些人机交互领域的方法得出的：规范、风格和推荐适用于混合现实系统［BAC 04］，使用 Nielsen Heuristics，适应第一个虚拟环境［STA 03］甚至认知检查来评估协作虚拟环境［TRO 03］。在过去几年中，很少有人为虚拟环境提出方法和工具。相反，基于针对这些技术的可用性调查问卷（例如［KO 13，KOU 15］）最近有几个关于移动增强现实的提议。与参与者

实验的构建和传导相比，这类方法具有低成本的优点。但是它们不能高效用于专门设计。例如，［SCH 14］比较了三种技术（专家检查、文件检查和用户测试）的效率以确定两个虚拟环境的可用性问题。他们观察到，与其他两种技术（文件检查和用户测试）相比专家检查发现问题的数量要少得多，而这两种技术是高度互补的（图 3.28）。

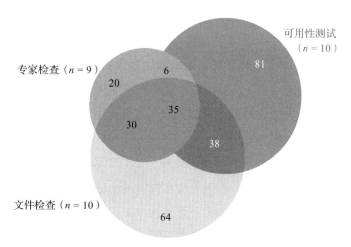

图 3.28　基于用于识别问题的技术：专家检查、文件检查和用户测试在两个
虚拟环境中识别的可用性问题的计数和分布，来自［SCH 14］

4. 评估时考虑混合现实特征

混合现实符合用户所需的能力和技能类型方面的特定特征。首先，在与设备的使用相关联的活动中物理和基于姿势的维度下，在交互空间中引入深度和移动性方面具有高度的重要性。因为它们易受几种生理变量（例如心脏频率、皮肤电导）的影响，所以增强的物理尺寸使得使用和解释从用户情况收集的生理数据变得更加困难。

另一个重要特征是真实环境中存在的信息和来自信息系统的人工信息交织（对用户或多或少透明），甚至是这些源和信息之间的竞争或干扰。

最后，在开放的室外环境中使用这种系统的特殊性带来了两个困难：（1）环境中参数的变化，这可能影响技术设备的可靠性和效率（例如当天的外部亮度、强对比度、湿度）并且可能影响人的表现（如外部温度、雨水）；（2）移动使用，这意味着作为参与者的设备在周围移动或进行一些移动导致可能的较大自由度和收集的行为和数据的较大变化，以及更难以确保参与者之间的条件相等。

3.5.3　人类受试者参与的评估使用研究

1. 有效性：一个核心概念

有效性在心理学和人体工程学中通常指的是理论（或任何理论要素：模型、假设、概念、工具、文本等）与经验之间存在的（多维）关系。实际上，根据评估的设计方式（例如［MAR 86］中的讨论），存在多种类型和子类型有效性的分类，它们互不相同、重叠甚至可以相互排斥。

理论上的有效性一方面是研究所采用的程序和设备之间的关系，另一方面是指导问题的概念和理论的阐述。关于目标问题，这种有效性与三者有关：（1）所选择或开发的测量工具的概念性质，（2）识别变量以及它们之间相关度更高和更具代表性的关系，（3）选择与通常和相关外部标准在统计上相关的指标以便处理问题。

内部有效性是指我们对其具有的确定程度，即对实验操纵是观察到的效应的来源，而不受其他外部因素控制。这些外部因素与参与者的特征相关（例如，与数据收集同时发生的事件、成熟效应、重新测试效果、通过选择极端分数的回归效应等）或同时这些特征和实验情境组成部分之间的单个或多个相互作用（见［CAM 63］深入讨论可能威胁内部有效性的因素以及不同形式的实验计划如何有助于控制这些因素）。内部有效性主要基于：（1）实验计划的选择，该计划可以控制可能对收集的数据产生影响的外部因素；（2）使用适当的统计检验程序来估计效果的大小并得出结论是否存在。

外部有效性——通常与生态有效性相似——表征观察结果超出实验情况本身，对其他个体群体以及与研究相关的其他类型情况和条件的可能泛化程度。［BRA 68］区分了与外部效度相关的两个维度：人口的有效性——涉及比实际研究的样本更大的人口泛化问题，以及生态有效性——有可能将特定研究中观察到的结果和行为（即在一组有限的情况和研究中独有的指标）推广到"自然"环境中的目标情境和问题。因此，生态有效性假定观察到的效果不仅仅是环境的人为特征的结果［BRA 68］，而且在其他环境中也会观察到相同的效果，尤其是"自然"环境。

生态有效性的概念回归到更加有普遍性的问题研究中时，这些研究在人工观察的环境中被开展，其通常被简化和修改以使得能够在实验室中控制实验因素，这与自然环境中人类行为的观察相反。实际上，实验环境中存在的"变量"的简化和减少可能导致行为和性能被修改［SNO 74］。

因此，今天没有独特和绝对的方法论保证研究的生态有效性及其结果正确性。因为这是由许多因素互相影响而产生的，包括参与者和情境的许多因素之间的相互作用以及所使用的系统和场景。

（1）对现实环境的有控制模拟以研究用户行为

混合现实环境或工具的主要目标是参考真实环境和真实情况的属性来创建情境的模拟，然后必须尽可能准确和真实地重新创建。驾驶模拟器就是这种情况。有两种类型的应用程序可以共存于研究人类活动任何方面的各种混合现实设备的任何其他用途：

❑ 研究目的：数据在一个更加可控的实验室环境中被收集。数据给出了一些在真实环境的行为方面的信息。

❑ 用于研究设计目的：在这种情况下，表示未来的活动或用途，以便用户代表未来处于这种情况并进行研究。

在这种情况下反复出现的问题是内部和外部的有效性，后者通常被认为与生态有效性的概念相同。

（2）用于学习、训练和行为矫正的（真实）环境模拟

这种系统的目的是创建一种有助于学习或行为矫正情况的模拟（例如用于治疗框架中）。模拟通常参考真实环境的属性和真实情况，如上述情况，但在这里我们也可以根据学习目标或行为修改的目标进行修改和功能丰富，甚至是对培训师或治疗师的需求的回应。

内部和外部有效性的概念也可以在这些学习工具的背景下使用，但与我们刚刚看到的含义不同。实际上，这将评估学习或开发技能的有效性，以及在实际任务和情况下部署这些收购。因此，对于 Hoareau［HOA 16］，内部有效性的概念可以被解释为对虚拟体验/增强现实的使用和交互连续学习的评估。作者建议在任务执行期间使用学习绩效测量以验证 VE/AR 中尝试的学习曲线。在这种情况下，这种曲线的存在是对工具内部有效性的衡量，因为它可以学习和提高绩效。但是，其他方法也是可能的。所有这些方法都试图解决以下问题：环境是否能够实现预期的学习或行为矫正？然后通过实际条件下的实际任务的性能来测量外部有效性。

（3）对于最终确定的行动或精确用途、人群和不同使用环境的支持

这里的目标是设计一个有助于完成活动的工具，由此产生的环境可以部分地想象，同时还集成来自实际情况的元素以响应与未来用户的目标活动相关联的一系列需求。预

计此类别中有两种类型的应用程序，每种类型都需要特定的评估元素：

❑ 在线虚拟世界：它们提供沟通和社交活动，例如《第二人生》；

❑ 工作工具：创建的环境旨在提供适当的功能和表示，以支持个人或小组正在开展的活动，实现其所帮助任务的目标。

在此情境中的任何评估都必须基于之前从需求分析中获得的结果，以及适合以用户为中心方法的框架。实际上，我们必须促进使用某种评估，它不基于不可靠或不相关标准（例如真实感、满意度），而是考虑与对象的效用价值相关的标准。也就是说，相对于用户的目标，相对于现有或习惯使用的工具，相对于使用环境以及与其相互依赖性可以识别并精确测量工具带来的改进或显著益处的那些其他活动［LOU13］。

（4）游戏和衍生物：艺术装置

这些系统的目标是通过与虚拟环境的完全或部分交互，为用户提供娱乐、有趣、艺术和美学的体验，与在支持用户活动执行任务以实现外部目标的应用程序相反，这些类型的环境的特征在于用户主体的目标是由应用程序本身提供的挑战［CAR 15b］和 / 或情感主导的体验。

（5）目的及评估：问题与标准的概述

优先级的标准以及用于评估的数据收集措施可能因设备的目的地而异。表 3.3 给出了与目的地有关的维度和问题的概述。根据具体情况，这可能与在环境被调动起来作为生态环境的重建或确认 / 反驳使用 VE/AR 的假设的情况下有效性验证有关，例如在效用、可接受性方面，我们顺便提一下，所提出的分类并不意味着系统的相互排斥性，因为可以结合多个维度。例如我们可以将游戏机制用于专用于学习的混合环境。其中一个后果可能是内部和外部的有效性以及参与的维度和用户的体验质量，都构成了需要衡量的相关变量。协作维度是可能涉及不同目的的附加维度（参见 3.5.5 节第四部分）。

表 3.3　基于正在研究的 VE/AR 目的的评估相关标准和问题

	应用目的	标准	问题依据
出于研究目的对真实环境进行受控模拟的工具	● 研究 ● 设计	● 外部有效性 ● 内部有效性	● 观察到的效果是否确实由模拟情况的构造和执行中操纵的变量引起？ ● 我们可以将结果推广到目标人群以及类似的环境和活动类型吗？ ● 观察到的结果与实际情况中的结果相同或相容吗？

（续）

	应用目的	标准	问题依据
出于学习和行为修正目的对真实环境进行受控模拟的工具	• 训练、教育、学习 • 用于认知和行为治疗	• 内部有效性 • 外部有效性 • 对学习进程与交互的影响	• 环境是否能够实现所需的行为改变学习？ • 学习是否转移到实际情况？ • 该工具的介绍如何修改相关用户的活动和互动的性质（例如学习者、培训师、患者、治疗师）
游戏、艺术装置	• 游戏及衍生物 • 艺术装置	• 游戏性、参与性、娱乐体验、流动性、情感、美学 • 可用性与无障碍 • 危险性 • 满意度 • 可接受性	• 用户的体验是否符合设计目标？ • 系统是否可供有特殊需求的用户使用？ • 使用该系统会对用户或他们的环境造成任何危险后果吗？是否将错误风险降至最低？ • 用户如何评估他们的满意度？ • 系统的可接受性（先验）或接受（后验）是什么？
适应于某种特定的使用、人群或者预先确定的使用情境	• 在线虚拟空间 • 与工作相关的工具	• 实用性 • 可用性与无障碍 • 危险性 • 满意度 • 可接受性 • 对进程和交互的影响	• 相对于现有或习惯使用的工具，或相对于将使用它的环境以及对其他活动的依赖性，所提议的工具相对于其目标是否为用户提供了任何显著优势或易用性？ • 它是否可供有特殊需求的用户使用？ • 使用该系统会对用户或他们的环境造成任何危险后果吗？是否将错误风险降至最低？ • 用户如何评估他们的满意度？ • 系统的可接受性（先验）或接受（后验）是什么？ • 该工具的介绍如何修改相关用户的活动和互动的性质（例如学习者、培训师、患者、治疗师）

2. 实验计划：最小化或抵消可能影响内部有效性因素的影响

实验计划的构建旨在消除研究人员感兴趣的因素的影响，同时抵消或最小化可能影响结果的其他外部因素。一种方法是引入控制条件。这可以通过将参与者的一部分分配给未接受实验的组或在体验中操纵的实验因子来获得。这称为对照组，以及具有独立样本的计划。确定条件或实验处理的效果需要在实验之前、之后甚至实验过程中进行测量。当对照组到位时，必须确保不进行治疗与其他组唯一的区别。例如，任务必须与说明和提供的任何其他培训相同，等等。实验还应检查对照组的实验本身是否会对参与者的活动（因此对所收集的数据）产生影响（正面或负面）。例如，引入休息期而不是实验性治疗。在评估新工具的影响时，一种方法可能是比较两个组：一个使用新工具，另一个使用现有工具。

当计划包括若干实验组和条件时，我们必须确保所有组样本参与者的特征（经验或可能影响绩效的任何其他因素和收集的数据）都相似。一个好的做法是使用领域知识——特别是关于相关活动的文献的现有技术——使用先前采取的与任务相关的参与者特征的测量来表征样本以便验证两组的等价，甚至通过将它们与预先测量的特征相匹配来形成组。同样，评估绩效的标准必须以相同的方式应用于两个组。不能使用不同的工具测量性能，例如取决于比较的条件。这里的风险是可以观察到的任何差异（超出不同的单位和测量尺度）都将是来自仪器的差异，而不是任何测量变量的差异。

在某些情况下，通过比较在暴露之前和之后的实际情况中进行的测量可以将每个受试者用作他们自己的对照。然后我们谈到一个单一主题的实验。然而，该计划的一个困难是任何改进的解释可能与混杂因素有关——时间。也就是说，某些技能可能会在一段时间后看到改善的效果，尽管没有额外的练习，特别是如果他们被严格训练［ROL 82］。

存在没有对照组的其他计划，其被保留用于不可能形成对照组的情况。然而，这些"非实验性"群体被认为具有较低的内部有效性，并且需要非常好的论据来被选择。

3. 样本大小与构成

样本的构成提出了三个值得注意的问题：（1）我们希望研究的人群的定义——我们希望将所得结果推广到目标是概括调查结果的情况；（2）测试所需样本量是否存在影响；（3）招募和接触参与者。

通常没有清晰和明确的目标人群定义，而是只有样本特征的描述。此外，目标很少是推广研究人员可以获得的人群（例如心理学学生），而是设想对更大的人群进行概括。此外，为了理解推广到这个目标人群的能力（外部有效性），有必要对这些特征有精确的了解。

样本的增加通常与更好的结果表示相关联，这可能转化为更好的外部有效性。然而，实际上事情更复杂。一般而言，经验法则是所要求的受试者数量随着要证明的效果幅度减小而增加，和 / 或事件的基本频率变得更小。因此必须根据效果的预期影响来选择样本量，这可以根据文献报告和 / 或基于试点研究进行估算。

我们在每一种情况下都尽量避免样本容量少于 20 个受试者。

3.5.4 要克服的缺陷

1. 在程序和系统的特定特征上经常不完整的信息

由于严重缺乏细节，比较研究之间的结果往往是一项艰巨的任务。首先，在方法论方面，关于程序的信息往往是不完整的，要操纵的因素和实验条件的精确操作通常是松散定义或模糊的。关于所涉及系统的精确特征，它们通常是一般的而不是非常详细。此外，对系统的特征和正在研究的活动没有系统和完整的分类，这使我们能够以系统和严格地比较的方式对它们进行描述。如果这是可行的，那么它将开辟一个对已发表研究进行荟萃分析的新方法。

2. 常见的方法偏差

目前发表的研究通常具有限制其广泛使用的偏见。其中最常见的是实验计划中没有对照条件，每组受试者数量少，使用主观测量而没有参考行为和表现，甚至测量独特变量等。其他方法学偏差与数据处理和分析的过程有关。例如，我们可以注意到，有一种趋势是关注"统计意义"，而不是相对于该领域影响的语义和科学的重要性。这两个方面之间的区别不是趣闻：第一个涉及推广效应的存在（与其大小无关），而第二个涉及观察到的效应的大小（见［COR 94］）。通常的推理测试（例如方差分析，学生测试，χ^2）被用于得出关于在样本上观察到的效应概括的可能性的结论[⊖]，但是不能得出观察到的效果是否重要的结论。此外，研究这些影响的大小导致了他们对这个问题和科学家的重要性的问题。如果可能的话，这涉及前面定义的我们可能认为影响重要或可忽略不计的值，这与测量描述性步骤的重要性相同。在大多数情况下，效果的重要性是根据对问题所依据的领域的知识来判断的，特别是对文献中通常报道的影响。如果研究之外的这种参考可能不存在，一些作者（特别是参考［COR 94］中的论点和参考值）建议在收集的数据中基于内部参考（表3.4）。此外，影响的程度是允许其他研究人员使用已发表的结果进行荟萃分析所需的要素之一。

表 3.4　Rouanet 和 Corroyer［COR 94］针对不同的数据分析情况提出的
基准值。括号内的值是［COH 77］最初提出的值

情况	标志	基准值		
		弱影响	中等影响	强影响
均值与常数的比较	$ER = \dfrac{M-\mu_0}{S}$	0.20	0.50	1.00 （0.80）
两个匹配组的平均值比较	$EC = \dfrac{D}{S_d}$	0.20	0.50	1.00 （0.80）

[⊖] 让我们回想一个常见的错误结论：如果测试结果不明显，就说明没有效果。然而这可能只是研究人员无法就统计测试的意义得出结论。

（续）

情况	标志	基准值		
		弱影响	中等影响	强影响
两个独立组的平均值比较	$EC = \dfrac{M_1 - M_2}{S_{intra}}$	0.20	0.50	1.00 （0.80）
k 个独立组的均值比较	$\eta^2 = \dfrac{S_{inter}^2}{S_{totale}^2}$	0.01	0.06	0.20 （0.14）
	$f^2 = \dfrac{S_{inter}^2}{S_{intra}^2}$	0.01	0.06	0.25 （0.16）
线性相关	$R = \dfrac{\mathrm{Cov}(X, Y)}{S_x S_y}$	0.10	0.24 （0.30）	0.45 （0.50）
	$R^2 = \dfrac{\mathrm{Cov}^2(X, Y)}{S_x^2 S_y^2}$	0.01	0.06 （0.09）	0.25 （0.25）
独立于列联表	$R_c^2 = \dfrac{\phi^2}{l}$	0.01	0.06 （0.09）	0.25 （0.25）

3. 研究的情况经常被简化而且不是生态的

在许多测试中，特别是那些专注于可用性的测试中，给出主题的任务很短且是人工的，与其说是最终确定的旨在拯救某种生态的活动不如说是一个基本的交互。此外，尽管他们开辟了探索的途径，但有限数量的结果可以直接转换为完整工具的设计，因为除了实验室之外，设备从不以孤立的方式使用，并且也不存在描述真实背景的约束和组织。因此，仅在上下文中对完整系统进行分析就可以确定每个要素相对于整体功能的总体重要性［ANA 07］。

4. 坚持必须加强的人类活动的理论和模型

在许多研究中，所提出的原型的潜力不是建立在足够详细的理论框架上以允许进行实证研究。例如，在学习模型或活动模型方面，行动、理解和能力发展之间的联系。对此的解释之一可能是这样一个事实，即重点仅仅放在已确定的技术障碍上，撇开人类和组织方面，或者充其量只是用一种简单的模式来满足自己，这种模式可能是抽象的，而且对其最终用户及活动不够精确。

3.5.5 衡量绩效和行为的演变，表征参与者

在过去几年中，我们已经看到了各种尺寸的测量仪器的开发或增加使用，这些可能对混合现实设备的评估感兴趣。几种类型的测量通常用于受试者在任务、效率、满意度、

用户体验、工作量或甚至交互设施可用性的不同维度上的表现（关于这些不同类别的测量的示例参见［BUR 06b］，另见表 3.5）。本节的其余部分将重点介绍我们发现的一些优良或有趣的测量（工具），无论它们是否与某种严格规格和标准化有关，或者它们是否是先前使用的测量模式方面的有趣创新。

表 3.5　调动混合现实系统的评估中使用的测量示例

维度	量化度量（例子）	定性或主观度量（例子）
相对于与任务相关的目标的性能	<ul><li>成功执行的任务或尝试的数量或百分比</li><li>与参考解决方案/性能的偏差</li><li>空间精度</li><li>错误率</li><li>恰到好处的差异（JND）等</li></ul>	<ul><li>专家判断</li><li>问卷调查</li><li>李克特量表</li><li>半结构化面试</li><li>自动对抗等</li></ul>
效率，时间	<ul><li>任务持续时间</li><li>反应时间（RT）</li><li>百分比持续时间</li><li>对于交互中的特定步骤等</li></ul>	<ul><li>专家判断</li><li>问卷调查</li><li>李克特量表</li><li>半结构化面试</li><li>自动对抗等</li></ul>
界面上的操作效率	<ul><li>所需操作的总数</li><li>次优的动作序列或交互模式</li><li>执行必要操作的数量或百分比等</li></ul>	<ul><li>专家判断</li><li>问卷调查</li><li>李克特量表</li><li>半结构化面试</li><li>自动对抗等</li></ul>
工作量，压力	<ul><li>生理指标（认知眼科、皮肤抵抗、脑电图、心脏频率等）</li><li>双任务范式（心理负荷）</li><li>操作和控制模式的变化</li></ul>	<ul><li>自我评估问卷</li><li>专家判断</li></ul>
系统或交互的可懂度，记忆和可学习性	<ul><li>系统对用户的可懂度水平</li><li>用户预测系统行为的能力</li><li>轻松使用系统所需的学习时间</li><li>在给定时间内记忆的功能数量等</li></ul>	<ul><li>专家判断</li><li>问卷调查</li><li>李克特量表</li><li>半结构化面试</li><li>自动对抗等</li></ul>

1. 测量工作量

许多不同的工作量测量——尤其是脑力劳动（测量方法）——都被使用过，其中包括美国国家航空航天局任务负荷指数问卷（NASA-TLX）可能是最常用的一种。这是一个由五个子类组成的多维量表：脑力需求、身体负担、时间需求、努力程度和挫败感。它有两个优点：它是一种工具，已成为一种衡量标准，便于比较；它使用起来相对简单，既适用于研究者，也适用于被调查者。尽管如此，它确实存在某些局限性，包括它是一种自我评估的事实。它在执行任务之后使用（或者需要中断任务），因此，考虑到工作量随时间的动态波动等，很难甚至不可能做到。其他方法可以评估工作负荷，例如双重任务方法，最终适用于测量其他结构，例如对情况的意识（参见例如 SPAM——情况现状评估方法，［DUR 04］）。还可以使用生理测量来估计工作负荷的演变，例如测量心律，皮肤电活动或瞳孔大小的变化。然而这些测量通常不足够，特别是因为它们对受试者的身体活动非常敏感，以及受试者环境参数的变化（例如光的变化，瞳孔大小）。

2. 测量存在性

测量存在性在一定数量的情境中使用各种方法，其中最广泛使用的通常是出于方便而选择的，从自我评估问卷中产生的。这些方法有许多例子，主要基于它们的理论基础和目标维度（例如物理存在、共存、社交存在）来区分。QP 存在问卷［WIT 98］可能是最广泛使用的方法之一，还有较短的 Slater-Usoh-Steed 问卷［SLA 94］和组存在问卷［SCH 01］。除了作为主观经验存在维度的理论争论的影响因素以及它们与使用目标之间的关系之外，它对这个维度使用标准化度量也可能构成一个维度，测量方法应描述研究受试者的情况，并提供额外的指标来比较不同的已发表研究。对于某些作者，测量存在性可以提供对模拟器和虚拟现实环境的心理有效性的估计。

3. 测量可接受性：SUS 问卷（系统可用性量表）

混合现实原型的可接受性和感知可用性越来越多地借助于简单的测量工具进行评估：SUS（系统可用性量表，［BRO 96］）。这是一个简单的调查问卷，由 10 个李克特量表类型的项目组成，用于计算用户第一次使用此设备后分配的主题评估的总体价值。它有三个优点：它简单易用，并且在主题之间不会产生任何理解性问题；它给出了从 0 到 100 的总分，代表了可用性的综合测量；它可用于各种系统和接口，这使得可以比较同一系统的多个版本。Bangor 等人进行的一项研究［BAN 08］是对 2324 份调查问卷进行了 206 次测试，涵盖了大量系统和界面，表明评估产品 / 系统的可接受性是可靠的。此外另一个优点是，与其他可接受性调查问卷不同，所获得的分数可能与形容词有关，以便于分数的解释和比较（表 3.6）。我们可以在不同的研究中找到这方面的例子［BAR 13，BOR 16，LEE 16］。最近有一个专门用于手持增强现实工具［SAN 14］的版本。

表 3.6　根据可用性和可接受性解释 SUS 分数（改编自 Bangor 等人（2009，2008））

范围（SUS 得分）	核心价值（SUS 得分）	可用性形容词的范围	可接受性
0.00 ～ 44.00	25.00	最糟糕	不可接受
44.00 ～ 51.00	39.17	贫乏	不可接受
51.00 ～ 55.00	52.01	一般	较不能接受
55.00 ～ 75.00	72.75	不错	较能接受（< 70.00）
			较能接受高（> 70.00）
75.00 ～ 87.50	85.58	极好	可接受
87.50 ～ 100.00	100.00	最棒	完全可接受

4. 面向用户间协作的多维度量

随着多用户应用程序的增加，协助和衡量拟议系统对协作的影响问题变得非常重要。尽管如此，很少有研究探索和分析实际或生态环境中的有效协作过程。在当前研究中进行的分析——无论是在实验室实验还是实地研究——调动不同的技术来收集和分析数据（例如日志，参与者之间的相互作用），主要集中在精细水平的参与者之间的相互作用量化。例如，霍恩贝克［HOR 06］根据研究、每个发言人的轮次数、产生的单词数量、中断次数、澄清问题的比例等确定了"沟通努力"的衡量标准。这些措施带来了许多问题，其中包括难以将它们应用于调动原型的研究（例如由于技术成熟度的问题），以及研究人员需要的大量时间和精力。从更基础的层面来看，这些指标并不反映协作的多个方面，而且经常被证明是临时的和非单一的。例如，一个人明确表达的机会数量仅反映在信息交换维度上。此外，更高级别的发言次数可能表明参与者之间的密切协作，或者甚至可能表明协作困难导致更多的口头交流。少数交换等同于没有交换重要信息。为了弥补这一困难，已经提出了旨在涵盖协作的多个维度的其他方法［MEI 07］。我们已经在使用协作虚拟环境进行设计的背景下提出了这种方法的改编［BUR 09］。该方法使得快速提取视频剪辑成为可能，因为它使用主观指示符同时保证编码器间高保真度。这里的协作质量从七个方面进行评估：（1）协作的流畅性，（2）相互理解的支持，（3）解决问题的信息交流，（4）论证和决策，（5）工作流程和时间管理，（6）平衡贡献和（7）个人与协作的方向。针对参与者的自我评估问卷也可以衡量他们在这些不同方面的经验。该方法经过调整，最近应用于分析利用增强现实工具［WRZ 12］的患者－治疗师协作的背景，并用于收集线索的任务在犯罪现场中评估由增强现实支持的远程协作的质量［LUK 15］。

3.5.6 结论和展望

VR-AR 环境和工具的评估以及使用 VR-AR 环境和工具的评估是一个非凡的多维问题。评估所涉及的维度的调查和形式化取决于其目的和目标（例如研究，设计，学习），这些构成了未来研究的重要途径。开展扎实的对照研究也是一个重要的未来前景，尤其是为了更好地理解和提高这些新环境的生态有效性。已经强调的挑战是开发更完备的系统描述框架和进行研究的条件，以便改进研究之间的比较并最终促进荟萃分析。从这个角度来看，同样重要的是要记住必须复制研究以支持所得结果的推广。

开发新的评估工具也是一个重要的未来前景。这些可能是用于评估 VR-AR 环境并考虑新挑战的框架中的命题（例如脑机接口［LOU 14］，AR 手动工具［SAN 14］的可接受性）。应该被放大的趋势是执行受控任务，旨在衡量这种评估以及评估技术在改善由此设计的混合现实环境方面的效率和有效贡献。

特别是关于学习的混合现实应用，他们主要关注学习内容、技术手势和高度正式化的程序（例如［ANA 07］，最新的评论见［MIK 11］）。新的工作路径正在扩大此类应用的范围以包括高水平的认知技能如"非技术技能"群［FLI 08］。

3.6　参考书目

[ACH 15] ACHIBET M., CASIEZ G., LÉCUYER A. *et al.*, "THING: introducing a tablet-based interaction technique for controlling 3D hand models", *Proceedings of the 33rd Annual ACM Conference on Human Factors in Computing Systems*, CHI'15, New York, USA, ACM, pp. 317–326, 2015.

[AKE 04] AKELEY K., WATT S.J., BANKS M.S., "A stereo display prototype with multiple focal distances", *ACM Transactions on Graphics (Proc. of SIGGRAPH)*, vol. 23, no. 3, pp. 804–813, 2004.

[ALL 07] ALLARD J., COTIN S., FAURE F. *et al.*, "SOFA - an open source framework for medical simulation", in PRESS I. (ed.), *MMVR 15 - Medicine Meets Virtual Reality*, pp. 13–18, February 2007.

[AMB 99] AMBROSI G., BICCHI A., DE ROSSI D. *et al.*, "The role of contact area spread rate in haptic discrimination of softness", *Proceedings of the IEEE International Conference on Robotics and Automation*, pp. 305–310, 10–15 May, 1999.

[ANA 07] ANASTASSOVA M., BURKHARDT J.-M., MÉGARD G. *et al.*, "Ergonomics of augmented reality for learning: A review | L'ergonomie de la réalité augmentée pour l'apprentissage: Une revue", *Travail Humain*, vol. 70, no. 2, 2007.

[ARA 10] DE ARAUJO B., GUERREIRO T., FONSECA M.J. *et al.*, "An haptic-based immersive environment for shape analysis and modelling", *Journal of Real-Time Image Processing*, vol. 5, pp. 73–90, September 2010.

[ARD 12] ARDOUIN J., LÉCUYER A., MARCHAL M. *et al.*, "FlyVIZ: a novel display device to provide humans with 360° vision by coupling catadioptric camera with HMD", *Proceedings of the 18th ACM Symposium on Virtual Reality Software and Technology*, VRST'12, New York, USA, ACM, pp. 41–44, 2012.

[ARG 13] ARGELAGUET F., ANDUJAR C., "A survey of 3D object selection techniques for virtual environments", *Computers & Graphics*, vol. 37, no. 3, pp. 121–136, 2013.

[AVR 12] AVRIL Q., GOURANTON V., ARNALDI B., "Fast collision culling in large-scale environments using GPU mapping function", *Eurographics Symposium Proceedings*, pp. 71–80, 2012.

[BAC 04] BACH C., Elaboration et validation de Critères Ergonomiques pour les Interactions Homme-Environnements Virtuels, PhD thesis, University of Lorraine, 2004.

[BAD 14] BADLER N.I., KAPADIA M., ALLBECK J. *et al.*, "Simulating heterogeneous crowds with interactive behaviors", *EUROGRAPHICS 2014 Tutorials*, April 2014.

[BAK 15] BAKR M., MASSEY W., ALEXANDER H., "Can virtual simulators replace traditional preclinical teaching methods: a student's perspective?", *International Journal of Dentistry and Oral Health*, vol. 2.1, November 2015.

[BAN 08] BANGOR A., KORTUM P.T., MILLER J.T., "An empirical evaluation of the system usability scale", *International Journal of Human-Computer Interaction*, vol. 24, pp. 574–594, 2008.

[BAR 10] BARKOWSKY M., LE CALLET P., "On the perceptual similarity of realistic looking tone mapped high dynamic range images", *IEEE International Conference on Image Processing*, pp. 3245–3248, 2010.

[BAR 13] BAROT C., LOURDEAUX D., BURKHARDT J.-M. *et al.*, "V3S: a virtual environment for risk-management training based on human-activity models", *Presence*, vol. 22, no. 1, pp. 1–19, 2013.

[BEN 07] BENALI-KHOUDJA M., HAFEZ M., KHEDDAR A., "VITAL: an electromagnetic integrated tactile display", *Displays*, vol. 28, pp. 133–144, July 2007.

[BEN 14a] BENDER J., ERLEBEN K., TRINKLE J., "Interactive simulation of rigid body dynamics in computer graphics", *Computer Graphics Forum*, vol. 33, no. 1, pp. 246–270, The Eurographs Association & John Wiley & Sons, Ltd., February 2014.

[BEN 14b] BENKO H., WILSON A.D., ZANNIER F., "Dyadic projected spatial augmented reality", *Proceedings of the 27th Annual ACM Symposium on User Interface Software and Technology*, UIST'14, ACM, pp. 645–655, 2014.

[BEN 15] BENKO H., OFEK E., ZHENG F. *et al.*, "FoveAR: combining an optically see-through near-eye display with projector-based spatial augmented reality", *Proceedings of the 28th Annual ACM Symposium on User Interface Software & Technology*, UIST'15, ACM, pp. 129–135, 2015.

[BIM 06] BIMBER O., RASKAR R., "Modern approaches to augmented reality", *ACM*

SIGGRAPH 2006 Courses, SIGGRAPH'06, ACM, 2006.

[BOR 16] BORSCI S., LAWSON G., SALANITRI D. *et al.*, "When simulated environments make the difference: the effectiveness of different types of training of car service procedures", *Virtual Reality*, vol. 20, no. 2, pp. 83–99, 2016.

[BOS 10] BOS J.E., DE VRIES S.C., VAN EMMERIK M.L. *et al.*, "The effect of internal and external fields of view on visually induced motion sickness", *Applied Ergonomics*, vol. 41, no. 4, pp. 516–521, 2010.

[BOS 13] BOSSE T., HOOGENDOORN M., KLEIN M. C.A. *et al.*, "Modelling collective decision making in groups and crowds: Integrating social contagion and interacting emotions, beliefs and intentions", *Autonomous Agents and Multi-Agent Systems*, vol. 27, no. 1, pp. 52–84, 2013.

[BOW 04] BOWMAN D.A., KRUIJFF E., LAVIOLA J.J. *et al.*, *3D User Interfaces: Theory and Practice*, Addison Wesley, 2004.

[BRA 68] BRACHT G.H., GLASS G.V., "The external validity of experiments", *American Educational Research Journal*, vol. 5, no. 4, pp. 437–474, 1968.

[BRA 73] BRANDT T., DICHGANS J., KOENIG E., "Differential effects of central versus peripheral vision on egocentric and exocentric motion perception", *Experimental Brain Research*, vol. 16, no. 5, pp. 476–491, 1973.

[BRI 08] BRIDSON R., *Fluid Simulation for Computer Graphics*, A K Peters/CRC Press, September 2008.

[BRO 96] BROOKE J., *"SUS-A quick and dirty usability scale." Usability evaluation in industry*, CRC Press, June 1996.

[BRU 15] BRUNEAU J., OLIVIER A.H., PETTRÉ J., "Going through, going around: a study on individual avoidance of groups", *IEEE Transactions on Visualization and Computer Graphics*, vol. 21, no. 4, pp. 520–528, April 2015.

[BRU 16] BRUDER G., ARGELAGUET F., OLIVIER A.-H. *et al.*, "CAVE size matters: effects of screen distance and parallax on distance estimation in large immersive display setups", *PRESENCE: Teleoperators and Virtual Environments*, vol. 25, no. 1, MIT Press, 2016.

[BUR 06a] BURKHARDT J.-M., "Ergonomie, facteurs humains et Réalité Virtuelle", in FUCHS P., MOREAUX G., BERTHOZ A. *et al.* (eds), *Le Traité de la Réalité Virtuelle Vol. 1*, pp. 117–150, Presses de l'école des mines de Paris, Paris, 2006.

[BUR 06b] BURKHARDT J.-M., PLÉNACOSTE P., PERRON L., "Concevoir et évaluer l'interaction Utilisateur-Environnement Virtuel", in FUCHS P., MOREAU G., BURKHARDT J.-M. *et al.* (eds), *Le Traité de la Réalité Virtuelle Vol. 2*, pp. 473–520, Presses de l'école des mines de Paris, Paris, 2006.

[BUR 09] BURKHARDT J.M., DÉTIENNE F., HÉBERT A.M. *et al.*, "An approach to assess the quality of collaboration in technology-mediated design situations", *European Conference on Cognitive Ergonomics: Designing beyond the Product—Understanding Activity and User Experience in Ubiquitous Environments*, Valtion Teknillinen Tutkimuskeskus Symposium, p. 30, 2009.

[CAM 63] CAMPBELL D.T., STANLEY J.C., "Experimental and quasi-experimental designs for research on teaching", in GAGE N.L. (ed.), *Handbook of research on teaching*, pp. 171–

246, Rand McNally, Chicago, 1963.

[CAR 15a] CARNEGIE K., RHEE T., "Reducing visual discomfort with HMDs using dynamic depth of field", *IEEE Computer Graphics and Applications*, vol. 35, no. 5, pp. 34–41, 2015.

[CAR 15b] CAROUX L., ISBISTER K., LE BIGOT L. *et al.*, "Player-video game interaction: A systematic review of current concepts", *Computers in Human Behavior*, vol. 48, pp. 366–381, 2015.

[CAS 16] CASSOL V., OLIVEIRA J., MUSSE S.R. *et al.*, "Analyzing egress accuracy through the study of virtual and real crowds", *2016 IEEE Virtual Humans and Crowds for Immersive Environments (VHCIE)*, pp. 1–6, March 2016.

[CHE 16] CHEN K.-Y., PATEL S.N., KELLER S., "Finexus: tracking precise motions of multiple fingertips using magnetic sensing", *Proceedings of the 2016 CHI Conference on Human Factors in Computing Systems*, CHI'16, New York, USA, ACM, pp. 1504–1514, 2016.

[CHI 12] CHINELLO F., MALVEZZI M., PACCHIEROTTI C. *et al.*, "A three DoFs wearable tactile display for exploration and manipulation of virtual objects", *Proceedings of the Haptics Symposium*, 4–7 March 2012.

[CHU 14] CHU M.L., PARIGI P., LAW K. *et al.*, "Modeling social behaviors in an evacuation simulator", *Computer Animation and Virtual Worlds*, vol. 25, nos. 3–4, pp. 373–382, Wiley Online Library, 2014.

[CIN 05] CINI G., FRISOLI A., MARCHESCHI S. *et al.*, "A novel fingertip haptic device for display of local contact geometry", *Proceedings of the IEEE Worldhaptics Conference*, pp. 602–605, 18–20 March 2005.

[CIR 11a] CIRIO G., MARCHAL M., HILLAIRE S. *et al.*, "Six degrees-of-freedom haptic interaction with fluids", *IEEE Transactions on Visualization and Computer Graphics*, vol. 17, no. 11, pp. 1714–1727, November 2011.

[CIR 11b] CIRIO G., MARCHAL M., HILLAIRE S. *et al.*, "The virtual crepe factory: 6DoF haptic interaction with fluids", *SIGGRAPH Emerging Technologies*, Vancouver, Canada, p. 17, August 2011.

[CIR 13a] CIRIO G., MARCHAL M., LECUYER A. *et al.*, "Vibrotactile Rendering of Splashing Fluids", *EEE Transaction Haptics*, vol. 6, no. 1, pp. 117–122, January 2013.

[CIR 13b] CIRIO G., MARCHAL M., OTADUY M.A. *et al.*, "Six-DoF Haptic Interaction with Fluids, Solids, and their Transitions", *IEEE Worldhaptics Conference*, Daejeon, Korea, April 2013.

[COH 77] COHEN J., *Statistical power analysis for the behavioral sciences*, Academic Press, New York, 2nd edition, 1977.

[COL 95] COLGATE J., STANLEY M., BROWN J., "Issues in the haptic display of tool use", *Proceedings of the IEEE/RSJ International Conference on Intelligent Robots and Systems*, 1995.

[CON 03] CONTI F., BARBAGLI F., BALANIUK R. *et al.*, "The CHAI libraries", *Proceedings of Eurohaptics 2003*, Dublin, Ireland, pp. 496–500, 2003.

[COR 94] CORROYER D., ROUANET H., "Sur l'importance des effets et ses indicateurs dans l'analyse statistique des données", *L'année psychologique*, vol. 94, pp. 607–623, 1994.

[CRU 92] CRUZ-NEIRA C., SANDIN D.J., DEFANTI T.A. *et al.*, "The CAVE: audio visual experience automatic virtual environment", *Communications of the ACM*, vol. 35, no. 6, pp. 64–72, ACM, June 1992.

[CUI 12] CUI X., SHI H., "An overview of pathfinding in navigation mesh", *IJCSNS*, vol. 12, no. 12, p. 48, 2012.

[CUR 16] CURTIS S., BEST A., MANOCHA D., "Menge: A modular framework for simulating crowd movement", *Collective Dynamics*, vol. 1, pp. 1–40, 2016.

[CUT 89] CUTKOSKY M., "On grasp choice, grasp models, and the design of hands for manufacturing tasks", *IEEE Transactions on Robotics and Automation*, vol. 5, no. 3, pp. 269–279, June 1989.

[DAA 94] DAAMS B.J., *Human Force Exertion in User-product Interaction: Backgrounds for Design*, Delft University Press, 1994.

[DON 09] DONIKIAN S., MAGNENAT-THALMANN N., PETTRÉ J. *et al.*, "Course: Modeling Individualities in Groups and Crowds", MUSETH K., WEISKOPF D. (eds), *Eurographics 2009 - Tutorials*, The Eurographics Association, 2009.

[DOS 05] DOSTMOHAMED H., HAYWARD V., "Trajectory of contact region on the fingerpad gives the illusion of haptic shape", *Experimental Brain Research*, vol. 164, pp. 387–394, 2005.

[DRA 01] DRAPER M.H., VIIRRE E.S., FURNESS T.A. *et al.*, "Effects of image scale and system time delay on simulator sickness within head-coupled virtual environments", *Human Factors: The Journal of the Human Factors and Ergonomics Society*, vol. 43, no. 1, pp. 129–146, 2001.

[DUH 01] DUH H.B.-L., LIN J.J.-W., KENYON R.V. *et al.*, "Effects of field of view on balance in an immersive environment", *IEEE Virtual Reality*, pp. 1–7, 2001.

[DUI 13] DUIVES D.C., DAAMEN W., HOOGENDOORN S.P., "State-of-the-art crowd motion simulation models", *Transportation Research Part C: Emerging Technologies*, Elsevier, vol. 37, pp. 193–209, 2013.

[DUR 04] DURSO F.T., DATTEL A.R., "SPAM: the real-time assessment of SA", in BANBURY S., TREMBLAY S. (eds), *A Cognitive approach to situation awareness: theory and application*, pp. 137–154, Ashgate, Hampshire, UK, 2004.

[DUR 06] DURIEZ C., DUBOIS F., KHEDDAR A. *et al.*, "Realistic haptic rendering of interacting deformable objects in virtual environments", *IEEE Transactions on Visualization and Computer Graphics*, vol. 12, no. 1, pp. 36–47, January 2006.

[DUR 15] DURUPINAR F., GUDUKBAY U., AMAN A. *et al.*, "Psychological parameters for crowd simulation: from audiences to mobs.", *IEEE Transactions on Visualization and Computer Graphics*, vol. 22, no. 9, pp. 2145–2159, 2015.

[EMM 11] VAN EMMERIK M.L., VRIES S. C.D., BOS J.E., "Internal and external fields of view affect cybersickness", *Displays*, Elsevier B.V., vol. 32, no. 4, pp. 169–174, 2011.

[EMO 05] EMOTO M., NIIDA T., OKANO F., "Repeated vergence adaptation causes the decline of visual functions in watching stereoscopic television", *Journal of Display*

Technology, vol. 1, no. 2, pp. 328–340, 2005.

[FAN 09] FANG H., XIE Z., LIU H., "An exoskeleton master hand for controlling DLR/HIT hand", *Proceedings of the IEEE/RSJ International Conference on Intelligent Robots and Systems*, pp. 2153–0858, 10–15 October 2009.

[FEI 09] FEIX T., PAWLIK R., SCHMIEDMAYER H.B. *et al.*, "A comprehensive grasp taxonomy", *Proceedings of Robotics, Science and Systems Conference: Workshop on Understanding the Human Hand for Advancing Robotic Manipulation*, 2009.

[FLI 08] FLIN R., O'CONNOR P., CRICHTON M., *Safety at the sharp end: a guide to non-technical skills*, Ashgate Publishing, 2008.

[FRE 14] FREY J., GERVAIS R., FLECK S. *et al.*, "Teegi: tangible EEG interface", *Proceedings of the 27th Annual ACM Symposium on User Interface Software and Technology*, UIST'14, New York, USA, ACM, pp. 301–308, 2014.

[FUC 05] FUCHS P., MOREAU G. (eds), *Le Traité de la Réalité Virtuelle*, Les Presses de l'Ecole des Mines, Paris, 3rd edition, March 2005.

[FUC 09] FUCHS P., MOREAU G., DONIKIAN S., *Le traité de la réalité virtuelle Volume 5 - Les humains virtuels*, Les Presses de l'Ecole des Mines, 3rd edition, 2009.

[GAB 99] GABBARD J.L., HIX D., SWAN II J.E., "User-centered design and evaluation of virtual environments", *IEEE Computer Graphics and Applications*, vol. 19, pp. 51–59, 1999.

[GAN 16] GANDRUD J., INTERRANTE V., "Predicting destination using head orientation and gaze direction during locomotion in VR", *Proceedings of the ACM Symposium on Applied Perception*, SAP'16, New York, USA, ACM, pp. 31–38, 2016.

[GAO 03] GAO X.-S., HOU X.-R., TANG J. *et al.*, "Complete solution classification for the perspective-three-point problem", *IEEE Transactions on Pattern Analysis and Machine Intelligence*, vol. 25, no. 8, pp. 930–943, 2003.

[GAR 08] GARREC P., FRICONNEAU J., MÉASSON Y. *et al.*, "ABLE, an innovative transparent exoskeleton for the upper-limb", *Proceedings of the IEEE/RSJ International Conference on Intelligent Robots and Systems*, pp. 1483–1488, 22–26 September 2008.

[GIR 16] GIRARD A., MARCHAL M., GOSSELIN F. *et al.*, "HapTip: displaying haptic shear forces at the fingertips for multi-finger interaction in virtual environments", *Frontiers in ICT*, vol. 3, April 2016.

[GIU 10] GIUNTINI T., FERLAY F., BOUCHIGNY S. *et al.*, "Design of a new vibrating handle for a bone surgery multimodal training platform", *Proceedings of the 12th International Conference on New Actuators*, pp. 602–605, 14–16 June 2010.

[GLO 10] GLONDU L., MARCHAL M., DUMONT G., "Evaluation of physical simulation libraries for haptic rendering of contacts between rigid bodies", *Proceedings of the ASME 2010 World Conference on Innovative Virtual Reality (WINVR 2010)*, 12–14 May 2010.

[GLO 12] GLONDU L., SCHVARTZMAN S.C., MARCHAL M. *et al.*, "Efficient collision detection for brittle fracture", *Proceedings of the ACM SIGGRAPH/Eurographics Symposium on Computer Animation*, Eurographics Association, pp. 285–294, 2012.

[GON 15] GONZALEZ F., BACHTA W., GOSSELIN F., "Smooth transition-based control of encounter-type haptic devices", *Proceedings of IEEE International Conference on Robotics and Automation*, pp. 291–297, 26–30 May 2015.

[GOR 12] GORLEWICZ J., WEBSTER III R., "A formal assessment of the haptic paddle laboratories in teaching system dynamics", *Proceedings of the Annual Conference of the American Society of Engineering Education*, pp. 25.49.1–25.49.15, 10–13 June 2012.

[GOS 06] GOSSELIN F., ANDRIOT C., FUCHS P., "Les dispositifs matériels des interfaces à retour d'effort", pp. 141–202, Presses de l'Ecole des Mines, February 2006.

[GOS 12] GOSSELIN F., "Guidelines for the design of multi-finger haptic interfaces for the hand", *Proceedings of the 19th CISM-IFToMM RoManSy Symposium*, pp. 167–174, 12–15 June 2012.

[GOS 13] GOSSELIN F., BOUCHIGNY S., MÉGARD C. *et al.*, "Haptic systems for training sensorimotor skills: a use case in surgery", *Robotics and Autonomous Systems*, vol. 61, pp. 380–389, April 2013.

[GRO 07] GROSSMAN T., WIGDOR D., "Going Deeper: a Taxonomy of 3D on the Tabletop", *IEEE TABLETOP '07*, pp. 137–144, 2007.

[GUG 17] GUGENHEIMER J., STEMASOV E., FROMMEL J. *et al.*, "ShareVR: enabling co-located experiences for virtual reality between HMD and non-HMD users", *Proceedings of the 2017 CHI Conference on Human Factors in Computing Systems*, CHI'17, New York, USA, ACM, pp. 4021–4033, 2017.

[HAL 15] HALE K.S., STANNEY K.M., *Handbook of Virtual Environments: Design, Implementation, and Applications*, CRC Press, 2015.

[HAP 16] HAPPICH J., "Feeling virtual objects at your fingertips", *Electronic Engineering Times Europe*, pp. 24–25, 2016.

[HAR 11] HARRISON C., BENKO H., WILSON A.D., "OmniTouch: wearable multitouch interaction everywhere", *Proceedings of the 24th Annual ACM Symposium on User Interface Software and Technology*, UIST'11, New York, USA, ACM, pp. 441–450, 2011.

[HAW 15] HAWORTH B., USMAN M., BERSETH G. *et al.*, "Evaluating and optimizing level of service for crowd evacuations", *Proceedings of the 8th ACM SIGGRAPH Conference on Motion in Games*, MIG'15, New York, USA, ACM, pp. 91–96, 2015.

[HE 16] HE L., PAN J., NARANG S. *et al.*, "Dynamic group behaviors for interactive crowd simulation", *Proceedings of the ACM SIGGRAPH/Eurographics Symposium on Computer Animation*, SCA'16, Eurographics Association, Aire-la-Ville, Switzerland, pp. 139–147, 2016.

[HEL 10] HELD R.T., COOPER E.A., O'BRIEN J.F. *et al.*, "Using blur to affect perceived distance and size", *ACM Transactions on Graphics*, vol. 29, no. 2, 2010.

[HER 94] HERNDON K.P., VAN DAM A., GLEICHER M., "The challenges of 3D interaction: a CHI'94 workshop", *SIGCHI Bulletin*, ACM, vol. 26, no. 4, pp. 36–43, 1994.

[HIN 94] HINCKLEY K., PAUSCH R., GOBLE J.C. *et al.*, "A survey of design issues in spatial input", *UIST '94: Proceedings of the 7th ACM Symposium on User Interface Software and Technology*, pp. 213–222, 1994.

[HIR 92] HIRATA Y., SATO M., "3-dimensional interface device for virtual work space",

Proceedings of IEEE/RSJ International Conference on Intelligent Robots and Systems, pp. 889–896, 7–10 July 1992.

[HOA 16] HOAREAU C., Elaboration et évaluation de recommandations ergonomiques pour le guidage de l'apprenant en EVAH : Application à l'apprentissage de procédure dans le domaine biomédical, PhD thesis, University of Western Brittany, 2016.

[HOR 06] HORNBÆK K., "Current practice in measuring usability: Challenges to usability studies and research", *International Journal of Human-Computer Studies*, vol. 64, no. 2, pp. 79–102, February 2006.

[HOS 94] HOSHINO H., HIRATA R., MAEDA T. *et al.*, "A construction method for virtual haptic space", *Proceedings of the International Conference on Artificial Reality and Tele-Existence*, pp. 131–138, 1994.

[HU 14] HU X., HUA H., "High-resolution optical see-through multi-focal- plane head-mounted display using freeform optics", *Optic Express*, vol. 22, no. 11, pp. 13896–13903, 2014.

[HUB 93] HUBBARD P.M., "Interactive collision detection", *Virtual Reality, 1993. Proceedings of the IEEE 1993 Symposium on Research Frontiers in*, IEEE, pp. 24–31, 1993.

[INA 00] INAMI M., KAWAKAMI N., SEKIGUCHI D. *et al.*, "Visuo-haptic display using head-mounted projector", *Proceedings - Virtual Reality Annual International Symposium*, IEEE, pp. 233–240, 2000.

[JAK 16] JAKLIN N., On weighted regions and social crowds: autonomous-agent navigation in virtual worlds, PhD thesis, Utrecht University, 2016.

[JEN 00] JENNINGS S., CRAIG G., REID L. *et al.*, "The effect of visual system time delay on helicopter control", *Proceedings of the Human Factors and Ergonomics Society Annual Meeting*, vol. 44, no. 13, pp. 69–72, 2000.

[JEN 04] JENNINGS S., REID L.D., CRAIG G. *et al.*, "Time delays in visually coupled systems during flight test and simulation", *Journal of Aircraft*, vol. 41, no. 6, pp. 1327–1335, American Institute of Aeronautics and Astronautics, November 2004.

[JOH 07] JOHANSSON R.S., FLANAGAN J.R., "Tactile sensory control of object manipulation in humans", in GARDNER E., KAAS J.H. (eds), *The Senses: a Comprehensive Reference*, vol. 6, Elsevier, December 2007.

[JON 06] JONES L.A., LEDERMAN S.J., *Human Hand Function*, Oxford University Press, 2006.

[JON 13] JONES B.R., BENKO H., OFEK E. *et al.*, "IllumiRoom: Peripheral Projected Illusions for Interactive Experiences", *Proceedings of the SIGCHI Conference on Human Factors in Computing Systems*, CHI '13, New York, USA, ACM, pp. 869–878, 2013.

[JON 14] JONES B., SODHI R., MURDOCK M. *et al.*, "RoomAlive: magical experiences enabled by scalable, adaptive projector-camera units", *Proceedings of the 27th Annual ACM Symposium on User Interface Software and Technology*, UIST '14, New York, USA, ACM, pp. 637–644, 2014.

[JOR 15a] JORDAO K., Interactive design and animation of crowds for large environments, PhD thesis, INSA Rennes, 2015.

[JOR 15b] JØRGENSEN C., Scheduling activities under spatial and temporal constraints to populate virtual urban environments, PhD thesis, University of Rennes 1, France, 2015.

[JUL 01] JULIER S., FEINER S., ROSENBLUM L., "Mobile Augmented Reality: a Complex Human-Centered System", in *Frontiers of Human-Centered Computing, Online Communities and Virtual Environment* pp. 67–79, Springer London, 2001.

[KAL 14] KALLMANN M., KAPADIA M., "Navigation meshes and real-time dynamic planning for virtual worlds", *ACM SIGGRAPH 2014 Courses*, ACM, p. 3, 2014.

[KAR 14] KARAMOUZAS I., SKINNER B., GUY S.J., "Universal Power Law Governing Pedestrian Interactions", *Physics Review Letter*, American Physical Society, vol. 113, p. 238701, December 2014.

[KEN 93] KENNEDY R.S., LANE N.E., BERBAUM K.S. *et al.*, "Simulator sickness questionnaire: an enhanced method for quantifying simulator sickness", *The International Journal of Aviation Psychology*, vol. 3, no. 3, pp. 203–220, 1993.

[KES 04] KESHAVARZ B., HECHT H., MAINZ J. G.-U., "Validating an efficient method to quantify motion sickness", *Human Factors*, vol. 53, no. 4, pp. 415–426, 2004.

[KES 15] KESHAVARZ B., RIECKE B.E., HETTINGER L.J. *et al.*, "Vection and visually induced motion sickness: How are they related?", *Frontiers in Psychology*, vol. 6, no. APR, pp. 1–11, 2015.

[KIJ 97] KIJIMA R., OJIKA T., "Transition between virtual environment and workstation environment with projective head mounted display", *Virtual Reality Annual International Symposium, IEEE 1997*, pp. 130–137, March 1997.

[KIM 15] KIM J., CHUNG C. Y.L., NAKAMURA S. *et al.*, "The Oculus Rift: A cost-effective tool for studying visual-vestibular interactions in self-motion perception", *Frontiers in Psychology*, vol. 6, no. MAR, pp. 1–7, 2015.

[KIN 10] KING H.H., DONLIN R., HANNAFORD B., "Perceptual thresholds for single vs. multi-finger haptic interaction", *Proceedings of the IEEE Haptics Symposium*, pp. 95–99, September 2010.

[KO 13] KO S.M., CHANG W.S., JI Y.G., "Usability principles for augmented reality applications in a smartphone environment", *International Journal of Human-Computer Interaction*, vol. 29, no. 8, pp. 501–515, August 2013.

[KOC 07] KOCKARA S., HALIC T., IQBAL K. *et al.*, "Collision detection: A survey", *ISIC. IEEE International Conference on Systems, Man and Cybernetics, 2007*, IEEE, pp. 4046–4051, 2007.

[KOK 16] KOK V.J., LIM M.K., CHAN C.S., "Crowd behavior analysis: A review where physics meets biology", *Neurocomputing*, Elsevier, vol. 177, pp. 342–362, 2016.

[KON 16] KONRAD R., COOPER E.A., WETZSTEIN G., "Novel optical configurations for virtual reality: evaluating user preference and performance with focus-tunable and monovision near-eye displays", *Proceedings of the 2016 CHI Conference on Human Factors in Computing Systems*, CHI'16, New York, USA, ACM, pp. 1211–1220, 2016.

[KOU 15] KOUROUTHANASSIS P.E., BOLETSIS C., LEKAKOS G., "Demystifying the design of mobile augmented reality applications", *Multimedia Tools and Applications*, vol. 74, no. 3, pp. 1045–1066, February 2015.

[KRA 14] KRASULA L., FLIEGEL K., LE CALLET P. et al., "Objective evaluation of naturalness, contrast, and colorfulness of tone-mapped images", TESCHER A.G. (ed.), *Applications of Digital Image Processing XXXVII*, SPIE, vol. 9217, September 2014.

[KUL 09] KULIK A., "Building on realism and magic for designing 3D interaction techniques", *IEEE Computer Graphics and Applications*, vol. 29, no. 6, pp. 22–33, November 2009.

[LAM 11] LAMBOOIJ M., IJSSELSTEIJN W., BOUWHUIS D.G. et al., "Evaluation of stereoscopic images: beyond 2D quality", *IEEE Transactions on Broadcasting*, vol. 57, no. 2, pp. 432–444, 2011.

[LAU 10] LAUTERBACH C., MO Q., MANOCHA D., "gProximity: hierarchical GPU-based operations for collision and distance queries", *Computer Graphics Forum*, vol. 29, no. 2, pp. 419–428, 2010.

[LAV 17] LAVIOLA J.J., KRUIJFF E., MCMAHAN R. et al., *3D User Interfaces: Theory and Practice*, 2nd Edition, Addison Wesley, 2017.

[LEC 13] LECUYER A., GEORGE L., MARCHAL M., "Toward adaptive VR simulators combining visual, haptic, and brain-computer interfaces", *IEEE Computer Graphics and Applications*, vol. 33, no. 5, pp. 18–23, 2013.

[LEC 15] LE CHÉNÉCHAL M., CHALMÉ S., DUVAL T. et al., "Toward an enhanced mutual awareness in asymmetric CVE", *Proceedings of the International Conference on Collaboration Technologies and Systems (CTS 2015)*, Atlanta, United States, 2015.

[LEE 16] LEE M.-M., SHIN D.-C., SONG C.-H., "Canoe game-based virtual reality training to improve trunk postural stability, balance, and upper limb motor function in subacute stroke patients: a randomized controlled pilot study", *Journal of Physical Therapy Science*, vol. 28, no. 7, pp. 2019–24, July 2016.

[LEG 07] LE GRAND S., "Broad-phase collision detection with CUDA", *GPU Gems*, vol. 3, pp. 697–721, 2007.

[LEG 16] LE GOC M., KIM L.H., PARSAEI A. et al., "Zooids: building blocks for swarm user interfaces", *Proceedings of the 29th Annual Symposium on User Interface Software and Technology*, UIST '16, New York, USA, ACM, pp. 97–109, 2016.

[LEG 17] LE GOUIS B., LEHERICEY F., MARCHAL M. et al., "Haptic rendering of FEM-based tearing simulation using clusterized collision detection", *IEEE Word Haptics Conference*, Munich, Germany, p. xx, June 2017.

[LEH 15] LEHERICEY F., GOURANTON V., ARNALDI B., "GPU Ray-Traced collision detection: fine pipeline reorganization", *Proceedings of the 10th International Conference on Computer Graphics Theory and Applications (GRAPP'15)*, 2015.

[LEH 16] LEHERICEY F., Ray-traced collision detection: Quest for performance, Thesis, INSA Rennes, September 2016.

[LIN 98] LIN M., GOTTSCHALK S., "Collision detection between geometric models: A survey", *Proceedings of the IMA Conference on Mathematics of Surfaces*, vol. 1, pp. 602–608, 1998.

[LIN 02] LIN J. J.-W., DUH H. B.L., ABI-RACHED H. *et al.*, "Effects of field of view on presence, enjoyment, memory, and simulator sickness in a virtual environment", *Proceedings of the IEEE Virtual Reality Conference 2002*, VR '02, Washington, DC, USA, IEEE Computer Society, p. 164, 2002.

[LIN 08] LIN M.C., OTADUY M., *Haptic Rendering: Foundations, Algorithms and Applications*, A K Peters, Massachusetts, 2008.

[LIU 09] LIU S., HUA H., "Time-multiplexed dual-focal plane head-mounted", *Optical Letters*, vol. 34, no. 11, pp. 1642–1644, 2009.

[LIU 10] LIU F., HARADA T., LEE Y. *et al.*, "Real-time collision culling of a million bodies on graphics processing units", *ACM Transactions on Graphics (TOG)*, vol. 29, no. 6, p. 154, 2010.

[LIV 13] LIVINGSTON M.A., *Human Factors in Augmented Reality Environments*, Springer, New York, 2013.

[LOU 13] LOUP-ESCANDE É., BURKHARDT J.-M., RICHIR S., "Anticiper et évaluer l'utilité dans la conception ergonomique des technologies émergentes: une revue", *Le travail humain*, vol. 76, no. 1, p. 27, 2013.

[LOU 14] LOUP-ESCANDE É., LECUYER A., Towards a user-centred methodological framework for the design and evaluation of applications combining brain-computer interfaces and virtual environments: contributions of ergonomics, Report , INRIA RR-8505, 2014.

[LUK 15] LUKOSCH S., LUKOSCH H., DATCU D. *et al.*, "Providing information on the spot: using augmented reality for situational awareness in the security domain", *Computer Supported Cooperative Work (CSCW)*, vol. 24, no. 6, pp. 613–664, December 2015.

[MAR 86] MARK M.M., "Validity typologies and the logic and practice of quasi-experimentation", *New Directions for Program Evaluation*, vol. 1986, no. 31, pp. 47–66, Wiley, 1986.

[MAR 11] MARCHAL M., PETTRÉ J., LÉCUYER A., "Joyman: A human-scale joystick for navigating in virtual worlds", *IEEE Symposium on 3D User Interfaces, 3DUI 2011, Singapore, 19-20 March, 2011*, pp. 19–26, 2011.

[MAR 14] MARCHAL M., 3D Multimodal Interaction with Physically-based Virtual Environments, University of Rennes 1, November 2014.

[MAR 16] MARTINEZ M., MORIMOTO T., TAYLOR A. *et al.*, "3-D printed haptic devices for educational applications", *Proceedings of the IEEE Haptics Symposium*, pp. 126–133, 8–11 April 2016.

[MEI 07] MEIER A., SPADA H., RUMMEL N., "A rating scheme for assessing the quality of computer-supported collaboration processes", *International Journal of Computer-Supported Collaborative Learning*, vol. 2, no. 1, pp. 63–86, 2007.

[MER 12] MERLHIOT X., LE GARREC J., SAUPIN G., "The XDE mechanical kernel: Efficient and robust simulation of multibody dynamics with intermittent nonsmooth contacts", *Second Joint International Conference on Multibody System Dynamics*, 2012.

[MIK 11] MIKROPOULOS T., NATSIS A., "Educational virtual environments: a ten year review of empirical research (1999–2009)", *Computers & Education*, vol. 56, pp. 769–780, 2011.

[MIL 94] MILGRAM P., KISHINO F., "A taxonomy of mixed reality visual displays", *IEICE Transaction Information Systems*, vol. E77-D, no. 12, pp. 1321–1329, December 1994.

[MIN 07] MINAMIZAWA K., FUKAMACHI S., KAJIMOTO H. *et al.*, "Gravity grabber: wearable haptic display to present virtual mass sensation", *Proceedings of ACM SIGGRAPH, Emerging Technologies*, 5–9 August 2007.

[MOO 17] MOON S.-E., LEE J.-S., "Implicit analysis of perceptual multimedia experience based on physiological response: a review", *IEEE Transactions on Multimedia*, vol. 19, no. 2, pp. 340–353, 2017.

[MOS 11a] MOSS J.D., AUSTIN J., SALLEY J. *et al.*, "The effects of display delay on simulator sickness", *Displays*, Elsevier B.V., vol. 32, no. 4, pp. 159–168, 2011.

[MOS 11b] MOSS J.D., MUTH E.R., "Characteristics of head mounted displays and their effects on simulator sickness", *Human Factors*, vol. 53, no. 3, pp. 308–319, 2011.

[MOU 10] MOUSSAÔD M., PEROZO N., GARNIER S. *et al.*, "The walking behaviour of pedestrian social groups and its impact on crowd dynamics", *PLoS ONE*, Public Library of Science, vol. 5, no. 4, pp. 1–7, 2010.

[NAK 05] NAKAGAWARA S., KAJIMOTO H., KAWAKAMI N. *et al.*, "An encounter-type multi-fingered master hand using circuitous joints", *Proceedings of the IEEE International Conference on Robotics and Automation*, pp. 2667–2672, 18–22 April 2005.

[NAK 16] NAKAGAKI K., VINK L., COUNTS J. *et al.*, "Materiable: rendering dynamic material properties in response to direct physical touch with shape changing interfaces", *Proceedings of the 2016 CHI Conference on Human Factors in Computing Systems*, CHI'16, New York, USA, ACM, pp. 2764–2772, 2016.

[NAV 14] NAVARRO C.A., HITSCHFELD N., "GPU maps for the space of computation in triangular domain problems", *2014 IEEE International Conference on High Performance Computing and Communications, 2014 IEEE 6th International Symposium on Cyberspace Safety and Security, 2014 IEEE 11th International Conference on Embedded Software and Systems (HPCC,CSS,ICESS)*, pp. 375–382, August 2014.

[NEA 06] NEALEN A., MÜLLER M., KEISER R. *et al.*, "Physically based deformable models in computer graphics", *Computer Graphics Forum*, vol. 25, no. 4, pp. 809–836, 2006.

[NEL 00] NELSON W.T., ROE M.M., BOLIA R.S. *et al.*, "Assessing simulator sickness in a see-through HMD: effects of time delay, time on task, and task complexity", *IMAGE 2000 Conference*, 2000.

[OKA 06] OKADA Y., UKAI K., WOLFFSOHN J.S. *et al.*, "Target spatial frequency determines the response to conflicting defocus- and convergence-driven accommodative stimuli", *Vision Research*, vol. 46, no. 4, pp. 475–484, 2006.

[OLI 13] OLIVIER A.-H., MARIN A., CRÉTUAL A. *et al.*, "Collision avoidance between two walkers: Role-dependent strategies", *Gait & Posture*, vol. 38, no. 4, pp. 751–756, 2013.

[OLI 14] OLIVIER A.-H., BRUNEAU J., CIRIO G. et al., "A virtual reality platform to study crowd behaviors", *Transportation Research Procedia*, Elsevier, vol. 2, pp. 114–122, 2014.

[PAB 10] PABST S., KOCH A., STRASSER W., "Fast and scalable *cpu/gpu* collision detection for rigid and deformable surfaces", *Computer Graphics Forum*, vol. 29, no. 5, pp. 1605–1612, 2010.

[PAL 17] PALMISANO S., MURSIC R., KIM J., "Vection and cybersickness generated by head-and-display motion in the Oculus Rift", *Displays*, vol. 46, pp. 1–8, 2017.

[PAR 09] PARIS S., DONIKIAN S., "Activity-driven populace: a cognitive approach to crowd simulation", *IEEE Computer Graphic Apply*, IEEE Computer Society Press, vol. 29, no. 4, pp. 34–43, July 2009.

[PEJ 16] PEJSA T., KANTOR J., BENKO H. et al., "Room2Room: enabling life-size telepresence in a projected augmented reality environment", *Proceedings of the 19th ACM Conference on Computer-Supported Cooperative Work & Social Computing*, CSCW '16, New York, USA, ACM, pp. 1716–1725, 2016.

[PEL 16] PELECHANO N., FUENTES C., "Hierarchical path-finding for Navigation Meshes (HNA*)", *Computers & Graphics*, vol. 59, pp. 68–78, 2016.

[PET 12] PETTRÉ J., WOLINSKI D., OLIVIER A.-H., "Velocity-based models for crowd simulation", *Conference on Pedestrian and Evacuation Dynamics*, 2012.

[POU 16] POUPYREV I., GONG N.-W., FUKUHARA S. et al., "Project Jacquard: Interactive Digital Textiles at Scale", *Proceedings of the 2016 CHI Conference on Human Factors in Computing Systems*, CHI '16, New York, USA, ACM, pp. 4216–4227, 2016.

[RAS 98a] RASKAR R., WELCH G., FUCHS H., "Seamless projection overlaps using image warping and intensity blending", *Fourth International Conference on Virtual Systems and Multimedia*, 1998.

[RAS 98b] RASKAR R., WELCH G., FUCHS H., "Spatially augmented reality", *First IEEE Workshop on Augmented Reality (IWAR'98)*, pp. 11–20, 1998.

[REB 16] REBENITSCH L., OWEN C., "Review on cybersickness in applications and visual displays", *Virtual Reality*, vol. 20, no. 2, pp. 101–125, 2016.

[RIE 11] RIES B.T., Facilitating effective virtual reality for architectural design, PhD thesis, University of Minnesota, 2011.

[RIO 14] RIO K.W., RHEA C.K., WARREN W.H., "Follow the leader: Visual control of speed in pedestrian following", *Journal of vision*, vol. 14, no. 2, p. 4, 2014.

[ROL 82] ROLFE J., CARO P., "Determining the training effectiveness of flight simulators: Some basic issues and practical developments", *Applied Ergonomics*, vol. 13, no. 4, pp. 243–250, December 1982.

[ROL 95] ROLLAND J.P., HOLLOWAY R.L., FUCHS H., "Comparison of optical and video see-through, head-mounted displays", *Proceedings of SPIE*, vol. 2351, pp. 293–307, 1995.

[SAN 14] SANTOS M. E.C., TAKETOMI T., SANDOR C. et al., "A usability scale for handheld augmented reality", *Proceedings of the 20th ACM Symposium on Virtual Reality Software and Technology - VRST '14*, New York, USA, ACM Press, pp. 167–176, 2014.

[SCH 01] SCHUBERT T., FRIEDMANN F., REGENBRECHT H., "The experience of presence:

factor analytic insights", *Presence: Teleoperators and Virtual Environments*, vol. 10, no. 3, pp. 266–281, June 2001.

[SCH 14] SCHMETTOW M., BACH C., SCAPIN D., "Optimizing usability studies by complementary evaluation methods", *Proceedings of the 28th International BCS Human Computer Interaction Conference on HCI 2014 - Sand, Sea and Sky - Holiday HCI*, BCS-HCI '14, UK, BCS, pp. 110–119, 2014.

[SEA 02] SEAY A.F., KRUM D.M., HODGES L. *et al.*, "Simulator sickness and presence in a high field-of-view virtual environment", *CHI '02 Extended Abstracts on Human Factors in Computing Systems*, CHI EA'02, New York, USA, ACM, pp. 784–785, 2002.

[SKE 13] SKEDUNG L., ARVIDSSON M., CHUNG J.Y. *et al.*, "Feeling small: exploring the tactile perception limits", *Nature Scientific Reports*, vol. 3, September 2013.

[SLA 94] SLATER M., USOH M., STEED A., "Depth of presence in virtual environments", *Presence: Teleoperators and Virtual Environments*, vol. 3, no. 2, pp. 130–144, January 1994.

[SNO 74] SNOW R.E., "Representative and quasi-representative designs for research on teaching", *Review of Educational Research*, vol. 44, no. 3, pp. 265–291, 1974.

[SPE 06] SPERANZA F., TAM W.J., RENAUD R. *et al.*, "Effect of disparity and motion on visual comfort of stereoscopic images", *Proccedings of SPIE*, vol. 6055, 2006.

[ST 15] ST. PIERRE M.E., BANERJEE S., HOOVER A.W. *et al.*, "The effects of 0.2 Hz varying latency with 20-100 ms varying amplitude on simulator sickness in a helmet mounted display", *Displays*, vol. 36, pp. 1–8, 2015.

[STA 97] STANNEY K.M., KENNEDY R.S., DREXLER J.M., "Cybersickness is not simulator sickness", *Proceedings of the Human Factors and Ergonomics Society Annual Meeting*, vol. 41, no. 2, pp. 1138–1142, 1997.

[STA 98] STANNEY K.M., MOURANT R.R., KENNEDY R.S., "Human factors issues in virtual environments: A review of the literature", *Presence: Teleoperators and Virtual Environments*, vol. 7, no. 4, pp. 327–351, 1998.

[STA 03] STANNEY K.M., MOLLAGHASEMI M., REEVES L. *et al.*, "Usability engineering of virtual environments (VEs): identifying multiple criteria that drive effective VE system design", *International Journal of Human-Computer Studies*, vol. 58, no. 4, pp. 447–481, April 2003.

[TAL 15] TALVAS A., MARCHAL M., DURIEZ C. *et al.*, "Aggregate constraints for virtual manipulation with soft fingers", *IEEE Transactions on Visualization and Computer Graphics*, vol. 21, no. 4, pp. 452–461, 2015.

[TAN 94] TAN H.Z., SRINIVASAN M.A., EBERMAN B. *et al.*, "Human factors for the design of force-reflecting haptic interfaces", *Proceedings of the 3rd International Symposium on Haptic Interfaces for Virtual Environment and Teleoperator Systems*, pp. 353–359, 1994.

[TAN 11] TANG M., MANOCHA D., LIN J. *et al.*, "Collision-streams: fast GPU-based collision detection for deformable models", *Symposium on interactive 3D graphics and games*, ACM, pp. 63–70, 2011.

[TES 05] Teschner M., Kimmerle S., Heidelberger B. et al., "Collision detection for deformable objects", *Computer Graphics Forum*, vol. 24, no. 1, pp. 61–81, 2005.

[TIN 14] Tinwell A., "The Uncanny Valley in Games and Animation", 2014.

[TOE 08] Toet A., Vries S. C.D., Emmerik M. L.V. et al., "Cybersickness and Desktop Simulations: Field of View Effects and User Experience", *SPIE Enhanced and Synthetic Vision*, vol. 6957, 2008.

[TRE 14] Trescak T., Simoff S., Bogdanovych A., "Populating virtual cities with diverse physiology driven crowds of intelligent agents", *Social Simulation Conference*, 2014.

[TRO 03] Tromp J.G., Steed A., Wilson J.R., "Systematic Usability Evaluation and Design Issues for Collaborative Virtual Environments", *Presence: Teleoperators and Virtual Environments*, vol. 12, no. 3, pp. 241–267, 2003.

[TSA 05] Tsagarakis N.G., Horne T., Caldwell D.G., "SLIP AESTHEASIS: A Portable 2D Slip/Skin Stretch Display for the Fingertip", *Proceedings of the IEEE World Haptics Conference*, pp. 214–219, 18–20 March 2005.

[TSE 14] Tsetserukou D., Hosokawa S., Terashima K., "LinkTouch: a wearable haptic device with five-bar linkage mechanism for presentation of two-DOF force feedback at the fingerpad", *Proceedings of the IEEE Haptics Symposium*, 23–26 February 2014.

[URV 13a] Urvoy M., Barkowsky M., Le P., "How visual fatigue and discomfort impact 3D-TV Quality of Experience: a comprehensive review of technological, psychophysical and psychological factors", *Annals of Telecommunications*, vol. 68, nos. 11–12, pp. 641–655, 2013.

[URV 13b] Urvoy M., Barkowsky M., Li J. et al., "Confort et fatigue visuels de la restitution stéréoscopique", in Lucas L., Loscos C., Remion Y. (eds), *Vidéo 3D: Capture, traitement et diffusion*, pp. 309–329, Lavoisier, 2013.

[VAN 15] Van Toll W., Geraerts R., "Dynamically pruned A* for re-planning in navigation meshes", *2015 IEEE/RSJ International Conference on Intelligent Robots and Systems (IROS)*, IEEE, pp. 2051–2057, 2015.

[WAN 10] Wang Q., Hayward V., "Biomechanically optimized distributed tactile transducer based on lateral skin deformation", *The International Journal of Robotics Research*, vol. 29, pp. 323–335, April 2010.

[WAN 11] Wang J., Barkowsky M., Ricordel V. et al., "Quantifying how the combination of blur and disparity affects the perceived depth", *SPIE Electronic Imaging*, 2011.

[WEB 03] Webb N.A., Griffin M.J., "Eye movement, vection, and motion sickness with foveal and peripheral vision.", *Aviation Space and Environmental Medicine*, vol. 74, 2003.

[WEL 11] Weller R., Zachmann G., "*Inner sphere trees and their application to collision detection*", pp. 181–201, Springer Vienna, 2011.

[WIL 96] Wildzunas R.M., Barron T.L., Wiley R.W., "Visual display delay effects on pilot performance", *Aviation Space and Environmental Medicine*, vol. 67, no. 3, pp. 214–221, 1996.

[WIT 98] WITMER B.G., SINGER M.J., "Measuring presence in virtual environments: a presence questionnaire", *Presence: Teleoperators and Virtual Environments*, vol. 7, no. 3, pp. 225–240, June 1998.

[WOL 16] WOLINSKI D., Microscopic Crowd Simulation: Evaluation and Development of Algorithms, PhD thesis, University of Rennes 1, France, 2016.

[WRZ 12] WRZESIEN M., BURKHARDT J.-M., BOTELLA C. *et al.*, "Evaluation of the quality of collaboration between the client and the therapist in phobia treatments", *Interacting with Computers*, vol. 24, no. 6, pp. 461–471, November 2012.

[YAN 02] YANO S., IDE S., MITSUHASHI T. *et al.*, "A study of visual fatigue and visual comfort for 3D HDTV / HDTV images", *Displays*, vol. 23, no. 4, pp. 191–201, 2002.

[YAN 04] YANO S., EMOTO M., MITSUHASHI T., "Two factors in visual fatigue caused by stereoscopic HDTV images", *Displays*, vol. 25, no. 4, pp. 141–150, 2004.

[YAO 10] YAO H.-Y., HAYWARD V., "Design and analysis of a recoil-type vibrotactile transducer", *Journal of the Acoustical Society of America*, vol. 128, pp. 619–627, August 2010.

[YOK 05] YOKOKOHJI Y., MURAMORI N., SATO Y. *et al.*, "Designing an encountered-type haptic display for multiple fingertip contacts based on the observation of human grasping behaviors", *The International Journal of Robotics Research*, vol. 24, pp. 717–729, September 2005.

[YOS 99] YOSHIKAWA T., NAGURA A., "A three-dimensional touch/force display system for haptic interface", *Proceedings of the IEEE International Conference on Robotics and Automation*, pp. 2943–2951, 10–15 May 1999.

[ZHO 10] ZHOU S., CHEN D., CAI W. *et al.*, "Crowd modeling and simulation technologies", *ACM Transactions on Modeling and Computer Simulation (TOMACS)*, vol. 20, no. 4, p. 20, 2010.

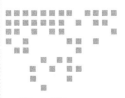

Chapter 4 第 4 章

面向与世界更加紧密相连的 VE

Géry CASIEZ, Xavier GRANIER, Martin HACHET, Vincent LEPETIT,
Guillaume MOREAU 和 Olivier NANNIPIERI

多年来，人们已经清楚地认识到，虚拟环境（VE）的成功使用存在很多挑战，虚拟环境不仅要在与真实世界平行时具备合理性，而且在与真实世界关联时也要合乎逻辑。我们首先讨论虚拟环境的真实性，无论是用图形还是行为术语，并讨论了与虚拟环境中的学习转移到现实世界有关的问题。必须指出的是，正在出现的主要问题是整合现实世界和虚拟世界：这不仅在建模现实世界以整合到虚拟世界中是一个问题，而且在形式上这两个世界重叠，使单一世界的出现也成为一个问题。这是增强现实的内容之一。虽然本章概述了增强现实的当前状态，但我们注意到，以下大部分章节也可以用于解释其他被用于连接 VE 与现实世界的技术上。

本章首先研究了姿势计算（可用于在沉浸式空间中定位用户或模拟真实世界）、增强现实中的交互以及结合真实和虚拟元素的环境中的存在概念。然后，我们继续讨论与触觉表面进行 3D 交互的概念，这一概念虽然确实适用于 AR，但也可以推广到其他触觉表面，如平板电脑或智能手机。

4.1　AR 的"艰难"科学挑战

4.1.1　选择显示设备

增强现实技术得益于显示技术的改进，包括分辨率、对比度和刷新率。根据 Bimber

和 Raskar 提出的增强现实显示设备分类法［BIM 06］，显示装置可以是头戴式（例如 HMD）或手持式（例如手机）的。使用的屏幕可能是半透明的，就像谷歌眼镜、微软 HoloLens 或 HUD（平视显示器）一样，也可能是不透明的，如手机或数字平板电脑。

当屏幕不透明时，真实环境由摄像机拍摄然后显示在屏幕上，增强部分直接覆盖在图像上。某些 HMD（头戴式显示器）［ROL 95］配备不透明屏幕和摄像头以捕捉真实环境并模拟透明度。这类耳机的局限性在于视频采集和屏幕恢复之间有延迟、视野有限以及空间分辨率和亮度有损失。

当屏幕半透明时，通过透明度看到真实的环境增强显示在屏幕上。因此，为了弥补不透明 HMD 的局限性，其他 HMD 由位于用户眼前的半反射幻灯片组成。因此，用户可以通过透明界面同时观察真实环境，并通过幻灯片上的反射来增强可视化效果。这些系统的局限性在于视野更为有限，增强和调节问题的亮度较低（真实和虚拟物体不在同一深度）。在本书出版的时候，关于微软 HoloLens（一种半透明的 HMD，见图 4.1）以及尚未上市的 Meta 2 的讨论最多。

图 4.1　微软 HoloLens 增强现实耳机
（©WikiMedia）

HMPD（头戴式投影显示器）［INA 00］是投影式耳机。它们需要使用靠近用户头部的投影仪，以及环境中布置的反光设备。增强部分由投影仪投射，通过这些反光材料反射给用户。与 HMD 不同，这里的图像是直接在真实环境中形成的，这使得减少贮存问题成为可能［BIM 06］。由于采用了反光材料，因此也减少了亮度和视野方面的问题。PHMD（投影头戴式显示器）［KIJ 97］使用镜子对投影图像进行重定向。

这些系统的可行性与内置技术的发展密切相关（例如屏幕和投影仪的小型化）。必须注意的是，当在明亮的环境中使用时这些系统无法提供黑色图像。实际上，黑色图像意味着只使用透明度。然而，这些系统通常涉及每个用户拥有一个个人显示设备（有时是共享的），该设备引入了一个与真实 / 虚拟环境交互的中间媒介。

空间增强现实最初由［RAS 98b］提出，例如通过使用视频投影仪，可以在不需要屏幕的情况下增强真实环境。这种增强直接投射到真实物体的表面，因此它自然是一个多用户系统（与 HMDP 和 PHMD 不同）。实际上，一些用户可能同时观察到对象的增强，因为这在现实世界中是可以发现的。这使得人们可以设想协作体验，例如，在协作体验中用户交互对所有用户都是自然可见的。通过扩展现实 – 虚拟连续性（见图 3.14），空间增强现实更接近真实环境。然而，目前可视化的增强对于所有用户都是相同的（与HMPD 和 PHMD 不同）。

增强空间现实经常用于声光秀。在这种情况下，它通常被称为投影映射。投影面通常是大的表面，比如建筑物。考虑到所涉及的规模和复杂性，有必要使用多台视频投影机。然后必须使用光学设备或数字设备［RAS 98a］对投影仪之间的重叠区域和差异进行补偿，以避免观众区分出每个投影仪的图像。

最近，我们看到了人们在日常生活中对将显示器集成到表面这种技术的狂热（例如墙壁、窗户、电子产品）。然而，这些屏幕技术目前能力有限（例如刚度、厚度）。在这种情况下，空间增强现实被用作传统屏幕的替代，能够模拟几何复杂的显示器。Harrison等人［HAR 11］提供一种移动和个人的方法，用于将个人信息直接显示到用户身体上。已经提出了几种方法进行远程呈现［PEJ 16］或扩大屏幕周围的区域［JON 13，BEN 15］。使用深度信息系统（例如 Microsoft Kinect）和一个或多个视频投影仪，还可以使用各种投影支持（木板、墙壁、人体）来模拟视角的渲染［BEN 14、JON 14］。如图 4.2 所示，从著名的隐形斗篷 Inami 的演示中可以看出，视觉环境完全被改变了。该演示还提供了更为重要的应用，如透明驾驶舱，这将提高驾驶员的可视性［TAC 14］。

图 4.2　根据观察者的视角调整投影：2003 年 Tachi Lab 光学伪装演示［INA 03］

4.1.2　空间定位

正如 3.2.2 节所讨论的，基于图像的定位与其他空间定位技术相比具有多个优势，并且已经在最近的 AR 解决方案中使用，如 Google 的 ProjectTango、Microsoft 的 Hololens 和 PTC 的 VuForia。

实际上，有两种方法可以解决空间定位问题：一个使用绝对姿势，另一个使用相对姿势。这两种方法都存在问题、技术解决方案和非常不同的应用。为了理解它们之间的区别，我们考虑图 4.3。对于左侧的应用程序，我们希望帮助用户修复对象。此处的虚拟元素是在与盒子关联的标记中定义的。要渲染这些元素，我们必须知道它们在相机帧中的位置。正如我们在 3.2.2 节开始时所解释的，解决方案是使用链接到盒子的相同标记来计算相机的姿势。这是绝对姿势，因为它计算固定帧中的姿势，预告知道这里是个盒子。它需要事先获得有关对象或场景的知识，例如它们的 3D 几何体或外观。

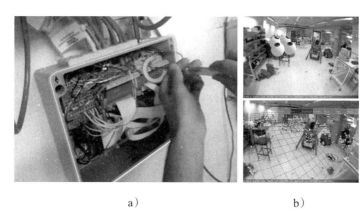

a)　　　　　　　　　　　　　b)

图 4.3　绝对和相对姿势。a）绝对姿势计算实现了插入虚拟片段，但相对于真实场景至少需要具有几何数据参考。b）相对姿态计算更容易实现，因为它直接以基本体（本例中为点）的形式估计场景的几何体。但是，这只允许在依赖会话的标记中插入虚拟元素，因此每次都不同

　　计算相对姿势的方法估计场景的 3D 几何体，而不是姿势本身。这被称为 SLAM（同时定位和映射）。如图 4.3b 所示，该几何体能以基本体的形式找到，例如 3D 点。通常，在这种方法中用户必须定义希望插入虚拟元素的位置。这对于在 AR 中可视化 3D 模型很有用。例如，与虚拟现实不同，它不会与现实世界失去联系。

　　因此，计算相对姿势显得更加复杂，因为我们还必须估计几何体。然而，这是当前解决方案中最常用的方法，例如 Project Tango 和 Hololens。除了彩色摄像机外，HoloLens 似乎还使用了四个深度摄像机，这有助于几何体的重建。然而，Project Tango 可以与单一的彩色摄像机一起工作。SLAM 算法现在确实得到了很好的控制。仍然可能会遇到的困难是漂移的出现（在整个会话过程中对视点和几何体的估计误差的累积），以及对重建几何体的管理，如果会话很长可能会占用大量内存。关于更多的技术描述，读者可以参考［NEW 11，ENG 14］和［MUR 15］等。

　　SLAM 算法工作得很好，部分原因是它们可以利用图像之间的时间相关性：在会话期间，视点以连续的方式变化，场景的外观变化非常小或根本没有变化。这使得匹配姿

势计算所需的图像更容易，如图 4.4 所示。

在计算绝对姿势的情况下，匹配问题是完全不同的：它适用于会话的图像与参考数据的匹配，这可能是非常不同的。例如，我们可能需要将真实场景的图像与之前采集和定位的图像或（真实）对象的 3D 模型相匹配。获取这些参考数据是限制性的，可能需要花费大量的时间和金钱。然而，最大的困难在于匹配本身：

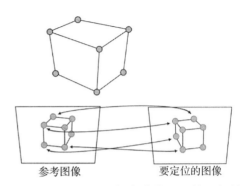

图 4.4　匹配对于空间定位的重要性。如果我们可以将图像中的元素与参考图像中的元素匹配，并且知道这些元素的空间位置，那么我们就可以计算出相机对该图像的姿势

❑ 在参考数据是图像的情况下，这些图像通常是在不同的日期从不同的视角为用户采集的，因此，在夏季拍摄的图像和在冬季拍摄的图像之间建立对应关系仍然非常困难［VER 15］；

❑ 对于大型应用程序，还必须有效管理大量参考图像（例如，参见［ZEI 15］）；

❑ 对象的 3D 模型主要提供对象的几何体，但实际上不是其外观。因此，使用这种模型作为定位参考仍然很困难［WUE 07］。

对这些问题的研究仍在进行中，目前似乎还没有任何关键性解决方案。

计算绝对姿势的方法通常比计算相对姿势的方法需要更多的计算时间。然而，可以将这两种类型的姿势计算结合起来。例如，［ART 15］提出了一种具有绝对地球坐标的定位方法，并将其作为一种更快的 SLAM 方法的初始姿势，这种方法也可以在具有相同绝对坐标的会话的其余部分找到姿势。

4.2　AR 中从不或很少涉及的问题

4.2.1　简介

大多数在增强现实中进行的工作都集中在与计算机视觉或计算机图形相关的问题上。然而，尽管用户和增强环境之间的交互是基本问题，但几乎没有对其进行任何相关的工作研究。因此，本章的目的是描述增强现实中交互领域的关键趋势。我们将主要介绍为在屏幕（平板电脑或手机）上或通过 HMD 进行增强的系统开发的技术，以及直接与物理世界（空间增强现实）共同定位的系统开发的技术。

在任何情况下，无论使用何种技术，增强现实系统都是基于物理世界和虚拟世界之间的可靠匹配。对于平板电脑或 HMD，虚拟世界的渲染是基于设备背后的真实场景实时计算的。这是第一个也是主要的交互级别，用户将通过自然移动头部或移动屏幕（就像它是虚拟世界的窗口一样）改变视角。在空间增强现实中，这种视角的变化完全被整合，用户将看到一个增强对象，就好像在看一个真实的对象一样。以自然方式改变场景视角的可能性是增强现实系统的一个特征，它将这些系统与传统的应用环境区分开来。例如，在台式计算机或平板电脑上必须引入特定的交互机制来修改视角，如使用虚拟轨迹球（参见［JAN 15］了解这些技术的现状）。

在增强现实中，交互技术主要集中用于控制应用程序（例如指示要显示的增强）或选择对象，尤其是获取这些对象的有关信息。其他更先进的技术将使虚拟对象在增强场景中的操作成为可能。

4.2.2　通过屏幕或 HMD 交互

1. 使用移动设备进行交互

大多数增强现实应用程序通过触摸屏控制实现简单的交互，这主要是 Diota Player的情况，通过图形界面可以访问不同的显示选项（图 4.5）。其他应用程序可能基于简单的触觉手势，就像 pokémon Go 应用程序一样。在该应用程序中，一个虚拟球被快速地向屏幕顶部轻弹，抛入现实世界。

图 4.5　使用图形界面进行交互（© Diota）

一些学者研究了更高级的交互类型，特别是在真实场景中确定虚拟对象的位置和方向。Marzo 等人的研究成果［MAR 14b］很有名气，他们建议结合使用可连接虚拟物体的移动设备的运动和屏幕表面的触觉手势，如图 4.6 所示。

2. 空气中的相互作用

当使用 HMD 时，缺少物理屏幕会使交互更加困难。仅仅选择一个选项就需要引入

㊀　Diota:http://www.diota.com

特定的交互技术。可以使用的一种方法是将命令与特定的手势关联起来。Piumsomboon 及其同事根据与用户进行的研究提出了一定数量的固定关联［PIU 13］。这些在空中 做出的手势有时也被直接用于与构成增强场景的虚拟对象进行伪物理交互。这主要是 使用 HoloDesk［HIL 12］进行交互的情况，在这种情况下，增强是通过半透明屏幕进 行的。

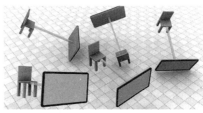

图 4.6　移动增强现实中用于操作 3D 物体的电话和触觉手势的组合［Mar 14b］。 有关此图的彩色版本，请参见 www.iste.co.uk/arnaldi/virtual.zip

3. 与实体的相互作用

直接在空气中进行交互的方法会受到限制，例如用户疲劳或不精确。另一种有趣的 方法是以一种机会主义的方式使用现实世界的元素，允许用户在物理对象的帮助下进行 交互［HEN 08］。另一种方法是使用专门用于操作虚拟对象的有形对象。这主要是图 4.7 所示对象的情况。

a）有形数量：操纵使用增强立方体的　　　　b）Hélios 使用有形物体让儿童操纵
　　数据（［ISS 16］，©Inria–AVIZ）　　　　　　天体（［FLE 15］，©Inria–Potioc）

图 4.7　使用有形物体操纵的例子。有关此图的彩色版本， 请参见 www.iste.co.uk/arnaldi/virtual.zip

4.3　空间增强现实

4.3.1　现实世界与虚拟世界的交融

如果我们不想使用 HMD 或平板电脑，使用视频放映机或小屏幕直接将数字信息与物理世界共同定位可能会很有用。例如在 MirageTable［BEN 12］中，作者将物理对象和投射到曲面屏幕上的虚拟对象的交互结合起来。在图 4.8 所示的 OmniTouch［HAR 11］中，数字信息直接投射到用户的手和手臂上。使用深度照相机检测与此显示器接触的手指。PapARt⊖是一个开发工具包，它有助于增强对象的交互，并且基于相同的技术类型。

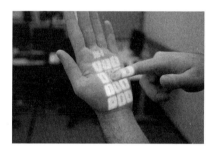 

a）OmniTouch［HAR 11］：与投射到用户　　　b）Teegi［FRE 14］：与我们大脑活动的
　　手上的数字数据的交互　　　　　　　　　　　物理表征的交互

图 4.8　空间增强现实中的交互。有关此图的彩色版本，请参见 www.iste.co.uk/arnaldi/virtual.zip

这种基于空间增强现实的方法使虚拟和真实更紧密地结合在一起成为可能。用户直接与增强对象交互，而不需要屏幕作为中间媒介。这可能使团队工作更容易，使互动更具吸引力。例如，Teegi（图 4.8）是一种中间媒介设备，其设计目的是让用户或一组用户了解大脑的功能。用户的运动通过一个物理模型（Teegi）复制到头部，并将相应的脑电图活动投射到头部［FRE 14］。

空间增强现实中相互作用的其他例子在［MAR 14a］中描述。

4.3.2　当前的演变

除了对象的数字扩充之外，更新这些对象是一个可能会导致交互系统中一些非常有

⊖　PapARt: https://project.inria.fr/papart

趣的演变的开发领域。例如，图 4.9 所示的 InForm［FOL 13］是一种增强型设备，其形状可以实时修改。这是由 Hiroshi Ishii 和他的同事提出的激进原子概念的物化。可重构增强系统的另一个例子是无人机，在这种系统中，像素可以通过小型无人机在空间中进行自我重构。

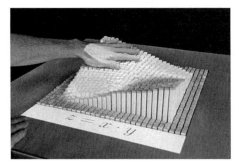

不同的技术环境——桌面、虚拟现实或增强现实——倾向于独立发展。每种都有优点，并且都受到某些缺点的限制。今天的挑战之一是在这些不同的环境之间提供网关或桥梁。有形视区［GER 16］是这样一个桥梁的早期例子：它将桌面计算机和空间增强现实结合在一个统一的环境中。

图 4.9 InForm［FOL 13］——修改增强物体的形状（©MIT）。有关此图的彩色版本，请参见 www.iste.co.uk/arnaldi/virtual.zip

4.4　在增强现实中存在

在增强现实中存在的问题似乎不是自发出现的。如果是这样的话，那么有几个原因必须加以研究。因为尽管有人提出了论点，但在增强现实中存在是增强现实接口所带来的体验的一个基本维度。

4.4.1　实际存在是虚拟环境中存在的模型吗？

只有在两种情况下存在感才是体验的一个基本维度：当主体处于真实环境中时，或者当主体处于虚拟环境中时。因此，初看增强现实似乎是一个不涉及存在感的环境。理论上，在真实环境中存在是两个层次的证据，甚至是重言式：不仅有环境存在着（环境存在），而且还有主体存在于环境中（个人存在）。Heeter［HEE 92］所示的存在维度之间的这种区别不仅与真实环境有关，而且与虚拟环境有关。如果这种区别对两种类型的环境都有效，是因为在虚拟现实中的存在感被定义为他们在某处的主观感受，而在现实生活中，他们不会产生把虚拟模型精确地放置在现实环境中的存在感。实际上，这一定义中的前提是，虚拟现实中的存在感必须尽可能接近主体在真实环境中体验的感觉。因此，存在也被定义为一种非调解经验［LOM 97］、透明度经验［MAR 03］或伪自然沉浸经验

[FUC 05]。此外，与这里的情况一样，在虚拟现实中思考存在，使用"自然"存在于现实中的模型（即免除调解）意味着必须在理论和经验两个层面上检验一个假设。从理论的角度来看，很难假定客观存在的现实本身并不是主观的 [KAN 90] 或社会的 [BER 66]。自然现实的概念以及主体与这个现实之间的完全自然关系源于自然神话——一个没有任何人工制品的纯净原始的环境。然而，自然与人工之间的区别更多地是由语言类别产生的二分法而非现实造成的。"不可能将一种较低层次的行为叠加到人类身上，人们选择称之为自然行为，然后是人造的文化或精神世界。人的一切都是人造的和自然的，因为在这个条件下，没有一个词或者行为模式不是来源于纯粹的生物存在。" [MER 45]。因此，我们与世界的关系不是自然的，也不是没有调解的——无论这种调解是以语言、艺术、一副眼镜、一把叉子还是一个 HMD 的形式进行的。因此，如果存在总是或多或少地被调解，甚至在我们称之为"现实"的环境中，那么在我们与自然现实的接触中可能无法找到存在的模型或理想。现在可以说，尽管我们承认主体与现实的关系不是自然的，但主体与虚拟环境的关系在完全被调解的意义上完全是人为的。然而，这一论点对两个原因并不适用：第一，尽管我们理论上承认，虚拟环境从感官的角度来看完全是人为的，因为所有主体的感官都可以理想地连接到界面上，但这个环境和主体之间的关系本身不能是完全的。除非双方（即环境和主体）都是人为的。然而，从心理学、生物学甚至伦理的角度来看，这个主题不能仅仅被简化为一个人工制品；第二，至少在目前，技术上不可能以经验的方式创造一个完全人为的虚拟环境。事实上，甚至在高度沉浸的环境中，如洞穴，即使多个感官通道可能连接到设备，但是仍然借助现实世界中物体的存在，例如，受试者的脚仍然牢牢地固定在（真实的）地面上。总之，在绝对自然的真实环境或绝对人工环境中，完全存在是不可能的。此外，尽管这一结论可能会使研究人员和虚拟现实实践者共有的存在概念受到质疑，但还没有证明存在是一个主体在增强现实中体验的相关维度。

4.4.2　混合现实：现实与虚拟二进制对抗的终结？

虽然混合现实的概念最好用真实 – 虚拟连续体 [MIL 94] 来表达（该连续体提出了一种接口分类系统，从现实到虚拟，通过增强现实和增强虚拟的中间状态），但必须强调的是，现实的概念对这些创作者有着非常具体的意义。实际上，Milgram 和 Kishino 在这里并不是把现实看作是"自然现实"，而是对这个现实的一种中介化的表现：主体与之交互的感知现实是现实的图像（例如屏幕上、HMD 或 CAVE 中的影视图像），可以使用虚拟元素（即合成事件）加以增强。作者所持的前提是，通过摄像机捕捉既不增加也不减少现实，而是简单地用界面以图像（主要是视觉和听觉）的形式表示现实。这一预设并非故意的认识论预设，它是作者希望做出的贡献（即为混合现实装置提出分类法）的目的的直接结果，而不反映减少现实与其在图像中的中介化表示的相关性。在本例中，这种贡献属于技术上的对真实－虚拟连续体的分类方法。这种方法是作者不研究存在问题的原因，尽管它可能会对他们的模型产生影响。因此，如果接口的程度不同，如何将实际环境和虚拟环境限制在连续体的两个极端？换句话说，如果二进制（实与虚）实际上是一个连续体，你怎么能不研究存在的概念呢？也就是说，只有程度上的差异，但它们并不是完全矛盾的概念。

4.4.3 从混合现实到混合存在

如果一个人意识到存在不是经验的一个方面，它局限于绝对真实或绝对虚拟体验的条件下，那么就有可能把存在看作是经验的一个维度，可能一直存在于真实－虚拟连续体中。这一观点开启了一个存在概念的大门，就像混合现实（例如增强现实、减弱现实和增强虚拟）本身是混合的。然后问题出现了，我们如何具体地建立存在的混合特征？衡量存在的方法大致有两种（并非相互排斥）。通过关注可观察变量（例如，将行为模式从真实环境导入到虚拟环境、心律和出汗）或使用声明性方法（例如，深入访谈和问卷调查），可以根据定性或定量指标推断存在。在声明性方法的情况下，这包括询问主题问题，以了解（至少）他们是否感觉到环境中存在（个人存在）以及他们是否认为环境存在（环境存在）。从经验上、定性上［NAN 15b］和定量上［nan 15a］都表明，受试者可能会体验到矛盾的感觉：例如，一种混合的存在可以通过如"我既在真实环境也在虚拟环境中"（混合的个人存在）或"虚拟环境存在，但也不存在"混合的环境存在等项目来表达。因此，即使在虚拟环境中（在本例中，是由四面洞穴产生的）也存在混合存在。此外，还对儿童在增强现实中玩网络游戏进行了一系列实验（迷宫巢穴的虚拟版本在某些谷物盒上提供）。这使得我们有可能得出这样的结论：几乎所有的受试者（在游戏一轮后被询问）都有一种个人存在感，即使环境是增强现实而不是虚拟现实［MUR 16］。这些研究也倾向于证明以下事实：（1）虚拟现实设备，通过将对象沉浸在虚拟环境中而将其与真实环境隔离开来，在主观上体验为混合设备，产生混合环境（真实和虚拟）；（2）增强现实设备，其不应是即时的，理论上可能会引起主体的存在感。

4.4.4　增强现实：一个完整的环境

虽然增强现实环境的体验落在可能带来存在感的沉浸式体验的框架内，这是因为主体在主观方面的感知和相互作用与真实和虚拟元素之间的区别不相关。这一论点与研究一致，研究表明，增强现实中环境的存在和感知到的真实性质是两种不同的判断［SCH 99，SCH 01］。此外，通过比较虚拟现实和增强现实中的存在，我们发现增强现实中的存在感更高［TAN 04］。这可能是因为合成元素被集成到真实的环境中，在这个环境中，无论他们在做什么，主体都已经存在了。这些贡献最终地和隐含地基于这样一个观点：与增强现实界面的设计者不同，后者必须从技术上区分真实元素和虚拟元素，以便将它们叠加，体验增强现实环境的主体没有经历两种不同的环境。无论是从感知还是从实践的角度来看，主体只与一个环境交互——混合环境。因此，即使这个环境是混合的（因为它包含现实元素和虚拟元素的混合），主体也在这个组合的整体环境中出现。如果主体有沉浸式的体验，那是因为增强现实环境构成了另一种环境，它们被淹没在其中。虽然这并没有破坏真实环境，但它改变了这个环境，赋予了它新的意义，真实环境中的元素被其他元素增强。

4.5　触觉表面上的 3D 交互

本节旨在简要描述过去十年中 3D 交互领域的重要创新。在本书开头，我们回顾了虚拟现实的两个基本立论：虚拟环境中的沉浸（例如视觉、听觉和触觉）；一个或多个用户与此环境之间的交互。仅仅描述设备和软件的新发展不足以概述这项新技术。3D 交互对 AR 影响尚且不大，但重要性却在不断提升。从简单地在自然环境上叠加可视化数据，到如今的 RA 系统为用户提供了越来越精细的互动系统来提高使用率。

此外，尽管本书致力于 VR-AR，但本章其余部分所述的创新远远超出了这一范围，对许多需要对信息进行 3D 处理的领域都产生了影响。

4.5.1　3D 交互

在过去的十年中，3D 数字内容可视化和交互手段空前多样化。这促进了适用场景和交互风格的多样化，从而定义了用户与计算机系统交互的可用手段［SHN97］。

起初第一种交互风格是使用命令语言，允许专家用户使用专门的输入指令（例如编辑、操纵）。第二代交互风格是表单填写和选择菜单，以便专家和新手用户都可以输入命令和参数。最后，第三种主要的交互风格是直接操作相应对象。这些对象以可交互的图形表示，用户可以通过快速、可逆和增量操作直接操纵这些图形对象。桌面上使用的 WIMP 界面范式（窗口、图标、菜单、指针选取）是基于通过使用指针（如箭头、光标）来操作相关对象的直接交互，指针是通过指针设备（鼠标、触控板）间接操作的。这样在实际操作中是非常直觉化的，例如通过移动图像的边框来改变大小，或者将图标从一个窗口移动到另一个窗口意味着把文件从文件夹中移出。但是当用户必须首先选择文本的一部分，然后单击一个按钮将文本转换为粗体文本时，它就不那么直觉化了。

2007 年，苹果推出了 iPhone，并推出了第一款基于多点触控和电容技术的智能手机，随后大多数上市的智能手机都使用了电容技术。其界面也基于直接交互方式，但与 WIMP 界面不同，交互是以局部共同体方式进行的（操作和可视化同时发生），这使得交互更加直觉化。触觉界面还允许手势交互，这是基于输入指令的手势词汇表，以及可能的参数。例如，"滑动"与在智能手机屏幕之间切换的命令相关联，还有两个手指同时使用以进行平移、旋转和缩放三种操作。这些交互可以更直接地操作 2D 对象。虽然现在已经提出了许多提升相应任务速率的技术，但使用其进行 3D 交互仍然很困难。2010 年，iPad 让数字平板电脑的使用普及，其主要特点是拥有与智能手机相同的传感器但是触摸屏更大。一些平板还使用触控笔进行交互，这减少了掩蔽问题，并提供了比用手指进行交互更高的精度。交互风格与智能手机使用的风格相同。

2010 年也是微软 Kinect 与 3D 内容开辟交互可能性的一年。其最主要的交互方式是 3D 而不是 2D 的手势交互。如今，通过 Kinect 的 3D 摄像头跟踪，不再需要手持和操作设备进行交互。用户可以使用自己身体的任何部分进行互动，尽管手势仍然是互动的最主要手段。该设备最初用于视频游戏，但也用于一般通用的交互式应用程序。然而，这种设备的使用仍受到手势分割、捕获精度和遮蔽问题的限制。随后，Leap Motion 传感器提供了更精确的手掌和手指的 3D 跟踪（2012 年）。虽然它最初仅限于桌面使用，但现在可以连接到 HMD 来允许用户在虚拟环境中用手进行交互。

2013 年，Oculus Rift 使 HMD 的广泛使用成为可能，在那之前，HMD 仅限于专家使用。与立体 3D 环境的交互主要基于直觉化的交互风格，但也辅助使用其他交互风格。3D 操作任务能够以更直接的方式执行，以类似于现实的方式控制对象，而不将任务分解为子任务。Google Glass（2014 年）基于包含一个小的远程屏幕的普适计算机概念，其主要的交互风格是语音交互和眼镜一侧的触觉互动。这也提供与 3D 环境或增强现实环境进行有限的交互。2016 年，Microsoft HoloLens 的推出使人们得以设想增强现实应用的普及。与 GoogleGlass 不同，该设备允许捕捉用户的手势，提供了直接和手势交互的可能性。

一般来说，在当前的界面中，我们可以观察到交互风格的集成趋势。最近的笔记本电脑就是一个例子，它结合了命令行交互、表格填写、直接操作、2D 手势和语音交互。多通道的交互使得用户可以多样化执行任务，因为各交互方式都有其更适合特定的情境。HMD 和 3D 手势捕捉的交互界面提供了与 3D 环境进行更直接交互的方式。

4.5.2　触觉表面上的 3D 交互：3D 操作、控制视觉和多面立体显示

1. 简介

2007 年，iPhone 普及了交互式触觉表面，尤其是能够同时检测多个接触点的多触摸屏，近年来已经出现了相当大的增长。它允许基于鼠标、键盘和标准屏幕的传统数字应用程序向移动应用程序（智能手机和平板电脑）和集体应用程序（触觉表）发展。对于更传统的桌面环境，触觉表面有助于直接交互：用户直接"接触"他们所看到的内容。因此，触觉交互已被广泛探索并用于 2D 应用如使用地图导航或可视化照片。实际上，许多 2D 交互任务（打开、旋转、放大地图）的执行完全适合于在触觉表面上进行手势交互。

然而，与之相反，与 3D 内容的交互并不明显，因为它需要 2D 手势与需要更大程度控制自由度（例如，3D 翻译 / 旋转的六个自由度）的动作相关联。现有的技术允许在鼠标 / 键盘 / 屏幕与 3D 内容交互，由于它们是为不同的交互空间开发的，因此不能直接转移到触觉。本节的目的是概述最近的发展，使用户能够轻松有效地与显示在触觉表面上的 3D 内容交互。

2. 3D 操作

一些作者试图尽可能接近物理行为来操纵 3D 对象。这主要是 Reisman 等人的情况 [REI 09]，他们提出将旋转 – 缩放 – 转换技术扩展到 3D。这种技术允许在 2D 对象上移

动、旋转和执行缩放更改。在他们的方法中，试图解决一个约束系统以确保位于用户手指上的 3D 点始终与手指共同定位。这导致了一种交互作用，初看似乎很直观，但在需要精确操作时却很难控制。

为了更精确的操作，其他作者选择了分离不同的自由度。这主要是 Hancock 等人采用的方法。Martinet 等人分别提出了 StickyTools［HAN 09］技术和 DS3– 深度分离屏幕空间技术［MAR 10］。在这些方法中，手指的某些运动与物体的运动直接相关（例如，在平行于屏幕的平面上移动物体），而其他运动则是分离的（例如深度平移，对其使用直接关联将更难）。

最后，一些作者试图改变桌面 3D 操作技术，使其适应触觉环境。tBox［COH 11］就是这样，它允许用户使用专门为触觉表面设计的 3D 转换小部件精确地操作翻译、旋转和缩放更改（图 4.10）。Eden［KIN 11］也是如此，它是一个交互式环境，允许图形设计师使用 2D 手势来制作 3D 场景的动画。

3. 控制视角

如今有一种更传统的方法用于控制视角，其包括将手势与相机移动相关联。例如，两个手指靠近或移开可以与变焦操作相关联，手指同步运动可以与相机的平移运动相关联，与用 tBox 相似，手指围绕另一固定手指运动可以与相机围绕枢轴点的旋转相关联。为了进一步完善控制，Klein 等人［KLE 12］还建议在 3D 数据可视化框架中使用显示窗口的边框（图 4.11）。

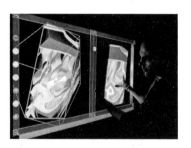

图 4.10　触摸屏 tBox 3D 操作工具［COH 11］（©Inria–Potioc）。有关此图的彩色版本，请参见 www.iste.co.uk/arnaldi/virtual.zip

图 4.11　大屏幕上用于科学数据的可视化的触控交互［KLE 12］（©Inria–AVIZ）。有关此图的彩色版本，请参见 www.iste.co.uk/arnaldi/virtual.zip

专用的小部件也被提议与对象的操作并行。这是 Navidget［HAC 09］的情况，用户通过指示希望观察的区域可以在 3D 场景中移动。因此，用户可以只专注于目标，而不必考虑为了到达期望的区域而必须进行的不同移动，因为这些移动将由摄像机自动控制。这使得交互更加流畅，避免通过菜单或按钮改变模式，这在触觉交互的情况下尤为重要。

4. 多面立体显示

为了更接近被观察数据的 3D 性质，同时保留基于触觉手势的交互优势，一些作者提出了新的和原始的设备。例如，我们有来自 Immersion 公司的 Cubtile，其中一个立方体的五个面可用于执行多点手势（见图 4.12 左图）。然后，这些手势被解释为操作对象或控制相机视角的 3D 命令。此设备专门用于间接用途，其中几个参与者可以在大屏幕前进行交互。

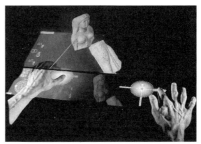

图 4.12　Cubtile（左图）和 Toucheo（右图），两个使用触觉交互操作 3D 对象的设备示例（©Imm-ersion–Inria Potioc）。有关此图的彩色版本，请参见 www.iste.co.uk/arnaldi/virtual.zip

对于 Toucheo［HAC 11］，目标是将立体 3D 显示与 2D 触觉交互结合起来。为了实现这一点，立体屏幕被固定在单镜多点屏幕上方，面朝下。在这两个屏幕之间放置一个半透明的镜子，以反映立体图像，并使底部屏幕可视化（见图 4.12 右图）。因此，用户可以可视化 3D 立体物体，这些物体似乎漂浮在触觉表面上，并通过专门为该设备设计的操作部件与这些物体交互。

其他作者试图将多点表面上的触觉交互与表面上的 3D 手势交互结合起来。这主要是通过 MockUp Builder［ARA 12］完成的，它允许用户通过组合 2D 和 3D 手势来制作 3D 对象的原型。

这些章节中的研究和开发以及许多其他项目都有助于使在触觉表面显示的 3D 内容的交互更简单、更高效和更丰富。尽管如此，这种类型的交互作用仍然没有得到充分的探索，有许多新的方法可以被探索。

4.6 参考书目

[ARA 12] ARAÚJO B.R.D., CASIEZ G., JORGE J.A., "Mockup builder: direct 3D modeling on and above the surface in a continuous interaction space", *Proceedings of Graphics Interface*, Toronto, Canada, May 28–30, 2012.

[ART 15] ARTH C., PIRCHHEIM C., VENTURA J. *et al.*, "Instant outdoor localization and SLAM initialization from 2.5D maps", *IEEE Transactions on Visualization and Computer Graphics*, vol. 21, no. 11, 2015.

[BEN 12] BENKO H., JOTA R., WILSON A., "MirageTable: freehand interaction on a projected augmented reality tabletop", *Proceedings of the SIGCHI Conference on Human Factors in Computing Systems*, CHI'12, New York, USA, pp. 199–208, 2012.

[BEN 14] BENKO H., WILSON A.D., ZANNIER F., "Dyadic projected spatial augmented reality", *Proceedings of the 27th Annual ACM Symposium on User Interface Software and Technology*, UIST'14, pp. 645–655, 2014.

[BEN 15] BENKO H., OFEK E., ZHENG F. *et al.*, "FoveAR: combining an optically see-through near-eye display with projector-based spatial augmented reality", *Proceedings of the 28th Annual ACM Symposium on User Interface Software & Technology*, UIST'15, pp. 129–135, 2015.

[BER 66] BERGER P., LUCKMANN T., *The social construction of reality: a treatise in the sociology of knowledge*, Anchor Books, New York, 1966.

[BIM 06] BIMBER O., RASKAR R., "Modern approaches to augmented reality", *ACM SIGGRAPH 2006 Courses*, SIGGRAPH'06, ACM, 2006.

[COH 11] COHÉ A., DÈCLE F., HACHET M., "tBox: A 3D transformation widget designed for touch-screens", *Proceedings of the SIGCHI Conference on Human Factors in Computing Systems*, CHI'11, New York, USA, pp. 3005–3008, 2011.

[CRU 92] CRUZ-NEIRA C., SANDIN D.J., DEFANTI T.A. *et al.*, "The CAVE: audio visual experience automatic virtual environment", *Communication ACM*, vol. 35, no. 6, pp. 64–72, 1992.

[ENG 14] ENGEL J., SCHÖPS T., CREMERS D., "LSD-SLAM: large-scale direct monocular SLAM", *European Conference on Computer Vision*, Zurich, Switzerland, 6–12 September 2014.

[FLE 15] FLECK S., HACHET M., BASTIEN J. M.C., "Marker-based augmented reality: instructional-design to improve children interactions with astronomical concepts", *Proceedings of the 14th International Conference on Interaction Design and Children*, IDC'15, New York, USA, pp. 21–28, 2015.

[FOL 13] FOLLMER S., LEITHINGER D., OLWAL A. *et al.*, "inFORM: dynamic physical affordances and constraints through shape and object actuation", *Proceedings of the 26th Annual ACM Symposium on User Interface Software and Technology*, UIST'13, New York, USA, pp. 417–426, 2013.

[FRE 14] FREY J., GERVAIS R., FLECK S. *et al.*, "Teegi: tangible EEG interface", *Proceedings of the 27th Annual ACM Symposium on User Interface Software and Technology*, UIST'14, New York, USA, pp. 301–308, 2014.

[FUC 05] FUCHS P., MOREAU G. (eds), *Le Traité de la Réalité Virtuelle*, Les Presses de l'Ecole des Mines, Paris, 2005.

[FUC 09] FUCHS P., MOREAU G., DONIKIAN S., *Le Traité de la Réalité Virtuelle Volume 5 - Les humains virtuels*, Les Presses de l'Ecole des Mines, Paris, 2009.

[GAO 03] GAO X.-S., HOU X.-R., TANG J. *et al.*, "Complete solution classification for the perspective-three-point problem", *IEEE Transactions on Pattern Analysis and Machine Intelligence*, vol. 25, no. 8, pp. 930–943, 2003.

[GER 16] GERVAIS R., ROO J.S., HACHET M., "Tangible viewports: getting out of flatland in desktop environments", *Proceedings of the TEI'16: Tenth International Conference on Tangible, Embedded, and Embodied Interaction*, TEI'16, New York, USA, pp. 176–184, 2016.

[HAC 09] HACHET M., DECLE F., KNDEL S. *et al.*, "Navidget for 3D interaction: camera positioning and further uses", *International Journal of Human-Computer Studies*, vol. 67, no. 3, pp. 225–236, 2009.

[HAC 11] HACHET M., BOSSAVIT B., COHÉ A. *et al.*, "Toucheo: multitouch and stereo combined in a seamless workspace", *Proceedings of the 24th Annual ACM Symposium on User Interface Software and Technology*, UIST'11, New York, USA, pp. 587–592, 2011.

[HAN 09] HANCOCK M., TEN CATE T., CARPENDALE S., "Sticky tools: full 6DOF force-based interaction for multi-touch tables", *Proceedings of the ACM International Conference on Interactive Tabletops and Surfaces*, ITS'09, New York, USA, pp. 133–140, 2009.

[HAR 11] HARRISON C., BENKO H., WILSON A.D., "OmniTouch: wearable multitouch interaction everywhere", *Proceedings of the 24th Annual ACM Symposium on User Interface Software and Technology*, UIST'11, New York, USA, pp. 441–450, 2011.

[HEE 92] HEETER C., "Being there: the subjective experience of presence", *Presence: Teleoperators and Virtual Environments*, vol. 1, no. 2, pp. 262–271, 1992.

[HEN 08] HENDERSON S.J., FEINER S., "Opportunistic controls: leveraging natural affordances as tangible user interfaces for augmented reality", *Proceedings of the 2008 ACM Symposium on Virtual Reality Software and Technology*, VRST'08, New York, USA, pp. 211–218, 2008.

[HIL 12] HILLIGES O., KIM D., IZADI S. *et al.*, "HoloDesk: direct 3D interactions with a situated see-through display", *Proceedings of the SIGCHI Conference on Human Factors in Computing Systems*, CHI'12, New York, USA, pp. 2421–2430, 2012.

[INA 00] INAMI M., KAWAKAMI N., SEKIGUCHI D. *et al.*, "Visuo-haptic display using head-mounted projector", *Proceedings of the IEEE Virtual Reality Annual International Symposium*, pp. 233–240, 2000.

[INA 03] INAMI M., KAWAKAMI N., TACHI S., "Optical camouflage using retro-reflective projection technology", *Proceedings of the 2003 IEEE / ACM International Symposium on Mixed and Augmented Reality (ISMAR)*, pp. 348–349, 2003.

[ISS 16] ISSARTEL P., BESANÇON L., ISENBERG T. *et al.* "A tangible volume for portable 3D interaction", *2016 IEEE International Symposium on Mixed and Augmented Reality*, Merida, Mexico, p. 5, September 2016.

[ISH 12] ISHII H., LAKATOS D., BONANNI L. *et al.*, "Radical atoms: beyond tangible bits, toward transformable materials", *Interactions*, vol. 19, no. 1, pp. 38–51, 2012.

[JAN 15] JANKOWSKI J., HACHET M., "Advances in interaction with 3D environments", *Computer Graphics Forum*, vol. 34, pp. 152–190, 2015.

[JON 13] JONES B., BENKO H., OFEK E. *et al.*, "IllumiRoom: peripheral projected illusions for interactive experiences", *Proceedings of the SIGCHI Conference on Human Factors in Computing Systems*, CHI'13, New York, USA, pp. 869–878, 2013.

[JON 14] JONES B., SODHI R., MURDOCK M. *et al.*, "RoomAlive: magical experiences enabled by scalable, adaptive projector-camera units", *Proceedings of the 27th Annual ACM Symposium on User Interface Software and Technology*, UIST'14, New York, USA, pp. 637–644, 2014.

[KAN 90] KANT E., *Critique de la raison pure*, Gallimard, Paris, 1990.

[KIJ 97] KIJIMA R., OJIKA T., "Transition between virtual environment and workstation environment with projective head mounted display", *Virtual Reality Annual International Symposium, IEEE 1997*, pp. 130–137, March 1997.

[KIN 11] KIN K., MILLER T., BOLLENSDORFF B. *et al.*, "Eden: a professional multitouch tool for constructing virtual organic environments", *Proceedings of the SIGCHI Conference on Human Factors in Computing Systems*, CHI'11, New York, USA, pp. 1343–1352, 2011.

[KLE 12] KLEIN T., GUÉNIAT F., PASTUR L. *et al.*, "A design study of direct-touch interaction for exploratory 3D scientific visualization", *Computer Graphics Forum*, vol. 31, no. 3, pp. 1225–1234, June 2012.

[LAV 17] LAVIOLA J.J., KRUIJFF E., MCMAHAN R. *et al.*, *3D User Interfaces: Theory and Practice, 2nd Edition*, Addison Wesley, Boston, 2017.

[LOM 97] LOMBARD M., DITTON T., "At the heart of it all: the concept of presence", *Journal of Computer-Mediated Communication*, vol. 3, no. 2, 1997.

[MAR 03] MARSH T., "Staying there: an activity-based approach to narrative design and evaluation as an antidote to virtual corpsing", in RIVA G., DAVIDE F., IJSSELSTEIJN W.A. (eds) *Being There: Concepts, Effects and Measurement of User Presence in Synthetic Environments* Ios Press, Amsterdam, 2003.

[MAR 10] MARTINET A., CASIEZ G., GRISONI L., "The effect of DOF separation in 3D manipulation tasks with multi-touch displays", *Proceedings of the 17th ACM Symposium on Virtual Reality Software and Technology*, VRST '10, New York, USA, pp. 111–118, 2010.

[MAR 14a] MARNER M.R., SMITH R.T., WALSH J.A. *et al.*, "Spatial user interfaces for large-scale projector-based augmented reality", *IEEE Computer Graphics and Applications*, vol. 34, no. 6, pp. 74–82, 2014.

[MAR 14b] MARZO A., BOSSAVIT B., HACHET M., "Combining multi-touch input and device movement for 3D manipulations in mobile augmented reality environments", *ACM Symposium on Spatial User Interaction*, Honolulu, United States, October 2014.

[MER 45] MERLEAU-PONTY M., *Phénoménologie de la perception*, Gallimard, Paris, 1945.

[MIL 94] MILGRAM P., KISHINO F., "A taxonomy of mixed reality visual displays", *IEICE Transactions Information Systems*, vol. E77-D, no. 12, pp. 1321–1329, 1994.

[MUR 15] MUR-ARTAL R., MONTIEL J.M.M., TARDÛS J.D., "ORB-SLAM: a versatile and accurate monocular SLAM system", *IEEE Transactions on Robotics*, vol. 31, no. 5, pp. 1147–1163, 2015.

[MUR 16] MURATORE I., NANNIPIERI O., "L'expérience immersive d'un jeu promotionnel en réalité augmentée destiné aux enfants", *Décisions Marketing*, vol. 81, pp. 27–40, 2016.

[NAN 15a] NANNIPIERI O., MURATORE I., DUMAS P. *et al.*, *Technologies, communication et société*, L'Harmattan, Paris, 2015.

[NAN 15b] NANNIPIERI O., MURATORE I., MESTRE D. *et al.*, *Frontières Numériques 2*, L'Harmattan, Paris, 2015.

[NEW 11] NEWCOMBE R., IZADI S., HILLIGES O. *et al.*, "KinectFusion: real-time dense surface mapping and tracking", *10th IEEE International Symposium on Mixed and Augmented Reality*, Basel, Switzerland, 26–29 October, 2011.

[PEJ 16] PEJSA T., KANTOR J., BENKO H. *et al.*, "Room2Room: enabling life-size telepresence in a projected augmented reality environment", *Proceedings of the 19th ACM Conference on Computer-Supported Cooperative Work & Social Computing*, CSCW'16, New York, USA, pp. 1716–1725, 2016.

[PIU 13] PIUMSOMBOON T., CLARK A.J., BILLINGHURST M. *et al.*, "User-defined gestures for augmented reality", *Human-Computer Interaction - INTERACT 2013 - 14th IFIP TC 13 International Conference*, Cape Town, South Africa, pp. 282–299, September 2–6, 2013.

[RAS 98a] RASKAR R., WELCH G., FUCHS H., "Seamless projection overlaps using image warping and intensity blending", *Fourth International Conference on Virtual Systems and Multimedia*, Gifu, Japan, 18–20 November, 1998.

[RAS 98b] RASKAR R., WELCH G., FUCHS H., "Spatially Augmented Reality", *First IEEE Workshop on Augmented Reality (IWAR'98)*, pp. 11–20, Seattle, USA, 1998.

[REI 09] REISMAN J.L., DAVIDSON P.L., HAN J.Y., "A screen-space formulation for 2D and 3D direct manipulation", *Proceedings of the 22Nd Annual ACM Symposium on User Interface Software and Technology*, UIST'09, New York, pp. 69–78, 2009.

[ROL 95] ROLLAND J.P., HOLLOWAY R.L., FUCHS H., "Comparison of optical and video see-through, head-mounted displays", *Proc. SPIE*, vol. 2351, pp. 293–307, 1995.

[RUB 15] RUBENS C., BRALEY S., GOMES A. *et al.*, "BitDrones: towards levitating programmable matter using interactive 3D quadcopter displays", *Adjunct Proceedings of the 28th Annual ACM Symposium on User Interface Software & Technology*, UIST'15 Adjunct, New York, USA, pp. 57–58, 2015.

[SCH 99] SCHUBERT T., FRIEDMANN F., REGENBRECHT H., *Embodied presence in virtual environments*, Springer, London, 1999.

[SCH 01] SCHUBERT T., FRIEDMANN F., REGENBRECHT H., "The experience of presence: factor analytic insights", *Presence: Teleoper. Virtual Environ.*, vol. 10, no. 3, pp. 266–281, 2001.

[SHN 97] SHNEIDERMAN B., MAES P., "Direct manipulation vs. interface agents", *interactions*, vol. 4, no. 6, pp. 42–61, 1997.

[TAC 14] TACHI S., INAMI M., UEMA Y., "The transparent cockpit", *IEEE Spectrum*, vol. 51, no. 11, pp. 52–56, 2014.

[TAN 04] TANG A., BIOCCA F., LIM L., "Comparing differences in presence during social interaction in augmented reality versus virtual reality environments: an exploratory study", RAYA M., SOLAZ B. (eds), *7th Annual International Workshop on Presence*, Valence, Spain, pp. 204–208, 2004.

[VER 15] VERDIE Y., YI K.M., FUA P. *et al.*, "TILDE: a temporally invariant learned DEtector", *IEEE Conference on Computer Vision and Pattern Recognition*, Boston, USA, 7–12 June, 2015.

[WUE 07] WUEST H., WIENTAPPER F., STRICKER D., "Adaptable model-based tracking using analysis-by-synthesis techniques", *12th Annual Conference on Computer Analysis of Images and Patterns*, Vienna, Austria, August 27–29, 2007.

[ZEI 15] ZEISL B., SATTLER T., POLLEFEYS M., "Camera pose voting for large-scale image-based localization", *IEEE International Conference on Computer Vision*, Santiago, Chile, 7–13 December 2015.

第 5 章 *Chapter 3*

科学和技术的前景

Caroline BAILLARD, Philippe GUILLOTEL,Anatole LÉCUYER, Fabien LOTTE,
Nicolas MOLLET, Jean-Marie NORMAND 和 Gaël SEYDOUX

在探索了一系列新的应用（第 1 章）、与 VR-AR 设备和软件相关的技术创新（第 2 章）、由领域复杂性而产生的科学问题和障碍（第 3 章）以及真实－虚拟世界关系的特定特征（第 4 章）后，本章提出对未来科学和技术前景的展望，主要涉及使用方式的重大演变。首先我们预测技术的进步会如何影响娱乐领域和通用领域 VR-AR 的应用（5.1 节）。然后我们将讨论脑机接口的潜力（即 BCI，5.2 节）。最后在 5.3 节中，我们将分析 VR 交互中替代的感知机制所带来的机遇。

5.1 娱乐领域可预见的变革

5.1.1 简介

几十年来，许多推想小说都描绘了沉浸式技术带来的革命：人们通过全息图进行交流，沉浸在一个完全增强的、混合的世界中，甚至不确定周围的世界是不是幻觉。尽管这些预想的应用很多都有重要作用，如提高生产力，增强学习、协助、设计与探索，但它们也提供了一个充满着逃避、创造和娱乐的全新的世界。因此，这些可以让人完全沉迷其中的奇幻景象的吸引力，就在于它允许一个人在某种程度上逃离自己的世界，并让事物在他们的愿景下在可控的环境中发展。因此，新的内容创作者将有机会让现代观众在书籍和电影之外真实地体验故事，而媒介不再是游戏、电影和游乐园。这将会是一种现实和虚拟相互融合的、休闲与娱乐的新媒介。在本节中，我们将研究沉浸式技术在过去十年中的发展，以及这些发展如何帮助我们预测未来娱乐领域将会发生的一些深刻变化。

5.1.2 定义一个新的多态沉浸媒介

沉浸将成为这些新媒体的核心。这里的"沉浸"是一个很宽泛的概念：可以严格地从对感官的刺激和替代感官的角度来看，或从交互的角度来看（用户与他的媒介进行或多或少的交互），甚至从一个增强的社会角度来看。此外，它不会像电影那样仅仅用于叙事框架，而是作为一种新型媒介。因此我们可以强调，沉浸式媒体不会只有一种定义，而是很明显地具有多态性。这意味着它的未来无限广阔：多站点或多用户、主动或被动、严格沉浸或增强式/扩展式、有无触觉反馈、自由游戏式或完全线性式，均有可能。

这些沉浸式媒介中有一部分会是完全沉浸的。沉浸式体验会是接管人的所有感官的一种整体幻觉。为了让这种幻觉臻于完美，有必要人工重建所有人类可以感知到的所有刺激。然而，考虑到人类感知系统的丰富程度，即使这个目标可行，实现它也需要相当长的时间：即使除掉五种主要感官，人类的感知系统依然非常复杂，多种感知相互关联以加强对自我和环境的感知，而这些感知仍是必要的。因此，我们在空间中对自己的感知会基于一系列的混合信息，而这些信息主要来自——但不限于——视觉和听觉、前庭系统、个体本体感知能力，甚至来自内脏接收的信息。如果我们的最终目标是完美刺激的话，那么要实现我们之前提到的幻觉，就必须让主要感官结合起来，并扭曲它们提供的反馈。更进一步的话，未来的创新沉浸式体验通过蒙骗整个感知系统，将可能给我们带来在现实中不可能体验到的反馈。

短期内，行业的精力会集中在主要感官上。回顾过去十年的演变，我们很容易预想到，将来市场上会有不同的终端设备，用户们可以按需购买。这些设备可能是轻型家用设备，集成于家中的沉浸式消费者空间里，也可能是呈现于未来的沉浸式体验中心的，更昂贵更全面的设备。味觉和嗅觉可能以较为原始的方式被快速处理，如用扩散装置来提供有限但合适的体验，并印在用户的脑海中。开发人员面临的挑战之一是消除效应，即系统消除这种反馈（味觉、嗅觉）并恢复到中性感知状态的能力。在今天的虚拟现实和增强现实产业中，视觉是被探索最多的一种感觉，尤其是通过 HMD。尽管 HMD 的视角和分辨率还没有达到人类视觉的水平，但是沉浸式媒体已经开始利用这些设备了。受益于屏幕和技术的革命，HMD 还将在产品质量和小型化方面继续进步。集成到用户生活空间中的其他视觉系统也将成为可能，我们将拭目以待。毫无疑问，由于空间技术和双耳技术，听觉是目前反馈最接近真实的感官。然而，一种必不可少的感官仍然被遗漏了——触觉。它允许人们去感知沉浸着的虚拟世界。没有触觉，体验就不能"存在"。触觉依赖于皮肤下面的受体和小体，每个受体和小体对特定的任务做出反应：冷、热、压力和 / 或疼痛。皮肤中的神经末梢负责将感觉受体收集的信息转换成神经电脉冲，通过神经纤维传输到大脑。因此，一个完全沉浸的媒介必须刺激这些受体以提供真实的感觉体验。尽管触觉反馈是虚拟现实早期发展的一个领域，但是刺激的难度、设备的复杂性和可变性（例如外骨骼或力反馈臂）限制了目前对这些技术的进一步研究，仅用作专业的实验或一些简单的振动。当我们等待新的易用的执行器时，这种设备及其成本无疑将允许开发沉浸空间，这种沉浸空间随后将成为大规模扩散沉浸媒介的场所，就像电影院大厅和电影的联系一样。最后，所有触觉外围设备都必须与用户体验相关联。由于这些外围设备的异构性，我们需要标准化和更高的抽象层级。例如，艺术家们可以像添加声轨一样添加触觉通道，而不用知道用户在家里使用的是什么设备。

　　然而，沉浸式媒体的概念已经远远超出了我们当前对媒体和沉浸式最严格意义上的概念。它涵盖了所有的新媒介，允许观众从情感上和感官上更接近内容。因此，与内容和周围环境的交互、以及个性化都是体验的重要组成部分。

　　我们还可以预料到的是沉浸式媒体将进入用户的环境，适应环境中的特定条件，并由此提供完全个性化的混合现实体验：情感的影响被解耦，因为它触及用户的个人空间（见图 5.1）。此外，社会成分也是这些新媒体的重要特征，无论是在相同还是不同的地点，人们都可以聚在一起分享经验。虚拟现实并不孤立用户，而是将他们聚集在一起，让他们能更好地分享经验。尽管乍一看矛盾的是，它似乎在物理上分离了用户。同样有趣的是，适应于用户环境的媒介已经不仅限于娱乐。在 5.1.4 节中，我们将看到虚拟现实具有修改我们的生活空间并带来新用途的潜力。例如，人们对沉浸式媒体的期望必然会干扰当前远程工作协作工具的并行发展，从而巩固虚拟现实装置在家中和潜在的办公空间中的地位。

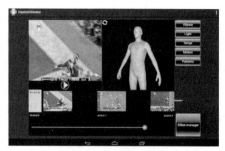

图 5.1　左图：一个触觉编辑器，它使得通用触觉通道与沉浸式媒体的关联成为可能。右图：沉浸式体验不仅仅局限于完全沉浸式体验，还可以占用用户的个人空间（© Technicolor）。关于此图的彩色版本，请参见 www.iest.co.uk/arnaldi/virtual.zip

5.1.3　承诺的体验

　　沉浸式媒体的多变性使得它在休闲和娱乐世界中有多种多样的用途。我们将根据场景（家中、电影院或公园）或内容本身（体育、旅游、商业）描述不同背景下的一些体验。

　　随着沉浸式媒体的推出，它将逐渐通过游戏机、移动电话和其他接入点（例如互联网盒、智能电视）进入我们的家庭，而游戏将成为主要载体。它已经可以很容易地将家中的空置空间转换为完全浸入式空间（市场上已经有普通大众可用的外围设备，它们可用于单人房大小的区域。传感器可以在空间中实时跟踪头戴式显示器和控制器等交互设备）。这些体验会变得越来越丰富。虽然这些体验的最初浪潮是由游戏引领的，但我们可以发现电影内容也越来越多。这种媒体对应于另一个行业，尽管从长远来看我们对 360°全景视频的兴趣不大，但媒体的演进方向是趋同的，如虚拟现实（交互、化身）或增强现实（与真实世界的虚拟内容相交互）所特有的技术使得产生新的体验成为可能，而之后叙事和情感将成为媒体的核心。因此，360°全景视频将成为真正的虚拟现实体验，用户可以参与到电影当中，与电影产生交互，最终通过呈现同一场景的多重视角来增加社会维度。这使得用户可以将对方互相视为正在观看的电影的一部分（见图 5.2）。这些视频本身将发展并形成体量。一开始这些视频会在有限的位移量中覆盖视差——也就是说，观看者通过相对物体的移动以感知物体在空间中的相对位置（见图 5.3）——但从长远来看，它们将可以实现自由移动。在这个时代，家庭媒体消费方式也将从使用沉浸式耳机发展到更复杂的沉浸式电视，体验使用更多样化的外围设备。最后，虚拟将与现实融为一体，通过增强现实耳机或者移动设备（电话、平板电脑）提供与电视相关的更全面的体验。这些体验（例如角色从电视中走出来，进入用户的客厅、附加信息、广告以及其他交互手段）将考虑房间、家具和房间中的人三者的布局，以便动态地调整内容以达到完美的整合。

图 5.2　360°全景视频成为一种社会虚拟现实体验。左图：用户可以看到从现实生活中被添加到视频中的角色，右下方是角色的手。用户可以在宇航员的头戴式显示器上看到自己的反应——而这也是视频的一部分。右图：多用户体验从不同的角度以不同的形式将用户聚集在电影中（Orbit2, © Technicolor）

图 5.3　视差。一个物体相对其他物体发生运动，我们通过摄像机的简单横向平移来体现视差。关于此图的彩色版本，请参见 www.iest.co.uk/arnaldi/virtual.zip

　　主题公园是让观众沉浸在"品牌世界"中的一个成功尝试。主题公园现在的趋势是让观众成为自己的演员，然后不断地转移观众的注意力。奥兰多迪士尼乐园中的哈利·波特世界花费了几千万美元才建成。因此，虚拟现实以更易于管理的成本提供了一种修改、增强和扩展体验的解决方案。第一次用户试验是六面旗主题公园中的一个结合了机械和虚拟的过山车。用户的物理感觉（滑过轨道的过山车）与虚拟宇宙相关联（对于同一物理位置，虚拟宇宙可能会被改写多次）。这是一种确保内耳感觉和虚拟模拟之间一致性的方法，从而消除认知的不安。这种经济模式很有趣，因为它可以产生多种多样的体验，而不用全盘推倒重建。大部分投资都用在了机械部分及其维护上。目前有一个问题，就是给（通常是无线的）外围设备充电，以及提高其使用率（一个主题公园的人流量大概在每小时 1200 人），这给景点及其可靠性带来了很大压力。

此外，我们已经看到了虚拟现实体验中心的兴起——要么是小型的、独立的结构，它们的投入相对合理（使用 HMD 和现有游戏，甚至是激光游戏）；要么是新建的、投入很大的虚拟现实中心，比如 The Void；要么是著名的、建立已久的场馆，比如 IMAX 和它最近推出的 Imax 虚拟现实中心。这些中心将会继续改进，提供在家中由于成本和空间问题无法实现的舒适性和沉浸感，我们以后可以像看电影一样轻松地享受这些全新的体验。

从这些新型的沉浸媒体中人们将会获得许多沉浸式体验，而体育领域无疑将是最主要的受益者之一。无论是作为观众还是作为演员，VR 都让人能够在家里"近距离地"参与体育活动。也就是说，观众可以和他们的朋友在体育场观看比赛，可以与团队在更衣室里闲逛，或者坐在赛车手或自行车手旁边。未来的 VR 房间可以把无聊的跑步机、单车机、划船练习机和重量训练转变为一场场冒险体验。VR 可以把玩家传送到另一个环境，同时回溯这一领域的历史。目前已经有这类尝试，如一次单车机训练可以变成一次经过法国阿尔卑斯山山口的骑车探险，一次跑步机训练可以变成在纽约或巴黎的马拉松，卧推和深蹲可以变成一次掠过岛屿的飞行。这些体验将会是感官体验，而新的触觉设备将允许运动者接收到来自虚拟世界中的力度反馈与物理反馈。

沉浸式媒体的出现缩小了空间上和时间上的距离，从而为旅行和发现新文化提供了新的机会。近几年来，博物馆和旅游景点已经开始向游客提供平板电脑。游客可以使用平板电脑通过增强现实获得可视化视听信息，或是他们正在参观的历史遗址的 3D 重建。这种技术还可以用来指导游览者，向他们提供更多关于旅行的信息和建议，以及预先让他们看到特定地点的可视化模型。现在，就算只坐在沙发上，你也可以通过沉浸式体验来准备旅行或者探索新的地方。通过 VR 耳机和 YouTube 视频，你可以走到时代广场的中间，游过大堡礁，或者去克罗地亚旅游。在不久的将来，我们将更进一步，在物理距离很远的景色中走动，与内容交互、进入建筑物等。虚拟现实不仅可以用来计划假期，甚至会成为在家旅行的诱人方式。然而我们必须小心的是，因为这种沉浸并不是完全沉浸，我们必须得问问自己，这些虚拟的体验带给我们的惊奇和幸福是否可以取代真正的旅行。

休闲与消费主义之间的界限变得越来越模糊。我们的大部分空闲时间都花在寻找我们想拥有的东西上，无论获得这些东西的想法是否现实。VR 和 AR 可以让每个人都投身于一个可以立即获得和享受自己财产的世界。我们可以很容易地用超现代设计师的家具来替换旧家具，使用虚拟镜子来把我们的衣服换成完美定制的豪华服装，甚至让一辆崭新的法拉利停在我们的房子外面。通过逃避到虚构的世界中，我们能按照自己的心意改变我们的外表和周围的世界。毫无疑问，这种新的虚拟消费模式是会有代价的。

5.1.4　展望

曾经，收音机慢慢地成为大多数家庭的必备品，之后的电视机也是如此。我们在这里讨论的技术提供了多种多样的交互和消费，因此它有潜力通过集成的沉浸式空间进入千家万户。这将方便用户与其他地方的人们交流分享信息、接受培训或帮助，以及体验广义的沉浸式媒体。当前电视提供的高清图像使它们成为内容的真实窗口，然而它们的发展仍然受到其设计的限制。因此我们可以想象更加沉浸和集成的屏幕（更大的、弯曲的、自动立体声的，或者具有集成头部感知的），或者是全新的全息投影技术，甚至是完美集成的设备（例如捕获或跟踪系统）——所有这些都将与使用这些新属性的服务和内容的开发同步。就像网络插座（媒体）已经变得像电力插座一样标准，将来的标准住宅中很可能集成有沉浸式系统。

由个人生成的沉浸式媒体也将变得更加普遍。时至今日，我们目睹了 3D 照相亭的早期发展，这使得我们有可能获得真实、静态的人体 3D 扫描。此类的优质服务在带有摄像头的智能手机上获得了一席之地，用户可以数字化自己的脸部。深度传感器将逐步普及到手机中，这将提高它们捕捉 3D 模型的能力。虽然在短期内，应用主要适用于娱乐领域，但我们可以预见，这些捕捉机制将变得容易、高质量，尤其是标准化。因此，将来它们可以像数码照片（JPEG 格式）一样被重复使用。预见再远一些，我们可以想象在家庭聚餐的过程中，集成于房屋或移动设备中的捕捉设备将捕捉范围内的动作。之后我们可以从不同角度回看这次聚餐，以便重新体验这种沉浸式媒体。

不管沉浸与否，媒体都将对其内容产生情感联系。创作者的目的是产生情绪，而记录者的目的是传播情绪，无论恐惧、悲伤、喜悦、惊讶、自信、愤怒、厌恶，等等。然而，用户的感受（唤醒和效应）可能因人而异。这样一来，情感循环（动作 - 反应）必须闭合，也就是说，体验本身必须适应旁观者的情感反应。因此，我们必须要能够测量这种情感反应。生理传感器（例如体温、心律、皮肤电反应）和神经传感器（脑电图）的最新进展为这一方向的技术解决方案打开了可能性，即：让沉浸体验成为情感沉浸体验。

沉浸式媒体的改革之一与两个新出现的挑战有关：消除真实和虚拟之间的界限，以及提供社交和共享体验。我们早已超越了信息和覆盖的阶段——我们现在进入了增强阶段，在实时技术、人工智能、逼真渲染、现实世界中的精准定位以及对真实场景完美分析的指导下，朝着虚拟和真实合二为一的方向前进。我们不再"只看到"，而是将虚拟世界中真实存在。我们可以通过将某些体验拟人化，并且如上所述地涉及我们所有的感官，来感受到完全沉浸。我们不会再将增强现实与虚拟现实视作分离的，但区别在于程度——我的真实和虚拟体验之间的联系到底有多么紧密，空间和时间上的深度又如何？显然，这些不同的层次可以共存。当然，其中会有一些困惑，也会有感知问题和新的行为。但是，虚拟现实的体验会更加完整，并且真正的虚拟化。也许我们将在任一方向上（从真实到虚拟，或者反之亦然）浏览这些体验，并且可以利用光标选择我们认为最方便的状态。

此外，在这些体验之下共享是至关重要的。它已经存在于电影院里，因为声音和画面允许我们与邻座分享经历过的情感。人们会一起尖叫，一起哭泣，所有的这些都在同一个空间。但这仍然只是一个幌子。通过沉浸式体验，我们将在虚拟世界中（以后则可能是在混合世界中）共享一段娱乐时光。这将涉及一种新的故事构造的方式：考虑分享相同经验所产生的交互作用。我们发现，我们会感觉到同样的事情，而当我们的眼神交汇时，在那复杂的一瞬间，我们会感觉到更多鲜活的体验。当场景在我们身边展开时，分享是通过互动发生的。我们可以进一步想象，通过人工智能，叙事将因为展开场景的不同做出反应和改变。最后，我们发现自己仿佛置身于戏剧空间里。

最后一个必须提到的重要展望是来自这些媒体的危险，尤其是非法侵入他人的行为。目前我们很难真正地理解沉浸的影响。比如虚拟现实被用于治疗：例如治疗截肢患者与假肢相关的疼痛。在这种情况下，长期影响已被公认为是积极的。另一个情况是，电影的工业制作中，一些属性（尤其是闪光灯）可以触发癫痫发作。然而，与此相反，如今许多 VR 体验都开放给所有人，并且质量参差不齐。一般来说，用户在默认情况下不会觉得使用 HMD 的体验是中性的。晕车引起的恶心（前庭系统的暂时性故障，通常与我们在车辆中移动时的方向混淆有关）与晕船引起的恶心（前庭系统受到影响，涉及通常由空中或海上航行引起的持续性倾斜和 / 或移动的结合）不同。第一次晕眩可能持续时间很短，然而第二次可能持续数月，这些负面影响不容忽视。更进一步来说，我们可以设想，可能会有怀揣恶意的人大规模地利用这些影响。这就是为什么每个行业都需要一个用来保护用户的系统。除此以外，这也意味着我们需要对内容有一定的分析和验证，同时监测用户的生物体征。除了这些安全问题之外，考虑和研究道德问题也很重要（即我们能触及多深多远）。这些道德问题是人文学科研究人员必须解决的问题。

5.2　脑机接口

5.2.1　脑机接口：简介和定义

脑机接口（BCI）可以被定义为将用户的大脑活动转换为交互式应用程序的命令或消息的系统［CLE 16a，CLE 16b］。例如，在虚拟现实领域中，典型的 BCI 可以允许用户通过想象左手或右手的运动，将化身或虚拟对象移动到左边或右边［LOT 13］。这是通过测量用户的大脑活动来完成的——通常使用脑电图（以下简称 EEG）。然后通过系统将命令与精准的大脑活动模式相关联，正如由想象手的运动引起的大脑活动。因此，BCI 允许与应用程序进行"免提"交互，这些交互实际上不涉及任何运动和肌肉活动。BCI 很有成为帮助严重瘫痪患者的工具的前景，并且最近也成为了一种与数字或虚拟坏境交互的新手段。

BCI 有不同的类型：主动型、反应型或被动型［ZAN 11］。对于"主动型"BCI，用户必须积极地执行心理任务（例如想象移动一只手或进行心算），这些任务会被从大脑信号中识别出来，并转换为应用程序的命令。"反应型"BCI 使用受试者对刺激的大脑反应。例如，在视频游戏"MindShooter"中（见图 5.4），飞船的机翼和机头在不同的频率

图 5.4　MindShooter，一款受日本著名游戏"太空入侵者"启发的视频游戏，其中即用稳态视觉诱发电位进行反应性 BCI 控制［LEG 13］

⊖ EEG 通过头皮表面的微电流来测量大脑活动，并反映大脑皮层（大脑的外层）中数百万个神经元的同步活动。

下闪烁。当使用者将注意力集中在其中一个机翼或机头上时，他们大脑区域的 EEG 信号将随着视觉刺激（闪烁）而改变，并且最重要的是，这些信号将与刺激频率同步。这些信号被称为稳态视觉诱发电位（Steady-State Visual Evoked Potentials，SSVEP）。因此可以根据 EEG 信号，检测出用户是在看宇宙飞船的哪个部分（左翼、右翼和机头），并将宇宙飞船向左、向右移动或调头。最后，还有"被动型"BCI，它不用于直接控制应用程序，它评估用户的心理状态，而不需要用户有意识地通过 BCI 向应用程序发送命令。例如：被动 BCI 将尝试估计用户对应用程序的关注程度，从而相应地调整应用程序的内容或外观。如果用户不够专注，应用程序可能试图用一个特定的声音或者更换更加有趣的内容来"唤醒"他们。

5.2.2　BCI 不能做的事

为了防止对 BCI 的恐惧和不合理的幻想（这种情况经常发生），定义 BCI 不是什么和定义它是什么一样重要，尤其是指定它不能做什么！最重要的即是 BCI 不能读取用户的想法［CLE 16a］！即使 BCI 能够从一个人的 EEG 信号中识别出他正在想象移动他的手，但现在的技术尚不可能知道即将产生什么运动。BCI 无法分辨用户想用弯曲的左手手指指向某人时和想打响指时，EEG 信号之间的差异。实际上，脑电图测量了数百万个神经元的同步活动，因此只是大脑中真实发生的事情的"模糊"、嘈杂和不精确的版本。如果用户的精神状态只涉及一个（或几个）大的大脑区域的话，我们基本上可以进行预测。当前基于 EEG 的 BCI 无法检测你在想哪一封信，想看哪一个电视频道，是否希望打开灯、烤箱或拉窗帘。基于 EEG 的 BCI 还会受到是肌肉收缩或眼球运动的影响。实际上，眼球运动也会产生电流（ElectroOculoGram，EOG），就像任何肌肉收缩（ElectroMyoGram，EMG）一样，尤其是脸部和颈部肌肉，这些也可以通过 EEG 传感器［FAT 07］测量。因此，EOG 和 EMG 信号污染了 EEG 信号，从而阻止 BCI 正常工作。这些信号常常也是造成混淆的一个因素。例如，我们能够从用户的 EEG 信号中识别出他想要打开灯，但事实上这是由 EEG 测量的 EOG 或 EMG 信号中用户看到光时头部或眼睛的运动。需要被牢记的一点是，许多被称为 BCI 的商业产品，甚至一些已发表的科学研究都声称从 EEG 信号中识别出许多心理状态，但并没有事先验证或证明这些不是被识别的肌肉或眼部信号。事实上目前情况并不乐观，BCI 本身只能识别少量心理状态。

本章的其余部分将解释 BCI 如何工作（5.2.3 节），然后讨论 BCI 的主要应用（5.2.4

节），最后给出该领域的一些未来展望（5.2.5 节）。

5.2.3　BCI 的工作原理

BCI 作为闭环交互循环工作，从测量用户的大脑活动开始，然后处理和分类所测量的大脑信号，以便将它们转换为应用程序的命令，并以向用户发送的命令已被识别的反馈结束，因此用户可以逐步地深入学习使用 BCI。下面将详细描述这些步骤。

1. 测量大脑活动

BCI 中有许多测量用户大脑活动的方法［WOL 06］。鉴于便携性、适中的成本和无创性，EEG 仍然是目前使用最广泛的方法。但 EEG 信号质量很低，主要反映的只是大脑皮层，即大脑外层的活动。以磁电流的形式测量大脑活动的脑磁图（MEG）可以潜在地从大脑深处，即皮层和稍微低于皮层的地方收集大脑信号。但与前者不同的是，它是一个非常笨重和昂贵的设备，因此在实践中并不经常使用。测量不同大脑区域血液中的耗氧量也可以间接地测量大脑活动。实际上，大脑区域越活跃，脑部消耗的氧气就越多。因此，测量整个大脑的氧浓度将使我们能够看到哪些区域是活跃的。可以使用功能磁振成像（fMRI）以磁性方式测量氧浓度，以便能测量整个脑容量的活性（但它的设备同样笨重和昂贵），也可以使用近红外光谱（NIRS）以光学方式测量氧浓度。光线的特性会根据它所穿越的介质（这里是大脑区域）中的氧浓度而改变。最后，还可以使用侵入式传感器测量大脑活动，即通过外科手术将它们放置在颅骨内［LEB 06］。如前所述，这些传感器可以直接放置在颅骨内、皮质表面（ElectroCorticoGraphy，ECoG）甚至大脑内以测量单个神经元的活性。这样的信号质量和空间分辨率当然都更高——然而这要求用户进行手术。对于虚拟现实，EEG 仍然是目前应用最广泛的技术。NIRS 正被越来越多地使用，并且最终可能与 EEG 结合。一些研究项目也正在致力于在 VR 中使用 fMRI 技术。

2. 脑信号的处理和分类

测量了大脑活动之后，必须对收集到的大脑信号进行处理和分类，以识别用户正在发送的心理命令（例如，想象左手或右手的运动），然后将该命令翻译到应用程序。这通常通过使用机器学习方法来完成（见［CLE 16a］第 6、7 和 9 章）。大脑信号首先被过滤（同时使用频率过滤和空间过滤）以识别频率（EEG、MEG 或 ECoG 是振荡信号）和相关传感器（即相应的大脑区域）来识别用户的心理命令。例如，为了区分想象左手和右手的运动，我们主要使用频率为 μ（8 ~ 12Hz）和 β（16 ~ 24Hz）的 EEG 信号，频率为 γ

（>70Hz）的 ECoG 信号和位于电机区域上方的传感器（位于左右侧的两个电极，C3 和 C4 是它们的标准国际命名）。理想的频率和传感器可以通过机器学习算法，使用示例数据学习得到。下一步通常是从滤波后的脑信号中提取我们所谓的特征。这些特征大部分是描述与信号相关的内容，例如感兴趣的频率范围内信号的强度，或是不同时长信号的幅度。最后将这些特征输入到称为分类器的算法中，例如线性判别分析（LDA）或大边距分离器（VMS）等算法使用数据来学习和判断这些特征的哪些值对应于哪个类，即哪个心理命令。一旦识别出来，就可将其与命令相关联，比如当识别出的类是左手的想象运动时，便可以向左转。

3. 反馈和人类学习

最后，BCI 有效运行的另一个重要因素是用户本身。实际上，用户必须产生一种特定的大脑活动模式才能被 BCI 识别。如果用户无法生成此模式，BCI 则无法识别它。因此，学习使用 BCI，尤其是通过心理图像任务来使用主动型 BCI（如想象运动、心算），像骑自行车一样，需要训练和实践从而掌握（见［CLE 16a］第 11 章）。促进这种学习的一个关键因素是向用户提供反馈。这种反馈通常是可视的，并且清楚说明 BCI 已经识别的心理命令，以便用户可以从这种反馈中学习并改进。比如这种反馈可以是蓝条的形式，它沿着被识别的心理任务的方向增长：若识别出左手的想象运动，则向左生长；若识别出右手的想象运动，则向右生长。蓝条越长，分类器在判断任务时就越有信心。因此，用户在想象时必须找到正确的策略（我应该想象慢速移动还是快速移动？需要用所有的手指吗？），这样每次在正确的方向上蓝条都会尽可能地变大。但是这种学习方法还很初级且不完善，尚未遵守人类学习理论或教育心理学的基本原理。因此，这是一个需要更多积极研究的领域［LOT 15］。

5.2.4　BCI 的现有应用

BCI 一直主要被用做工具帮助患有严重运动障碍的人，让他们能够与环境沟通、移动或互动。现在这依旧是 BCI 的主要应用领域，如 5.2.4 节第一部分所述。但使用 BCI 的通用应用程序越来越多，例如新的人机交互（HMI）工具。5.2.4 节第二部分介绍了一些用于 HMI 的 BCI 应用程序，主要用于控制视频游戏或 VR 应用程序，以创建能够对用户的心理状态做出反应的 HMI 或自适应 VR 应用程序，最终评估影响 HMI 或 VR 应用程序的人体工程学和人为因素。

1. 辅助技术和医学应用

（1）通信

BCI 作为辅助工具的最初应用之一是通信工具：允许严重瘫痪的人选择字母以便能够书写文本［CEC 11］。最著名的使用 BCI 的通信系统是"P300 拼写器"，它也是被最广泛使用的此类通信系统。P300 拼写器背后的思想是在屏幕上显示字母表的所有字母，并让它们一个接一个地闪烁，或者按组闪烁。然后我们要求用户数他们想要的字母亮了多少次。每次我们都能观察到一个叫作 P300 的特定脑信号（因此这是一个反应型 BCI），它会在一个罕见且相关的事件之后出现，延时大约 300ms，而此时用户想要选择的字母已经点亮。当 BCI 检测到这个信号时，它知道刚刚点亮的字母是用户希望选择的字母，因此它可以选择这个字母。

（2）假肢、扶手椅和矫形系统

为了向有运动障碍的个人提供帮助，使用 EEG 的 BCI 被用于控制简单的假肢，例如通过想象手部的运动来打开或关闭假肢手［MIL 10］。最近关于使用植入型 BCI 的研究表明，瘫痪者在大脑中植入数百个电极，经过几周的 BCI 训练之后，她能够控制机器人手臂超过 10 个自由度的活动［WOD 14］。使用 EEG 的非植入型 BCI 也被用于控制轮椅，例如通过分别想象脚、左手或右手的运动来前行、左转或右转［MIL 10］。最后 BCI 也可用于家用应用。类似于前文所描述的 P300 拼写器的反应型 BCI［MIR 15］可以被用于控制不同的家用电器，比如电视、灯、空调等。不同的按钮（每个按钮控制家用电器的设置，如打开或关闭电视）被显示在屏幕上，并且闪烁。就像 P300 拼写器中的字母一样。用户可以按照与前面相同的方式选择它们——计算所需按钮点亮的次数会产生提供 BCI 可以检测到的 P300 信号。该系统通过了以瘫痪患者为对象的测试和验证。

（3）复健

最近，BCI 技术展现出在中风后运动恢复方面的突出前景［ANG 15］。实际上，中风的人可能发现自己部分瘫痪，因为中风可能导致大脑运动区域的损伤。传统复健过程中，为了减轻这种损伤，患者被要求移动瘫痪的肢体以激活受影响的大脑区域，从而利用大脑的可塑性来帮助修复损伤。不幸的是，中风后短时间内患者的肢体可能会完全瘫痪，自主运动也就变得不太可能。此时 BCI 就可以发挥作用，如果病人确实试图进行运动，并主动激活了右侧大脑运动相关区域的话，BCI 可以通过 EEG 信号检测到。因此，

BCI 可以为患者提供反馈，指导他们激活受影响的大脑区域。临床研究表明，这种方法确实加快了患者的康复，从而减少了瘫痪［ANG 15］。

2. 面向所有人的人机交互

（1）视频游戏与虚拟环境中的直接交互

从 21 世纪初开始，尤其是面向普通大众的电极头戴式显示器出现后，人们开始考虑将 BCI 应用于视频游戏和虚拟现实［LÉC 08，NIJ 09，LOT 13］。一些在实验室里进行的概念实验证明了在视频游戏或虚拟环境中可以用 BCI 来实现"用大脑控制"［LÉC 08，NIJ 09］。BCI 被成功地用于执行多个 3D 任务，例如选择 3D 目标或控制虚拟导航［LÉC 08，LOT 13］。我们还能够以 OpenViBE2（2009 ～ 2013）合作研究项目为例，该项目汇集了法国视频游戏专业人员和学术领域的重要参与者，以便研究基于 BCI 的视频游戏的未来（见［CLE 16b］第 5 章）。项目测量了在视频游戏和 / 或与 3D 虚拟环境

直接交互的情况下，可以通过 BCI 测量主要脑信号：P300、SSVEP、想象运动（图 5.5）或控制自己的集中 / 放松水平（图 5.6）。在这个项目中，游戏开发者最感兴趣的大脑活动是那些更容易向用户解释的、更易于用户学习的并且看起来是最可靠的（识别率最高的），例如 SSVEP。事实上，已经有由 BCI 控制的视频游戏。这些游戏已经可以通过 OpenViBE 软件免费获得［REN 10］，或者在某些 EEG 头戴式显示器制造商的网站上购买。

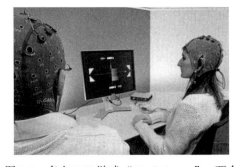

图 5.5　多人 BCI 游戏"BrainArena"：两个玩家都装有 EEG 头戴式显示器，通过想象左手或右手的动作玩家可以共同移动来共同得分，也可以相互对抗

图 5.6　VR 应用"Vitual Dagoba"：用户配备了无线 EEG 头戴式显示器，沉浸在沉浸式空间中（Immersia，IRISA/Inria，Rennes）以及以电影《星球大战》中的宇宙为蓝本建造的 3D 场景中。用户可以通过集中精力将飞船拉上来，也可以放松精力将飞船放下去。有关此图的彩色版本，请参见 www.iste.co.uk/arnaldi/virtual.zip

（2）基于自适应或被动 BCI 的交互

此外，还可以以被动的方式使用 BCI 调整内容或交互，从而检测用户的心理状态，而不是显式地控制应用程序，这一点尤其在面向 VR 探索的途径中呈现出许多优点（我们将在这里谈到自适应交互或隐式交互）［LÉC 13，ZAN 11］。这样就可以提出一个概念验证，允许在 VR 中通过用户的认知负荷（通过 EEG 直接测量并且与用户的 3D 交互平行）来建立虚拟训练环境［LÉC13］。例如外科医生手术姿势训练模拟器，可以训练对肝脏的肿瘤进行活检（图 5.7）。同时模拟器有触觉界面，该界面对探针的插入力进行反馈。当系统判断用户的认知负荷"过高"时，引导性质的触觉反馈就会被激活。

这条路径大大减轻了对 BCI 实时性能和可控性的要求，强调大脑信号可以做出的贡献，使得展望 BCI 在游戏或 VR 的更多用途成为可能。这是 BCI 非常有前途的一个发展方向［ZAN 11］。现在已经存在许多应用：任务执行时自动适应，设计和纠错、索引内容、娱乐和视频游戏，等等［GEO 10］。

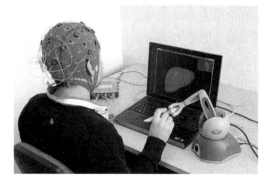

图 5.7　触觉和基于 BCI 训练的虚拟现实模拟器：虚拟辅助设备（视觉和触觉反馈）会基于用户的认知负荷被激活，并指导用户执行插入探针的任务，以便对肝脏中的肿瘤进行活检

（3）神经工效学

在不用于直接与 HMI 交互的情况下，无论是否具有 VR，BCI 技术都可用于评估这些 HMI 及其人体工程学的利弊。利用神经信号分析和神经科学知识分析 HMI 的工效学被称为神经工效学［PAR 08］。例如：通过分析 EEG 组，不同研究组（包括我们的 Inria 研究组）的研究表明，在复杂的交互过程中持续地估计用户的心理负荷是有可能的。例如涉及导航或操纵 3D 对象的任务［FRE 17］。这使我们能够评估使用技术或外围交互设备有多困难。用户的精神负荷还可以用 NIRS 技术（见 5.2.3 节第一部分）通过光学检测的大脑信号来进行估计，以提供关于驾驶舱的人体工程学信息（见［GAT 15］为例）。最后，我们还演示了如何使用 EEG 信号来估计一个人在立体显示器中可视化物体时的视觉舒适度［FRE 17］。

5.2.5 BCI 的未来

BCI 是一种新技术，也是一种非常有前途的新型交互方式。但 BCI 短时间内还停留在实验室中的原型阶段。妨碍它们在实验室外实际使用的主要限制因素是缺乏可用性［CLE 16a，CLE 16b］。即使是侵入性的 BCI，目前仍旧不够有效，会经常误识别用户的心理命令，不知道用户希望传达什么。同时它的效率也不高，因为安装、校准和学习如何使用需要一定的时间。目前，将 BCI 用于直接交互的外围设备，有意地向应用程序发送命令的方法并不是非常有用（除了用户严重瘫痪的情况）。实际上，用于交互的其他外围设备（例如注视跟踪、控制器、鼠标、手势或语音识别）将更加有效和高效。

正如上文所说，当前 BCI 研究的一个主要挑战就是提高可用性。比如我们可以改进测量大脑活动的传感器，处理大脑信号的算法，甚至用户学习控制 BCI 的方式。关于心理信号的处理已经有很多研究，但是关于人类学习的研究项目则要少得多。所以我们可以期望在这方面取得更大的进展，并希望看到 BCI 变得更加实用。特别值得关注的是，目前训练用户使用 BCI 的方法对于所有用户在所有环境、背景下都是相同的，并且它们没有向用户解释为什么他们的心理命令会被正确地（或不正确地）识别。所以未来的培训方法会去适应每个用户的个人资料，也会适应他们的技能。它们还能向用户解释如何改进与系统的交互。这应该能让用户快速地学会如何更好地控制许多心理任务，从而获得更高的效果和效率。尽管 BCI 本身就是一场革命，但是如果能设计新的传感器系统，使其能够以非侵入性和便携的方式测量大脑活动，并且具有比脑电图高得多的空间分辨率的话，将会是巨大的进步。

未来几年，我们可以期待被动型 BCI 的重大发展。对于直接控制，被动型 BCI 不需要有像主动型 BCI 那样高的可用性。这种技术有许多潜在的应用，特别是在 VR 中，用于创建接口、应用和自适应系统，以及评估和特征化这些系统。我们还可以预见，越来越多的应用程序将 BCI 和 VR 一起用作补充工具。例如 BCI 和 VR 在中风后的康复中都是有用和有效的，它们的结合似乎是开发新的康复方法的自然途径。BCI 和 VR 的结合也打开了研究感知、运动姿态甚至人类行为的可能性。VR 将能够创建受控的和自适应的虚拟环境，而 BCI 将能够估计用户在面对这些环境时的心理状态（比如运动或认知）。这些应用将有益于每个人，而不仅仅是严重瘫痪者，因此 BCI 有可能从实验室进入市场。

最后，EEG 传感器普通大众就可以接触到，再加上用于设计实时 BCI 的开放源码和免费软件（比如 OpenViBE［REN 10］），都促进了 BCI 的发展、研发和开发，可以说

BCI 现在掌握在大众手中（见 NeuroTechX2[⊖]，一个对所有人开放的国际网络）。所有这些都预示着 BCI 领域的重大科技进步，因此我们希望未来有重大的社会进步，尤其是对虚拟现实。

5.3　虚拟现实中的替代感知

5.3.1　简介

在本节中，我们将介绍如何使用 VR 技术来改变用户的感知。实际上，VR 允许我们产生一个替代现实的感知错觉。用户不仅能够被传送到另一个时间的另一个地方，还能与不在他们旁边的物体或人交互，而且使用 VR 他们还可以感觉到不可能的事情，甚至改变对自己身体的感知。

由 VR 体验产生的感官错觉和我们大脑提供的最有可能的解释相一致，这取决于它接受的感官刺激和我们早期对世界的知识和经验。当虚拟情况看起来最可信时，用户就会产生存在的感觉，并在虚拟环境内做出与实际情况相同的反应（更多细节见 Slater［SLA 09］）。

值得注意的是，虚拟现实通过从多个方向向用户提供信息的虚拟环境（VE：Virtual Enviornment）创建矛盾，从而提供创建感官冲突的可能性。这些感官冲突可能是有问题的，而某些冲突是必须被避免的。例如很多用户会被模拟器疾病或称晕动症所影响：应用程序引入了用户接收的视觉信息和前庭信息（或本体感受，见 5.3.4 节第一部分）之间的冲突。然而基于用于显示 VE 的设备（例如屏幕、图像墙、HMD），我们可以通过操纵所显示的信息和用户感觉到的刺激来改变用户的感知（触摸、对自己身体和肢体的感知甚至味道）。我们将讨论这种"伪感觉"效应：当一种感觉模式强烈地干扰和影响与另一种感觉模式相关的刺激的感知时，它会使人产生感官错觉，或对刺激的替代感知。视觉最常被用于产生伪感觉反馈，因为视觉占据统治地位，特别是当感官之间存在冲突时（见［GIB 33，RAZ 01，BUR 05］）。

"伪感官"效应最著名的例子是 Lécuyer 等人引入的伪触觉反馈。他们希望在虚拟环境中不使用触觉接口（例如力反馈臂）来恢复触觉信息［LÉC 00］。他们想通过修改用户感知到的视觉刺激来模拟触觉感觉。

⊖　http://neurotechx.com/

本节旨在概述如何使用 VR 改变用户的感知。我们将首先研究如何使用伪感觉反馈在虚拟现实中改变用户感知，然后阐明如何通过改变静止用户在虚拟现实中的移动让用户产生移动的错觉，从而克服当前 VR 技术在虚拟环境中的移动限制。在最后一节中，将介绍对身体的替代感知概念，并且我们将看到，由于 VR 技术，我们不仅可以修改对自己身体的感知而且可以改变自身的一些行为。

5.3.2 伪感觉反馈

在本节中，我们将讨论 VR 有意创造的感官冲突如何使生成 3D 交互新模式以及用户在沉浸虚拟环境中的"替代"感知成为可能。首先提出伪触觉反馈的概念，然后将这一概念扩展到其他形式（听觉、味觉等）。

1. 伪触觉反馈

2000 年，Lécuyer 等人在一篇开创性的论文中引入了伪触觉反馈的概念 [LÉC 00]。这个想法是利用人类感知和多感官整合的特性——即人类感知系统同时整合和分析同时来自多个感官通道的刺激。更具体地说，伪触觉反馈最初通过给予用户动作以视觉反馈来引入。然后，这种方法就可以模拟触觉感受：不是使用专用的触觉界面，而是使用简单的、被动的输入外围设备（例如鼠标、操纵杆等）结合视觉效果（或通过除触摸之外的任何感觉通道）。伪触觉反馈产生了一种"触觉错觉"：当用户的真实和物理环境保持不变时，对触觉属性的感知会发生变化。我们将通过下面给出的几个例子说明这种方法和虚拟现实中"伪感觉"反馈的概念。

（1）通过视觉反馈的伪触觉

伪触觉反馈概念的一个简单例子是 Lécuyer 等引入的伪触觉纹理或图像的概念。包括使用计算机鼠标模拟 2D 图像的纹理或浮雕的触觉感觉 [LÉC04]。

图 5.8 给出了伪触觉纹理的概念，它根据图像中的信息修改光标的移动。实际上，鼠标光标的移动通常直接取决于鼠标的移动。为了产生另一种伪触觉纹理的感觉，根据图像⊖的内容，我们人工修改光标的速度和移动。

例如，为了模拟图像中的"凸起"，我们必须首先降低光标的位移速度以便模拟上坡，然后一旦光标过了"凸起"的一半，则加速位移给出下坡的感觉。类似地，我们也可以通过突然停止光标的移动来模拟遇到墙壁。

⊖ http://www.irisa.fr/tactiles/

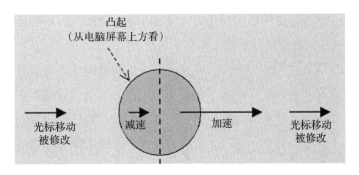

图 5.8 伪触觉纹理的概念：模拟用户移动光标到"凸起"的触觉体验

正如我们刚刚看到的，伪触觉反馈的概念包括使用视觉反馈来给用户感觉到触觉的幻觉。这个想法还被用于模拟"基本的"触觉特性，如：

❏ 重量：Dominjon 等人为了让用户产生物体比实际重量轻的错觉，人工修改用户在屏幕上操纵的 3D 对象的位移速度［DOM 05］；

❏ 摩擦：模拟物体在不同表面上移动时的阻力，例如物体在光滑的表面（如大理石）上移动比在粗糙的表面（如沙子）上移动更容易（见［LÉC 00］）；

❏ 刚度：允许模拟物体的硬度或弹性程度（见［LÉC 01］），这里的想法是基于用户对输入外围设备施加的力来变形 3D 对象（见图 5.9）；

❏ 扭矩：Paljic 等人将模拟刚度的概念扩展到扭矩和扭转刚度的概念，并比较了弹簧的真实和伪触觉扭转［PAL 04］。

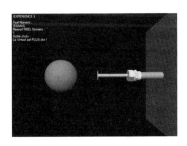

图 5.9 伪触觉反馈对物体刚度的模拟［LÉC 00］

（2）通过听觉反馈的伪触觉

一项研究初步提出了使用听觉通路来诱发伪触觉感觉的方式［MAG 08］。结果表明，在使用触觉外围设备期间，竖琴的声音，或者竖琴是否在演奏可以唤起与用户真正接收不同的感觉。然而，这项研究仍然相对保密。通过播放声音来唤起触觉感觉是颇具希望的方法，但仍需进行更多的研究。

最近，Serafin 等人试图通过让用户听到不同表面的脚步声来测量用户是否能够感觉到他们正在走过地面上的凹陷或凸起［SER 10］。在现实中，我们能够根据两步之间的时间间隔，或者脚后跟着地和脚尖着地的瞬时差，不知不觉地辨别我们是在凸起、凹陷还是平坦的表面上行进。因此，通过改变这些参数，只要让参与者听到脚步声，研究人员就能够让他们有走过凸起或凹陷的感觉。

2. 伪味觉反馈和其他感官

伪感觉反馈的概念也被应用于味觉。想法是希望通过改变参与者正在吃东西的视觉形象，并使用能够模拟真实气味的嗅觉反馈系统，让参与者感觉到不同的口味。

Narumi 等人［NAR 11］提出了一种非常创新的方法，它能为佩戴 HMD 和嗅觉反馈系统的用户改变饼干的味道，如图 5.10 所示。

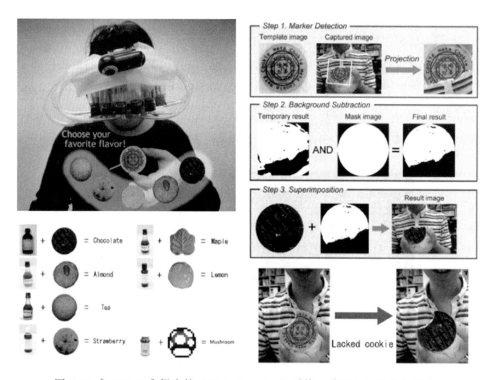

图 5.10 ［NAR 11］提出的"Meta Cookie+"系统。关于此图的彩色版本，
请参见 www.iste.co.uk/arnaldi/virtual.zip

其思想是在视觉上修改呈现给用户的饼干的外观，同时利用人工嗅觉反馈系统扩散气味，这些气味可以引发我们想要模拟的味道。作者测试了不同的实验条件，即（1）单独对饼干的外观进行视觉修饰（我们显示巧克力饼干而不是普通饼干）；（2）单独进行嗅觉修饰（我们扩散巧克力的气味）；（3）视觉和嗅觉刺激的组合（我们显示巧克力饼干同时扩散巧克力的气味）。结果表明，这种方法可以改变饼干的感知味道，并且组合刺激（实验条件（3））将产生最佳结果。

5.3.3　运动的替代感知

在本节中，我们将研究如何为沉浸在虚拟环境中的用户提供移动的错觉。这里"移动的错觉"可以通过呈现给用户的视觉刺激而获得。

1. 简介

VR 技术的局限之一是在虚拟环境中的移动。典型的情况下，用户要么在虚拟环境中物理地移动（例如步行），要么使用允许移动的外围设备（例如控制器）。尽管原因不同，但两种解决方案都不能令人满意。控制器的使用允许用户在大型虚拟环境中简单而有效地移动，但是用户不会有移动的感觉（保持静止）。而用户可以在 VR 设备中物理移动的话，通常虚拟环境的大小会受到限制。

在本节的其余部分，我们将解释如何通过触觉反馈（见 5.3.3 节第二部分）甚至改变虚拟现实应用中相机的运动（见 5.3.3 节第三部分）来影响用户对自己运动的感知。

2. 触觉运动

从本质上说，移动的感觉是多通道的，因为它结合了视觉、触觉、本体感受、前庭甚至听觉信息。要向静止的用户传递 VR 中的移动性感觉，可以让其在大屏幕上或视听头戴设备中观看运动中的场景。实际上，刺激周边视觉可以诱发"对向"的错觉。你肯定自己经历过这种错觉：在火车站，旁边的一列火车开始移动时，你会感觉自己的火车在往相反的方向开动，即使你是完全静止的。

Ouarti 等人表明我们可以有意地去加强对向的错觉［OUA 14］。他们的方法叫作触觉运动（见图 5.11）。向用户的手施加一个力，该力

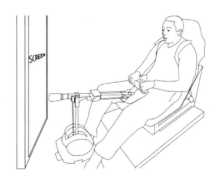

图 5.11　"触觉运动"实验装置［OUA 14］

与场景中的视觉位移的加速度成正比。固定使用者的肩膀以防止其移动。作者表明，无论是在强度还是持续时间上，增强的对向感确实是由于触觉反馈，而不是前庭感觉或本体感受。

相对于用于运动仿真的传统装置（例如移动座椅），触觉运动的优点在于它能够使我们在很长的时间内保持"对向"的错觉，并且可以在任何 3D 方向上做到这一点。因此，这种方法在娱乐（主题公园等）和 VR 的应用发展中很有潜力。

3. 虚拟摄像机的运动

另一种加强静止用户在虚拟环境中位置感知的方法是修改虚拟摄像机的运动，如模拟步行。这些效果已经在第一人称视频游戏中使用了很多年，并且它们在虚拟环境中的使用也被研究过。

传统方法［LÉC06］通过仅修改虚拟摄像机在虚拟环境中的行为来诱导类似步行的感觉，该方法将振荡运动应用于虚拟摄像机，然后在虚拟环境中拍摄第一人称视角。这样一来，通过再现行走时人能感受到的特征视觉通量就可以给使用者步行的感觉。利用这个想法，Terziman 等人扩展了虚拟相机的运动概念，以便再现跑步或短跑的运动［TER 13］。他们的方法还考虑到了虚拟环境中的拓扑变化（例如在陡坡或下坡的情况下），并且可以基于我们希望描绘的虚拟的形态（例如体重、年龄和物理条件）进行配置，以展现不同的疲劳和恢复状态。

最后，我们有一组目标略有不同的技术。这些技术被统称为"重定向行走"，最初由 Razzaque 等人［RAZ 01］提出。这些技术也利用虚拟相机的运动来改变用户对运动的感知。在虚拟环境中，用户可以控制位移和他们视角的方向，特别是在虚拟现实空间中物理移动时。一般来说，在真实世界中执行的运动将直接应用于虚拟环境。因此虚拟环境中的位移受到 VR 设备实际尺寸的限制。"重定向行走"技术背后的思想是通过放大用户执行的运动来操纵虚拟相机，使得在虚拟环境中执行的运动与真实世界中的运动不同。这样尽管 VR 设备在一个小得多的物理空间中，用户仍然可以在大型虚拟环境中移动。Steinicke 等人研究了在放大"重定向步行"技术中运动应用时的阈值［STE 10］。用户的最终印象是，他们在长距离上走直线，而实际上他们在物理空间中绕圈子。

5.3.4 改变对自己身体的感知

到目前为止，我们已经看到了如何使用 VR 来修改用户在虚拟环境中感知到的内容。

VR 可以让用户改变感知以便再现触觉，甚至在用户静止时引发移动的感觉。在本节中，我们将进一步说明 VR 如何能改变用户对自己身体的感知，从而成功地在其他方面修改用户的行为，例如种族偏见。

1. 身体所有权错觉

在本节中，我们将研究怎样影响或改变我们对自己身体的（有意识的或无意识的）感知，比如我们身体不同部位的位置和运动。这种感知通常被称为本体感受，也称为动觉。

当使用 HMD 时，VR 使得用户能够完全沉浸在虚拟环境中并且完全与真实世界隔离，包括他们自己的身体。尽管身体所有权指的是一个人对自己身体的感知是有效的，并且经历的身体感觉是独特的（更多细节见［TSA 07，VIG 11］)，但 VR 使得我们产生对身体所有权的错觉，其中包括改变我们对自己身体的感知。HMD 的使用产生了一种新型的伪感觉效应，它使我们能够改变对自己身体的感知。之后我们谈到"身体所有权错觉"，它是另一种"身体感知"，即具体化或虚拟化身体所有权。

图 5.12 是身体所有权错觉的经典示例（不一定来自 VR）。在"皮诺曹错觉"（Pinocchio Illusion）（图 5.12A）中，被蒙住眼睛的参与者在触碰自己的鼻尖时，他们的二头肌会受到振动的刺激。当以特定频率施加这些振动时，参与者会有手臂变长的错觉，并产生鼻子和 / 或手指也一起变长了的错觉。图 5.12D 是著名的"橡胶手错觉"（Rubber Hand Illusion）［BOT 98，ARM 03］。参与者能看到面前的一只橡胶手，而他们自己的手在视野之外。实验者以同步的方式刺激双手，并且一定时间后（不同参与者所需的时间不同）参与者会体验到感知失真，不再能够辨别他真实的手在哪里。他们察觉到自己的手似乎位于真实的手和橡胶手之间［BOT 98］。

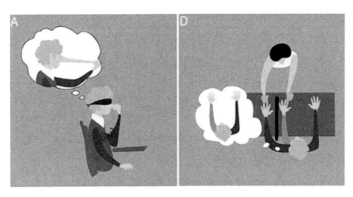

图 5.12　身体所有权错觉的例子［KIL 15］：皮诺曹错觉（左图）和橡胶手错觉（右图）

2. 在 VR 中改变身体感知

在经典的"身体所有权错觉"实验之后，沉浸式虚拟现实通过将参与者的身体替换为 3D 化身或人类形式的 3D 模型来开发新的错觉，该 3D 模型可以使用运动跟踪以与参与者的运动连贯的方式进行动画。有关创建化身或交互式虚拟人的更多信息，参见 *Virtual Reality Treatise* 第 5 章，该章专门讨论虚拟人 [FUC 00]。

我们可以使用运动跟踪和 HMD 给用户提供一个替代身体（通常称之为化身）。使用化身代替用户的真实身体，然后创建身体所有权错觉，就可以改变一个人对自己身体的感知。

（1）在虚拟现实中改变身体的一部分

许多（在运动捕获系统和视觉接口方面）使用类似协议和设备的实验表明，改变用户身体的一部分的感知是可能的。因此，用户会无意识地"接受"他们身体的修改部分确实是他们身体的一部分的事实。在虚拟环境中展示虚拟的威胁并研究参与者如何反应，可以确定用户接受了这个事实，并且不将新的身体或修改后的身体部分视为工具或对象。

Kilteni 等人扩展了用户的虚拟臂 [KIL 12]。用户确实认为虚拟肢体是自己的手臂，而其长度是真实肢体的三倍。测试中如果虚拟的手臂受到威胁，用户会缩回他们的手。使用相同的概念，其他实验已经尝试向用户的手添加第六个手指 [HOY 16]、放大参与者的肚子 [NOR 11]、甚至给参与者一个"虚拟尾巴"[STE 13]。

类似地，修改用户对他们身体的整体感知（而不仅仅只是一个部分）也是可能的。图 5.13 中的 VR 体验允许参与者占据或进入"另一个人的皮肤"。研究 [BAN 13] 指出，他们的实验使成年人拥有了一个虚拟的 4 岁孩子的身体。这一实验的结果还表明，一旦接受了孩子的身体之后，与不在虚拟身体中的用户相比，参与者将高估物体的大小。

其他的实验已经说明了 VR 在改变我们对身体的感知方面能有多大的作用，这还要归功于

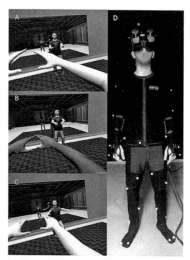

图 5.13　使用 HMD 和运动跟踪系统影响参与者虚拟化身感觉的装置 [BAN 16]

我们卓越的大脑可塑性。实验表明，对于白皮肤的（高加索人）参与者［MAI 13］，我们也能够唤起具有黑色皮肤的虚拟手臂（甚至是整个虚拟身体）的所有权感［PEC 13，KIL 13］。

一些实验表明虚拟化身对用户的行为有更深刻的影响。事实上，Banakou 和 Slate［BAN 14］表示，当在虚拟化身中时，参与者可能会有一种错觉：认为他们执行了本应由他们的化身执行的动作。例如，在虚拟环境中，化身说某个词的音调比参与者的音调更高，之后参与者不仅有曾说过这个词的错觉，而且当他们说话时，也会无意识地使用比"正常"声音更高的音调。

（2）改变感知的结果：在 VR 体验之外改变参与者的行为？

相当令人惊讶的是，当 VR 能够改变用户的感知时，研究人员表明这种感知的改变可能对用户产生超出虚拟环境的、在真实世界的影响。

如前所述，通过技术手段可以唤起用户对与自己真实肤色不同的虚拟身体或化身的所有权感。研究显示，通过让参与者扮演不同肤色的化身可以减少他们的种族偏见。因此，参与者在实验开始前几周和结束后几周回答种族偏见评估问卷时，使用与自己肤色不同的化身的参与者的种族偏见显著减少［MAI 13，PEC 13，BAN 16］。

类似地，Yee 和 Bailenson［YEE 06］表明与那些使用年轻人化身的参与者相比，使用老年人化身的参与者对老年人的负面刻板印象会显著减少。他们在［YEE 07］还研究了拥有另一个化身会如何影响参与者与其他虚拟角色的交互，尤其是这些角色非常高大或极具视觉吸引力时。

Kilteni 等人［KIL 13］研究了化身的外表如何影响参与者演奏乐器的方式。这些研究人员表明，化身肤色较深、穿着较随意的参与者比那些化身肤色较浅、穿着较正式（西装）的参与者更能有"创造性"（参与者的动作频率和变化更大）地演奏非洲手鼓。

最后，虚拟化身还被用来鼓励参与者参加体育锻炼［JAU 14］，减少在公共场合讲话时的焦虑［PER 02，AYM 14］，甚至让参与者变成动物化身使其关注环境问题［AHN 16］。

综上所述，使用 VR 唤起对虚拟化身的感觉是可行的，这可以让参与者产生他们身体的一部分或整个身体都被修改的错觉，甚至可以改变参与者的行为表现，且这些改变不仅限于虚拟世界。

　　然而，身体所有权错觉存在一些先决条件。Petkova 等人［PET 11］首先谈到了第一人称观点在虚拟环境中的重要性。Maselli 和 Slater［MAS 13］也证实了这一点，他们指出这是它们发挥作用的必要条件。在同一篇文章中，这些作者还强调，即使不使用本体感受（即不要求用户移动）或同步的视觉触觉刺激，这些错觉也可以发生。也就是说，让用户看到化身处于与自己对应的姿势就足以引起错觉。他们还指出本体感受和同步的视觉触觉刺激加强了错觉，当虚拟化身在衣物和皮肤颜色方面与用户的身体相似时也是如此。

5.3.5　结论

　　我们已经看到了 VR 中改变感知的各种例子，并且看到了如何在虚拟环境中让用户感觉自己在运动。同时我们也展示了如何改变对自己身体全部或部分的感知，甚至有可能观察参与者在 VR 体验之后的行为变化。

　　因此，虚拟现实不仅可以再现真实可信的刺激，而且可以产生新的、富于改变的感知，并且可以研究其对用户感觉或行为的影响。这是一个极其新颖和丰富的研究领域，在改变用户感知，以及大脑可塑性的限制方面提供了非常有趣的研究前景：如何我们能在多大程度上改变自我感知？

　　这里呈现的伪感觉效应并不包括所有的人类感官，也没有讨论所有可能的组合。但可以提出一个问题：不同感官组合之间的“差距”是由于缺乏研究，还是由于某些组合是不可能的？是否有可能在 VR 中刺激所有感官？我们能否仅使用部分感官来模拟一切，或者使用所有感官进行模拟？感官之间的关系是什么？这其中有对称性或者反对称性吗？

　　正如我们看到的，目前唤起与某些感官有关的感觉仍然很困难，甚至不可能做到，或是由于缺乏关于该主题的研究（例如气味），或是由于技术上的限制。正如我们在这一节中所阐述的，伪感觉效应的概念接近于感知幻觉。但我们真的说清楚这件事儿了吗？我们真的能把伪感觉效应看作一种幻觉吗？这个问题在科学界仍然引起争论，从而打开了关于在不直接刺激我们的感觉受体的情况下唤起感觉的新方法的研究和实验的大门。

　　这种技术有各种各样的应用。首先是在娱乐领域，更具体地说是电子游戏。此外，还有针对特定运动领域培训的 VR 训练，以及用于治疗神经病理性疼痛（例如假肢综合征）的复健和康复的 VR 训练，在这些实践中虚拟现实已显示出非常有潜力且值得期待的结果。

　　由虚拟化身带来的行为改变产生的影响是治疗心理或社会问题的一种很有前景的方法（见 5.3.4 节第二部分）。然而这种改变面临一个重要问题：它们是否会随着时间而持续？目前的结果倾向于不支持这个假设，但这会不会只是因为现在的虚拟体验相对简单？不可否认的是将来的技术限制将会减少，那么这些改变也许会持续更长时间。无论如何，通过虚拟现实来改变行为的可能性引发了一个重要的伦理问题：我们能以这种方式"操纵"人们的行为吗？研究虚拟现实的伦理问题是当前一个广阔而相对被忽视的领域，不过我们理应提到 Madary 和 Metzinger 所做的工作［MAD 16］，他们提出了一个用来规范 VR 使用的道德准则。

5.4　参考书目

[AHN 16]　AHN S.J., BOSTICK J., OGLE E. *et al.*, "Experiencing nature: Embodying animals in immersive virtual environments increases inclusion of nature in self and involvement with nature", *Journal of Computer-Mediated Communication*, vol. 21, no. 6, pp. 399–419, 2016.

[ANG 15]　ANG K.K., GUAN C., "Brain–computer interface for neurorehabilitation of upper limb after stroke", *Proceedings of the IEEE*, vol. 103, no. 6, pp. 944–953, 2015.

[ARM 03]　ARMEL K.C., RAMACHANDRAN V.S., "Projecting sensations to external objects: evidence from skin conductance response", *Proceedings of the Royal Society of London B: Biological Sciences*, vol. 270, no. 1523, pp. 1499–1506, 2003.

[AYM 14]　AYMERICH-FRANCH L., KIZILCEC R.F., BAILENSON J.N., "The relationship between virtual self similarity and social anxiety", *Frontiers in Human Neuroscience*, vol. 8, p. 944, 2014.

[BAN 13]　BANAKOU D., GROTEN R., SLATER M., "Illusory ownership of a virtual child body causes overestimation of object sizes and implicit attitude changes", *Proceedings of the National Academy of Sciences*, vol. 110, no. 31, pp. 12846–12851, 2013.

[BAN 14]　BANAKOU D., SLATER M., "Body ownership causes illusory self-attribution of speaking and influences subsequent real speaking", *Proceedings of the National Academy of Sciences*, vol. 111, no. 49, pp. 17678–17683, 2014.

[BAN 16]　BANAKOU D., HANUMANTHU P.D., SLATER M., "Virtual embodiment of white people in a black virtual body leads to a sustained reduction in their implicit racial bias", *Frontiers in Human Neuroscience*, vol. 10, p. 601, 2016.

[BOT 98]　BOTVINICK M., COHEN J., "Rubber hands /'feel/' touch that eyes see", *Nature*, vol. 391, no. 6669, pp. 756–756, 1998.

[BUR 05] BURNS E., PANTER A.T., MCCALLUS M.R. *et al.*, "The hand is slower than the eye: a quantitative exploration of visual dominance over proprioception", *Proceedings of the 2005 IEEE Conference 2005 on Virtual Reality*, VR'05, Washington, DC, USA, pp. 3–10, 2005.

[CEC 11] CECOTTI H., "Spelling with non-invasive Brain-Computer Interfaces - Current and future trends", *Journal of Physiology-Paris*, vol. 105, no. 1, pp. 106–114, 2011.

[CLE 16a] CLERC M., BOUGRAIN L., LOTTE F., *Brain-Computer Interfaces 1: Foundations and Methods*, ISTE Ltd, London and John Wiley & Sons, New York, 2016.

[CLE 16b] CLERC M., BOUGRAIN L., LOTTE F., *Brain-Computer Interfaces 2: Technology and Applications*, ISTE Ltd, London and John Wiley & Sons, New York, 2016.

[DOM 05] DOMINJON L., LÉCUYER A., BURKHARDT J.M. *et al.*, "Influence of control/display ratio on the perception of mass of manipulated objects in virtual environments", *Proceedings of the 2005 IEEE Virtual Reality Conference*, VR 2005, pp. 19–25, March 2005.

[FAT 07] FATOURECHI M., BASHASHATI A., WARD R. *et al.*, "EMG and EOG artifacts in brain computer interface systems: A survey", *Clinical Neurophysiology*, vol. 118, no. 3, pp. 480–494, 2007.

[FRE 17] FREY J., HACHET, LOTTE F., "EEG-based neuroergonomics for 3D user interfaces: opportunities and challenges", *Le Travail Humain*, vol. 80, pp. 73–92, 2017.

[FUC 00] FUCHS P., MOREAU G., DONIKIAN S., *Le traité de la réalité virtuelle Volume 5 : les humains virtuels*, Presse des Mines, Paris, 2000.

[GAT 15] GATEAU T., DURANTIN G., LANCELOT F. *et al.*, "Real-time state estimation in a flight simulator using fNIRS", *PLoS One*, vol. 10, no. 3, p. e0121279, 2015.

[GEO 10] GEORGE L., LÉCUYER A., "An overview of research on passive brain-computer interfaces for implicit human-computer interaction", *International Conference on Applied Bionics and Biomechanics*, Venice, Italy, October 2010.

[GIB 33] GIBSON J.J., "Adaptation, after-effect and contrast in the perception of curved lines", *Journal of Experimental Psychology*, vol. 16, no. 1, pp. 1–31, 1933.

[HOY 16] HOYET L., ARGELAGUET F., NICOLE C. *et al.*, ""Wow! I Have Six Fingers!": Would You Accept Structural Changes of Your Hand in VR?", *Frontiers in Robotics and AI*, vol. 3, p. 27, 2016.

[JAU 14] JAUREGUI D. A.G., ARGELAGUET F., OLIVIER A.-H. *et al.*, "Toward "Pseudo-Haptic Avatars": modifying the visual animation of self-avatar can simulate the perception of weight lifting", *IEEE Transactions on Visualization and Computer Graphics*, vol. 20, no. 4, pp. 654–661, 2014.

[KIL 12] KILTENI K., NORMAND J.-M., SANCHEZ-VIVES M.V. *et al.*, "Extending body space in immersive virtual reality: a very long arm illusion", *PLoS ONE*, vol. 7, no. 7, pp. 1–15, 2012.

[KIL 13] KILTENI K., BERGSTROM I., SLATER M., "Drumming in immersive virtual reality: the body shapes the way we play", *IEEE Transactions on Visualization and Computer Graphics*, vol. 19, no. 4, pp. 597–605, 2013.

[KIL 15] KILTENI K., MASELLI A., KORDING K.P. *et al.*, "Over my fake body: body ownership illusions for studying the multisensory basis of own-body perception", *Frontiers in Human Neuroscience*, vol. 9, p. 141, 2015.

[LEB 06] LEBEDEV M., NICOLELIS M., "Brain-machine interfaces: past, present and future", *Trends in Neurosciences*, vol. 29, no. 9, pp. 536–546, 2006.

[LÉC 00] LÉCUYER A., COQUILLART S., KHEDDAR A. *et al.*, "Pseudo-haptic feedback: can isometric input devices simulate force feedback?", *Proceedings of the 2000 IEEE Virtual Reality Conference*, pp. 83–90, 2000.

[LÉC 01] LÉCUYER A., BURKHARDT J.M., COQUILLART S. *et al.*, "Boundary of illusion: an experiment of sensory integration with a pseudo-haptic system", *Proceedings of the 2001 IEEE Virtual Reality Conference*, pp. 115–122, March 2001.

[LÉC 04] LÉCUYER A., BURKHARDT J.-M., ETIENNE L., "Feeling bumps and holes without a haptic interface: the perception of pseudo-haptic textures", *Proceedings of the SIGCHI Conference on Human Factors in Computing Systems*, CHI '04, New York, USA, pp. 239–246, 2004.

[LÉC 06] LÉCUYER A., BURKHARDT J.M., HENAFF J.M. *et al.*, "Camera motions improve the sensation of walking in virtual environments", *IEEE Virtual Reality Conference (VR 2006)*, pp. 11–18, March 2006.

[LÉC 08] LÉCUYER A., LOTTE F., REILLY R. *et al.*, "Brain-computer interfaces, virtual reality and videogames", *IEEE Computer*, vol. 41, no. 10, pp. 66–72, 2008.

[LÉC 13] LÉCUYER A., GEORGE L., MARCHAL M., "Toward adaptive VR simulators combining visual, haptic, and brain-computer interfaces", *Computer Graphics and Applications*, vol. 33, no. 5, pp. 18–23, 2013.

[LEG 13] LEGÉNY J., VICIANA ABAD R., LÉCUYER A., "Toward contextual SSVEP-based BCI controller: smart activation of stimuli and controls weighting", *IEEE Transactions on Computational Intelligence and AI in games*, vol. 5, no. 2, pp. 111–116, 2013.

[LOT 13] LOTTE F., FALLER J., GUGER C. *et al.*, "Combining BCI with virtual reality: towards new applications and improved BCI", in ALLISON B.Z., DUNNE S., LEEB R. *et al.* (eds), *Towards Practical Brain-Computer Interfaces*, Springer, Berlin-Heidelberg, 2013.

[LOT 15] LOTTE F., JEUNET C., "Towards improved BCI based on human learning principles", *3rd International Brain-Computer Interfaces Winter Conference*, Sabuk, Korea, 12–14 January 2015.

[MAD 16] MADARY M., METZINGER T.K., "Real virtuality: a code of ethical conduct. Recommendations for good scientific practice and the consumers of VR-technology", *Frontiers in Robotics and AI*, vol. 3, p. 3, 2016.

[MAG 08] MAGNUSSON C., RASSMUS-GRÖHN K., "A pilot study on audio induced pseudo-haptics", *Proceedings of the International Haptic and Auditory Interaction Design Workshop*, pp. 6–7, 2008.

[MAI 13] MAISTER L., SEBANZ N., KNOBLICH G. *et al.*, "Experiencing ownership over a dark-skinned body reduces implicit racial bias", *Cognition*, vol. 128, no. 2, pp. 170–178, 2013.

[MAS 13] MASELLI A., SLATER M., "The building blocks of the full body ownership illusion", *Frontiers in Human Neuroscience*, vol. 7, p. 83, 2013.

[MIL 10] MILLÀN J. D.R., RUPP R., MÜLLER-PUTZ G. *et al.*, "Combining Brain-Computer Interfaces and Assistive Technologies: State-of-the-Art and Challenges", *Frontiers in Neuroprosthetics*, vol. 4, no. 161, 2010.

[MIR 15] MIRALLES F., VARGIU E., RAFAEL-PALOU X. *et al.*, "Brain–computer interfaces on track to home: results of the evaluation at disabled end-users' homes and lessons learnt", *Frontiers in ICT*, vol. 2, p. 25, 2015.

[NAR 11] NARUMI T., NISHIZAKA S., KAJINAMI T. *et al.*, "*Meta cookie+: an illusion-based gustatory display*", pp. 260–269, Springer, Berlin-Heidelberg, 2011.

[NIJ 09] NIJHOLT A., PLASS-OUDE BOS D., REUDERINK B., "Turning shortcomings into challenges: brain-computer interfaces for games", *Entertainment Computing*, vol. 1, no. 2, pp. 85–94, 2009.

[NOR 11] NORMAND J.-M., GIANNOPOULOS E., SPANLANG B. *et al.*, "Multisensory stimulation can induce an illusion of larger belly size in immersive virtual reality", *PLoS ONE*, vol. 6, no. 1, pp. 1–11, 2011.

[OUA 14] OUARTI N., LECUYER A., BERTHOZ A., "Haptic motion: Improving sensation of self-motion in virtual worlds with force feedback", *Haptics Symposium (HAPTICS)*, 2014.

[PAL 04] PALJIC A., BURKHARDT J.-M., COQUILLART S., "Evaluation of pseudo-haptic feedback for simulating torque: a comparison between isometric and elastic input devices", *Proceedings of the 12th International Conference on Haptic Interfaces for Virtual Environment and Teleoperator Systems*, HAPTICS'04, Washington, DC, USA, pp. 216–223, 2004.

[PAR 08] PARASURAMAN R., WILSON G., "Putting the brain to work: neuroergonomics past, present, and future", *Human Factors*, vol. 50, no. 3, pp. 468–474, 2008.

[PEC 13] PECK T.C., SEINFELD S., AGLIOTI S.M. *et al.*, "Putting yourself in the skin of a black avatar reduces implicit racial bias", *Consciousness and Cognition*, vol. 22, no. 3, pp. 779–787, 2013.

[PER 02] PERTAUB D.-P., SLATER M., BARKER C., "An experiment on public speaking anxiety in response to three different types of virtual audience", *Presence: Teleoperators and Virtual Environments*, vol. 11, no. 1, pp. 68–78, 2002.

[PET 11] PETKOVA V., KHOSHNEVIS M., EHRSSON H.H., "The perspective matters! multisensory integration in ego-centric reference frames determines full-body ownership", *Frontiers in Psychology*, vol. 2, p. 35, 2011.

[RAZ 01] RAZZAQUE S., KOHN Z., WHITTON M.C., "Redirected walking", *Eurographics 2001 - Short Presentations*, Eurographics Association, 2001.

[REN 10] RENARD Y., LOTTE F., GIBERT G. *et al.*, "OpenViBE: an ppen-source software platform to design, test and use brain-computer interfaces in real and virtual environments", *Presence: Teleoperators and Virtual Environments*, vol. 19, no. 1, pp. 35–53, 2010.

[SER 10] SERAFIN S., TURCHET L., NORDAHL R., "Do you hear a bump or a hole? An experiment on temporal aspects in footsteps recognition", *Proceedings of Digital Audio Effects Conference*, pp. 169–173, 2010.

[SLA 09] SLATER M., "Place illusion and plausibility can lead to realistic behaviour in immersive virtual environments", *Philosophical Transactions of the Royal Society of London B: Biological Sciences*, vol. 364, no. 1535, pp. 3549–3557, 2009.

[STE 10] STEINICKE F., BRUDER G., JERALD J. et al., "Estimation of detection thresholds for redirected walking techniques", *IEEE Transactions on Visualization and Computer Graphics*, vol. 16, no. 1, pp. 17–27, 2010.

[STE 13] STEPTOE W., STEED A., SLATER M., "Human tails: ownership and control of extended humanoid avatars", *IEEE Transactions on Visualization and Computer Graphics*, vol. 19, no. 4, pp. 583–590, 2013.

[TER 13] TERZIMAN L., MARCHAL M., MULTON F. et al., "Personified and multistate camera motions for first-person navigation in desktop virtual reality", *IEEE Transactions on Visualization and Computer Graphics*, vol. 19, no. 4, pp. 652–661, 2013.

[TSA 07] TSAKIRIS M., HESSE M.D., BOY C. et al., "Neural signatures of body ownership: a sensory network for bodily self-consciousness", *Cerebral Cortex*, vol. 17, no. 10, p. 2235, 2007.

[VIG 11] DE VIGNEMONT F., "Embodiment, ownership and disownership", *Consciousness and Cognition*, vol. 20, no. 1, pp. 82–93, 2011.

[WOD 14] WODLINGER B., DOWNEY J., TYLER-KABARA E. et al., "Ten-dimensional anthropomorphic arm control in a human brain- machine interface: difficulties, solutions, and limitations", *Journal of Neural Engineering*, vol. 12, no. 1, p. 016011, 2014.

[WOL 06] WOLPAW J., LOEB G., ALLISON B. et al., "BCI meeting 2005–workshop on signals and recording methods", *IEEE Transaction on Neural Systems and Rehabilitation Engineering*, vol. 14, no. 2, pp. 138–141, 2006.

[YEE 06] YEE N., BAILENSON J., "Walk a mile in digital shoes: The impact of embodied perspective-taking on the reduction of negative stereotyping in immersive virtual environments", *Proceedings of PRESENCE 2006: The 9th Annual International Workshop on Presence*, August 2006.

[YEE 07] YEE N., BAILENSON J., "The proteus effect: the effect of transformed self-representation on behavior", *Human Communication Research*, vol. 33, no. 3, pp. 271–290, 2007.

[ZAN 11] ZANDER T., KOTHE C., "Towards passive brain-computer interfaces: applying brain-computer interface technology to human-machine systems in general", *Journal of Neural Engineering*, vol. 8, 2011.

第 6 章

VR-AR 普及的挑战和风险

Philippe FUCHS

6.1　简介

经过 50 多年以基础研究为主的科研和应用程序开发，虚拟现实终于走近大众的生活。最新设备的发展，尤其是 VR 头戴式显示器的出现，使得"虚拟现实"这个词的含义发生了变化。事实上，我们经常被告知 VR 设备足以创建虚拟现实环境。但是我们应该扪心自问：使用这些设备是否真的足以实现 VR 的应用？答案显然是一声响亮的"不"。事实上，这种类型的设备——本节的其余部分称为"HMD"，其首当其冲的功能是用于查看图像。

为了了解 HMD 的影响，我们有必要了解用户以视觉功能为主的感觉运动功能。其实，这种侵入式的视觉界面对使用者的其他感官和运动行为产生影响。为了对人类的感觉运动功能有一个基本的了解，回顾一些基本概念是有用的。首先，我们的感官让我们感知周围的世界及我们自己 [FUC 16]。这一现实情境对人们理解最优使用 HMD 的解决方案有很大影响。让我们回顾一下，虽然人的视觉在 VR 中起着基础性的作用，但也必须研究其他的重要感官，比如听觉、皮肤感应和本体感受。皮肤感应包括压力、振动和温度，本体感受是对空间位置、身体运动和肌肉所施加的力的敏感性，使我们能够意识到自身运动。它是由位于肌肉、肌腱和关节、前庭系统、内耳以及视觉系统传感器来协调的。

若要更详细地研究人类的感觉运动方面的知识，读者可以参考 Philippe Fuchs 的书［FUC 16］，以及 *Virtual Reality Treatise*［FUC 05］的第 1 卷。

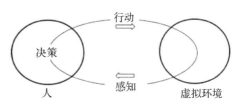

图 6.1 经典的"感知 – 决策 – 行动"循环

在所有 VR 应用中，人都是沉浸在虚拟环境中并与之交互的：他们根据"感知、决策、行动"代表的经典 PDA 循环来感知、决定和行动（见图 6.1）。尽管有技术、生理和认知方面的限制，但终会实现这个循环。

混入感觉、运动和 / 或感觉运动会破坏 PDA 循环，因为每个感官的工作都使用独立的 PDA 循环（参见图 6.2），所以更确切地说是 PDA 多循环。因此，应用程序设计人员的才能在于通过合理选择基础交互、合适的设备和高效的软件来帮助用户实现

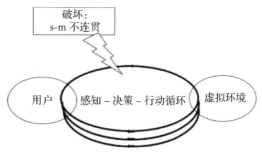

图 6.2 感觉运动的不连贯破坏了
沉浸感和感觉运动的水平

在虚拟环境中的行为，控制这些破坏产生的影响。

在图 6.2 中可以看到三个基本的 VR 问题，必须由应用程序设计人员解决：

❑ 虚拟世界中人类活动的分析与建模：在虚拟世界中，一个穿戴 HMD 的用户在面对感觉运动不一致时会如何表现？

❑ 实现沉浸和交互：哪些界面和交互技术产生了这些不一致？

❑ 建模和实现虚拟环境：哪些工具和算法可以帮助减少干扰？

本节旨在提醒应用程序设计和开发人员尊重基本规则，以开发有效的应用程序。同时为用户提供一个高适应性、相对稳定的面对面的沉浸式体验。我们必须不断地提醒自己，这些技术本身就会干扰到用户的生理和感觉运动功能。例如，立体视觉在调节和聚焦之间产生感觉运动的不一致。该领域的专家在很长一段时间内已广泛了解并记录了这种不一致现象，这个议题曾在本书的 3.4 节中讨论过。随着近年来 HMD 的大规模发展，收集到的公众使用反馈却仍然有限。为避免可能因缺乏详细的研究带来的问题，一些 HMD 制造商会警告使用其产品可能带来的风险，并且不建议在一定年龄以下使用。尽管如此，人类在虚拟世界中面对这种视觉沉浸的适应程度的问题仍然是未知的。我们仍在

疑惑为什么某些用户会比其他用户更敏感。

在提出一些解决方案之前，我们先讨论使用 HMD 可能导致的一些问题。

6.2 健康与舒适度问题

6.2.1 不同的问题

HMD 的使用，从本质上来说造成了健康和舒适度两方面的问题。这些问题可能是由应用程序引起的，造成不适的主要原因有：

❑ 用户的心理活动在虚拟环境中被打乱：在未来，普通用户很有可能会加强对 HMD 的使用，比如用于休闲和游戏活动场景。在浏览全景照片或 360° 视频场景时，只会在较短的时间使用该设备，以减少上瘾的风险。相反，当用于电子游戏时，玩家可以数小时使用 HMD。在后一种情况下，长时间的沉浸式使用可能会导致心理上的问题。由此产生的一个根本问题是：HMD 是否会增加电子游戏上瘾的可能性？这个必须由心理学家和精神病学家来回答的问题还没有被讨论过，因为这种做法还没有普及。

❑ 视觉系统与 HMD 之间的不良连接：使用 HMD 时，用户会通过一个光学设备观察虚拟场景，这个光学设备几乎没有可定制的设置来适应用户的面部形态，也不能很好地适应用户的视觉特征。更糟糕的是，还可能引发眼科问题。

当我们考虑到很大一部分人已经患有眼科疾病时，这一点就显得尤为重要了。此外，少数可用的光学调整以及为数不多的校准协议，如［ PLO 15］，很少进行质量检测，或在任何情况下都很少被专业人员使用。

❑ 另一个眼科方面的影响也许是最局限性的——长时间暴露在特定波长下，对应于 HMD 屏幕发出的蓝光（从 515nm 到 555nm）。这些可能会引起长期损害（老年性黄斑变性的风险）。

❑ 不安全的技术设备：主要的安全问题在于佩戴 HMD 的用户的视觉和某些情况下的听觉隔离。

我们如何弥补在实验的过程中用户缺乏对真实环境的感知，特别是当它在应用程序动态运行的期间？如果用户是站在房间里而不是坐在固定的座位上，那么他的人身安全就会受到严重影响。实际上，视觉和听觉的隔离使他们无法对真实环境中发生的事情保持警觉。

❑ 感觉运动失调：虚拟现实技术会带来系统地失调问题，包括单种感觉（例如，在立体视觉中眼睛的调节和聚焦之间的失调，本章已经提到）或者在几种感觉之间（如在跑步机上的运动导致视觉和前庭系统之间的感知不一致），或者在感官和运动反应之间（比如操纵虚拟物体后没有外力反馈的情况）。在现实世界中，个体利用多个感官接收刺激来构建环境的一致性。在虚拟世界中，尽管感觉到运动是不连贯的，使用者仍然会寻求同样的一致性，并且会根据他的经历来解释他的感知。本节的其余部分专门展开对感觉运动失调的研究。

6.2.2　感觉运动失调

感觉运动失调有很多种类型。最常见的类型是延迟（见 3.4 节），这可能导致用户在虚拟环境中活动会感到不适，因为他们的操纵行为导致的视觉反馈是有延迟的。这种延迟是由技术性能引起的（计算能力或通信能力不足）。在多感官情境中，同步感官之间的延迟使其连贯也是困难的。

从某些经典且记录详尽的案例中得知，用户可以有意识或无意识地适应某些感官的不连贯协调，其中一些适应几乎是自然形成的。例如，在小型电脑屏幕或游戏机前进行虚拟移动就是这种情况。实际上，这种情况造成了视觉前庭的不连贯，尽管虚拟的运动在虚拟空间中进行，但用户在真实环境中仍然保持固定，他们的周边视觉（固定在现实世界中）和前庭系统完全一致，但与他们的中心视觉不一致。

在这种情况下，用户很难适应不覆盖周边视觉的虚拟移动。HMD 的使用代表了一个相当复杂的问题，我们将在后面进一步阐述。

除了来自视觉前庭的失调，还有大量的感觉运动的不一致问题。为了给 VR 应用的设计者提供加强用户舒适度的建议，我们将对失调问题进行分类。我们选择专注于影响严重的失调问题（确实有一些有益的失调情况，其研究超出了本书的范围），并在三个经典的 VR 交互范式中呈现：观察、导航和操作。

1. 观察

❑ 视觉运动时域失调：用户头部的移动和 HMD 屏幕上视角转换显示之间的延迟导致的问题。这种不一致性影响并不大，如果它低于 1/20ms，甚至可能不可察觉，这也是现在一些 HMD 能达到的。如果不是这样，用户会感知到延迟的运动，这可能与前庭系统检测到的运动有几毫秒不同步，导致用户注视过程不稳定［STA 02］。

- 视觉残留失调：如果显示图像的频率（FPS，每秒帧数）过低，达不到与视觉系统对感知图像不闪烁和连续运动的要求，就会产生破坏性的失调。这并不取决于视网膜的持久性，而是取决于神经生理机制，如 ϕ 现象和 β 移动。

❑ 眼球运动的失调：在立体视觉中，如果用户不能满足视网膜的差值下限（大约 1.5°），这是曝光时间和用户视觉能力的基线，"调节－聚焦"的失调就成为一个问题。有些人对这种失调非常敏感，以至于他们甚至在视觉上无法将这类图像融合。

❑ 视觉空间的失调：如果 HMD 的视场与拍摄虚拟环境的摄像机的视场不同，就会产生破坏性的失调。一些设计师使用这种技巧人为地增加用户视野：HMD 大多数只提供了相比于人类视野非常小的水平视野（大约 100°），如果眼睛和头部保持不动可达到 180°。

❑ 视觉运动定位失调：头部在真实环境中的运动是在虚拟环境中视角移动的指令，头部不仅有旋转还有平移，但是传感器可能无法辨别出头部的微小平移导致旋转后的显示有差别。因为即使观察者相对静止地站着或坐着，头部也可能存在平移。

❑ 空间视动失调：VR 应用程序的设计者可能希望编写一个非自然的视觉观察程序：

- 一个相对于头部虚拟旋转的放大器，目的是让用户的头不需要太多转动就能看到一个更大的视野；

- 一个相对于头部虚拟平移的放大器，目的是让用户可以看到自己的动作；

- 或者更具有创意性一些，将所显示的视图与来自用户头部的视图完全分割开来，例如，对于虚拟环境（或客观视图）的"第三人称视图"。观察者在虚拟世界中可以看到自己的角色（自己的表征），可以观察自己，也可以观察别处。视角也可以是虚拟角色的视角，例如观察者对面的人。

2. 导航

❑ 前庭系统－视觉（或视本体）失调：这是一个经典案例—虚拟位移产生于相对运动而不是真正的用户路径。这种失调是众所周知的，是构成 3.4 节中讨论的"模拟器疾病"的一种。当用户超过极限位移会受其影响。无论导航方式如何，哪怕是在跑步机上行走，尽管真实行走的本体感受与虚拟位移是协调的，但由于使用者处于真实环境中，前庭系统受到的刺激还是错误的，它会告诉使用者他是相对静止的。

❑ 视觉 – 姿态失调：这个问题往往出现在用户保持站立和静止在真实环境中的时候，哪怕他们在虚拟环境中进行相对移动。在感知失调的情况下，使用者必须控制自己的垂直方向的姿势。前庭系统和本体感受刺激向大脑表明身体是静止的。

3. 操作

❑ 视觉 – 手动失调：如果用户真实手的位置与 HMD 中表示的虚拟手的位置之间存在差距（例如，由于技术原因），那么就存在视觉 – 手动失调。在某些情况下，用户可以通过使用"远程操作"（即虚拟对象的远程操作）以一种非自然的方式进行交互来适应这种情况。

在观察场景中影响严重的前五种失调分类（视觉），虽然并非都是针对 HMD 的，但都是由于制作"完美"的 HMD（延迟、图像显示频率、立体屏幕、大视野和精确的头部跟踪）的技术十分困难。在视觉观察不自然或不真实的情况下，用户体验到的干扰要强烈得多。而造成感觉运动障碍的原因要么是技术问题，要么是应用设计者强加的非自然的、不真实的交互范例。

6.3　避免不适和不安的解决方案

6.3.1　流程的表示

如何弥补目前 HMD 技术上的不足？为了简化任务，我们独立地分析了每一个感觉运动的失调性。然而在一般情况下，感官之间的耦合也可能会产生干扰。对于每一个破坏性的、感觉运动失调的问题，我们可以提出以下问题：

❑ 如何减轻由感觉运动失调导致使用者不适或不安的影响？

❑ 是否有可能通过改变交互范式的工作来消除感觉运动的失调？

❑ 我们可以通过改变界面的功能或者增加另一个界面来消除感觉与运动的失调吗？

❑ 我们如何适应这种失调，从而摆脱不适或不安？

前三个问题适用于所有失调的情况，而适应问题必须进行全面研究，因为目前还没有针对此类感觉与运动失调的适应性进行具体的研究。Philippe Fuchs 的书［FUC 16］中提出了 30 多个解决方案，专门介绍应对 HMD 的方案。在本节中，我们选择了其中的几个进行阐述。

6.3.2 减轻对视觉 – 前庭失调的影响

从虚拟位移产生于相对运动而不是真正的用户路径这个经典案例出发，当用户超过了设定的运动学极限时将会出现失调现象。我们提出了一些可以互为补充的解决办法：

- ❑ 为了限制前庭神经系统的参与，我们必须减小平移和旋转的加速度，虚拟摄像机的倾斜运动（用户在虚拟环境中的视角）以及虚拟相机过于缠绕的行程轨迹（弯曲半径较大）。

- ❑ 运动的感知在视野的外围最为敏感，它可以检测到场景中物体的运动和相对运动引起的光通量，我们可以设想通过遮蔽周边视觉中的图像来缩小观察的范围，或者通过在周边视觉的图像中注入一些来自真实环境的空间参考来减弱这种失调性，从而使用户感到稳定（但是这种解决方案不利于视觉沉浸），甚至在虚拟空间放置相对于真实环境静止的物体，在最后一种情况下的典型例子是静态驾驶模拟器：如果驾驶舱室在驾驶员的周边视野内，驾驶员的稳定性较好，因为舱室在真实环境中是相对静止的。

- ❑ 在扩展上述解决方案时，使用不完全遮挡视线的 HMD 可能是有趣的解决方案："视频眼镜"可以让使用者直接通过周边视觉感知真实环境。在这些条件下，视觉与前庭系统失调的干扰作用被大大减弱，就像我们在看一个简单的屏幕。

6.3.3 通过调整交互范式来消除视觉 – 前庭失调

可以使用三种不同的解决方案：

- ❑ 如果站在真实环境中的人的位移在几何上与虚拟环境中的位移相同，那么两种环境中的轨迹和速度应是相同的，这种情况下的限制是真实和虚拟环境必须具有相同的维度，这意味着视觉刺激、前庭系统刺激和其他本体感受刺激（神经肌肉纺锤波、高尔基体和关节受体）之间保持协调，以及虚拟环境中的手势也与真实环境相同。

- ❑ 如果虚拟环境中的位移通过从一个地方瞬间移动到另一个地方，而用户在真实世界中保持静止，那么连续的运动将被移除，前庭系统也不再发挥作用，因为不再有任何速度和加速度。在这种情况下，由于人在真实和虚拟环境中都是不可移动的，所以这两种感觉是协调的。用户实际上是瞬间从起点到终点的。然而，从起点到终点的视角转换可能会用渐弱平滑的转换效果实现。

❏ 使用增强现实技术可以从根本上解决问题。它要求真实环境和虚拟环境在几何上完全相同，因为它们是互相重叠的。这样的话就不会再有不协调的现象了！这在技术上需要使用 AR 头戴式设备。用户看到基于真实环境的周边视觉会感到更加稳定，而目前利用 AR 头戴式设备在周边视觉中显示图像是在技术上难以达到的。

6.3.4　通过调整接口来消除视觉 – 前庭失调

这一类失调问题有两种不同的解决方案。通过运动模拟（1D 或 2D 跑步机）相结合的接口对前庭系统重新产生适当的刺激可以消除这种不连贯。如有可能的话，也相应匹配用户身体的加速度和倾斜度，来保持视觉和运动之间的协调：

❏ 运动模拟接口，既涉及前庭系统，又涉及同样需要协调的本体器官，如肌肉、肌腱和关节。针对每一个我们期望的虚拟场景下的行为，我们都必须确保可以为前庭系统提供正确的运动模拟刺激。但有时候，这不是个切实的解决方案，因为成本可能过高。

❏ 在 1D 或 2D 跑步机上行动的接口，尽可能正确地刺激本体感受器官（肌肉、肌腱和关节）以减少不协调，但前庭系统却没有考虑到。在这种情况下，视觉本体感受性不协调减少（本体感受、全局），但视觉前庭不协调仍然存在。我们必须考虑这些，并使用一种能减少视觉前庭不协调的解决方案。

6.3.5　适应的困难程度

让用户在一个虚拟环境中适应沉浸和互动的问题不仅仅是适应感觉运动的不协调以避免不适和不安。实际上，我们必须考虑以下四点：

❏ 对视觉界面的生理适应，例如 HMD；

❏ 对界面的认知适应；

❏ 对交互范式的功能适应；

❏ 对感觉运动失调的适应。

6.4 结论

最后，通过对会造成破坏性的感觉运动失调进行分析，我们能够在特定的环境中提出能够减轻对用户舒适度和健康的负面影响的解决方案。其中一些解决方案有赖于 HMD 的技术进步，而另一些已经通过实验验证，还有一些仍有待探索。为验证适宜公众使用 HMD 的新解决方案，策划一些实验是十分有必要的。我们的分析是基于对感觉运动障碍的考虑，目的是提高用户的舒适度和健康。然而，这种分析是有限的，因为每一类不协调都被我们假设为独立于其他不协调的分类，这种假设仍然必须得到支持和验证。

鉴于 VR 应用程序对用户健康和舒适存在影响的风险，我们可以理解为什么 HMD 制造商提出要限制其产品使用。他们主要的建议是在使用设备期间时不时休息，在感到不安时立即停止，以及之后不要执行复杂的物理任务如在使用 HMD 进行 VR 体验后开车。13 岁以下的儿童是禁止使用 HMD 的。在不久的将来，如果要广泛使用 HMD，最重要的是确定 HMD 的使用准则，并研究它们对用户特别是儿童可能产生的长期影响。在法国，ANSES（Agence Nationale de la Sécurité Sanitaire de l'Alimentation, de l'environnement et du travail，国家食品、环境和职业健康安全局）将研究虚拟现实对健康的潜在影响并提出相关的建议。对 VR 应用程序的内容进行控制，如果必要还应有警告信息，一些 HMD 制造商已经开始采取相关措施。

6.5 参考书目

[CRU 92] CRUZ-NEIRA C., SANDIN D.J., DEFANTI T.A. *et al.*, "The CAVE: audio visual experience automatic virtual environment", *Communication ACM*, vol. 35, no. 6, pp. 64–72, ACM, June 1992.

[DEL 15] DELGIN E., "The myopia boom", *Nature*, no. 519, pp. 276–278, 2015.

[FRE 14] FREY J., GERVAIS R., FLECK S. *et al.*, "Teegi: tangible EEG interface", *Proceedings of the 27th Annual ACM Symposium on User Interface Software and Technology*, pp. 301–308, ACM, New York, USA, 2014.

[FUC 05] FUCHS P., MOREAU G. (eds), *Le Traité de la Réalité Virtuelle*, 3rd edition, Les Presses de l'Ecole des Mines, Paris, 2005.

[FUC 09] FUCHS P., MOREAU G., DONIKIAN S., *Le Traité de la Réalité Virtuelle Volume 5 – Les Humains Virtuels*, 3rd edition, Mathématique et informatique, Les Presses de l'Ecole des Mines, 2009.

[FUC 16] FUCHS P., *Les casques de réalité virtuelle et de jeux vidéo*, Mathématiques et informatique, Les Presses de l'Ecole des Mines, 2016.

[JON 13] JONES B.R., BENKO H., OFEK E. *et al.*, "IllumiRoom: peripheral projected illusions for interactive experiences", *Proceedings of the SIGCHI Conference on Human Factors in Computing Systems*, pp. 869–878, ACM, New York, USA, 2013.

[JON 14] JONES B., SODHI R., MURDOCK M. *et al.*, "RoomAlive: magical experiences enabled by scalable, adaptive projector-camera units", *Proceedings of the 27th Annual ACM Symposium on User Interface Software and Technology*, pp. 637–644, ACM, New York, USA, 2014.

[LAV 17] LAVIOLA J.J., KRUIJFF E., MCMAHAN R. *et al.*, *3D User Interfaces: Theory and Practice*, 2nd edition, Addison Wesley, 2017.

[PLO 15] PLOPSKI A., ITOH Y., NITSCHKE C. *et al.*, "Corneal-imaging calibration for optical see-through head-mounted displays", *IEEE Transactions on Visualization and Computer Graphics*, vol. 21, no. 4, pp. 481–490, 2015.

[STA 02] STANNEY K., KENNEDY R., KINGDON K., in STANNEY K.M. (ed.), *Handbook of Virtual Environments: Design, Implementation, and Applications*, IEA, Mahwah, 2002.

VR-AR 在 10 年后会是什么样子？

Bruno ARNALDI, Pascal GUITTON 和 Guillaume MOREAU

本书有两个主要目标：一是概述 VR-AR 过去十年的发展；二是展望未来，思考该领域可能发生的演变。我们已经在第 5 章中列出了一些学术性的前景展望，在本章中，我们将针对 VR-AR 发展的优劣势、机会和风险进行分析，并列出还需应对的一系列挑战，尝试打开更广阔的视野$^{\ominus}$。

首先让我们简要回顾一下 VR-AR 的益处，这些益处的阐述贯穿全书（尤其是在引言和第 1 章）：

❑ 降低成本：设计过程（如建造房屋、人员管理、汽车制造等）；

❑ 提升训练效果和安全性：驾驶、监测工业过程等；

❑ 对大数据的挖掘和研究：大数据、不再存在或不再可用的数据、不可访问的数据、不可感知的数据等；

❑ 执行精确的手势（教育和训练）：外科、工业和体育；

❑ 提升创意性：数码艺术、故事讲述等；

❑ 辅助驾驶：飞机、汽车、船舶的驾驶；

❑ 协助进行工业制造的手令指示或外科手术的手势；

❑ 增强现场参观的体验性：旅游和工业上的应用。

直到最近，这些益处仅被少数公司和研究实验室利用。那么，阻碍 VR-AR 发展的问题是什么呢？

⊖ 这一反思部分出现在 2016 年底布雷斯特举行的 AFRV 国庆日的辩论中。

❑ 第一，关于这些技术及其潜在力量的误解；

❑ 第二，执行现有技术的成本和复杂性，在业界标准上看对于大公司来说是非常有限的；

❑ 第三，它们的表现还不太尽如人意，特别是在视域（如 HMD）、位置和传感器的精度和可靠性等方面；

❑ 最后（这在一定程度上是上述所有观点的结果），应用程序的数量有限，无法解决潜在用户各场景下的需求。

正如我们在本书中所解释的，这种情况在过去几年中发生了变化，我们也更容易提出可以放大优势、解决问题的机会：

❑ 技术革新使大幅度降低成本成为可能，从而使这些技术向更广泛的受众开放：首先是较小的公司，然后是一般大众；

❑ 创新往往是由小公司开发的，然后被大公司收购，从而使这些解决方案获得更好的资金支持和可持续性；

❑ 数字领域的许多大公司进入这个领域，它们的经济和工业实力，使这些技术进一步打破障碍，使更多公众受益。

❑ 最后也是最重要的，有一个高度活跃的国际化社区，由有前瞻性的研究人员组成，他们已经为未来提供了大量创新的想法。

尽管不可能完全排除商业反转的可能性：有许多表现良好并获得了大量投资的创新技术并没有如人们所希望的那样取得成功。例如，大规模生产的 3D 电视在商业发行时就面临着双重困难：内容（3D 电影和节目）的缺乏，用户接受度低，尤其是考虑到需要佩戴立体眼镜。因此，我们可以列出几个风险因素：

❑ 目前，VR-AR 应用程序只覆盖相对较少的几个领域，因此，应用程序的缺乏可能导致潜在客户不考虑这些技术，除非很快出现众多新的解决方案；

❑ 并非所有用户都喜欢体验 VR-AR：这是由于不舒服、受到"社会歧视"⊖，或者是因为他们不适应其界面，因此用户喜好仍然是影响新产品接受度的关键；

❑ 会放大前两点影响的一个因素是，媒体对这些产品的大肆宣传导致了大家对产品抱有很高的期望，用户不满意可能会导致媒体转向这些新产品并攻击它们，如果媒体总是谈论设备的创新，而忽视其可能的适用场景，情况就更糟了；

❑ 最后也是最重要的，我们不能低估或忽视长期使用 HMD 可能造成的有害后果，

⊖ 许多谷歌眼镜用户表示某些情况下佩戴眼镜很让人尴尬。

特别是对孩童。正如我们在第 6 章中所看到的，在这个方面还有许多问题需要探讨，现在开始对用户健康进行研究是至关重要的。

为了补充这一分析并总结本书，我们为你提供了一份未来发展 VR-AR 需要接受的挑战清单，其中一些挑战已经在探索中，另一些还在不断涌现，以下是具体内容，以便你更好地理解甚至预测该领域的未来：

❑ 关于用户接受度的问题，VR-AR 专家现在已经基本明确了，研究人员汇集了认知科学、人体工程学和人机界面等领域的专家，开展以用户为中心的研究，从而组建了多学科的团队，目前，社区正直面处理这一问题，并在今后几年进行改进。

❑ 许多 VR-AR 应用程序开发领域的大公司也在进行这种努力，特别是由于用户体验或 VX 的概念越来越重要，它从一个营销口号变成了开发原则（不仅在 VR-AR 领域），当然，为用户服务的真实性、多样性和优势保持是发展的首要因素。

❑ 必须有效地对未来应用程序设计人员加强教育（品质和质量上），这样才能保证这个行业中活跃着一批专业的开发人员。鉴于这一需要，教学过程必须涉及更广泛的人群，从有一定专业知识的人员到一般公众，以便更好地理解和控制行业发展进程。

❑ 资金充足的公司（如谷歌、Facebook、苹果、微软、三星、索尼）应持续介入，并为该领域可持续发展（需要大量的金融投资）做出贡献，但是这并不意味着无视小型创新公司，相反，我们必须帮助它们以低成本获得设备（因为设备是大批量生产的），因而促进整个行业的发展；

❑ 就 VR-AR 开发过程来看，主要目标之一是能够在开发小组中齐心工作和互动。无论是在大公司内部，还是在集体讨论中，抑或是在社交网络上，要允许社区成员之间进行交流，只要消除了一部分科学技术的障碍，一些群策群力的应用程序就会爆炸式地产生。网络游戏可能是以上方法的一种简化应用，能提升群众的兴趣和黏性。

❑ 我们相信，这类设备的性能将在今后几年中得到发展。首先是视觉设备的质量，特别是针对目前过于狭小的视域。其次，利用光场提高合成图像质量也是很有前景的方法。通信速度的不断提升将有益于 VR 尤其是 AR 的发展，它能让视频流有更好的分辨率和刷新频率。小型视频投影仪（pico 投影仪）能在日常环境中即时显示图像，这将使 AR 服务得到广泛的应用，如固定使用（在室内）或在可移动场景中。最后，我们会继续发展能显示图像的隐形眼镜，特别是提高所显示图像的分辨率、减少耗能（及热量），最重要的是提高使用者对隐形眼镜的接受度。

后 记 *Postscript*

Bruno ARNALDI, Pascal GUITTON 和 Guillaume MOREAU

　　采用思辨小说的风格来展望 VR-AR 的未来会是有趣的。这本书的主要目的是概述过去 10 年的行业技术发展，让我们试着通过展望"未来 10 年"来保持"时间的对称性"。

　　现在是 2027 年 9 月 6 日星期一早上 7 点，21 岁的玛丽刚刚醒来。她做的第一件事就是戴上隐形眼镜，这个隐形眼镜配有传感器系统（摄像头、惯性单元等）和可调节透明度的显示系统，可显示 2D 或 3D 信息。从床上爬起来后，玛丽穿上她的"高科技"衣服，衣服上装有许多可以实时获得信息并传送到她体内的微型计算机上的传感器。体内的计算机只有米粒大小，植入拇指和食指之间的皮肤里。这些传感器可以测量所有的生理数据和穿戴者的运动数据。

　　她早晨习惯去慢跑。玛丽和她的朋友们决定沿着著名的挪威峡湾的悬崖边晨跑。她穿过家中的锻炼区，该区域配备了一台被安装在地板上的多方向跑步机。通过语音指令，她开始锻炼，并与队伍里的其他成员进行虚拟连接。她的隐形眼镜隐藏了公寓的画面而显示出挪威峡湾的景色。可以看到整装待发的朋友共有三位。在她公寓对面的墙上安装有几台高清相机，相机不断地捕捉她的面部表情，以便实时 3D 重建她的表情，然后正确地传输给她的虚拟角色，虚拟角色的动作由她衣服上的传感器捕捉到的位置来引导。参与的慢跑者都在大声交谈，互相揶揄。散布在每个人的公寓里的麦克风和扬声器也能让他们听到彼此的呼吸。现有技术确保他们可以组队在预先选好的地点进行活动，对不同参与者的面部表情进行极佳的再现。例如，那天谁拥有最佳状态，谁又在为跟不上节奏而挣扎。然而，玛丽和她的朋友们都还没有最先进的设备，现有的跑步机只能在平地上奔跑，还不能模拟坡面，因此限制了训练地点的选择。

晨跑结束后，玛丽感到既害怕又兴奋。她今天返回校园了！她将进入大学学习心理学，主修"人工智能心理学"。心理学这门课程研究两个互补的领域：第一，心理学是从使用人工智能系统的用户的角度出发；第二，AI 系统面对人类用户的"心理学"。她希望能准点到达课堂，考虑到从未去过该学校，因而昨天晚上都在研究如何使用该镇提供的联网车辆，这种车辆可以提高安全性，减少交通堵塞，降低污染。玛丽还没有购买隐形眼镜的升级系统，她翻箱倒柜找到一个"老旧"的 HMD 来探索这个虚拟城市。玛丽带上它的时候不由得笑了，这是 10 岁的时候父亲带回家的第一个 HMD。笨重，丑陋，视野小得滑稽！她无法理解人们是如何在游戏中持续使用这些工具的！她反思了研究人员和工程师在过去 10 年里需要付出大量努力，才能设计出她现在戴着的这种光线充足、画面赏心悦目、不受视野限制的头戴式显示器。她用这个来设计从主入口到教室的步行模式。那天晚上，她在社交网络上的虚拟空间里闲逛，这些虚拟空间是她班上的其他学生也可以访问的。

多亏了这样的准备，她按时到达课堂上课了，还坐在皮埃尔的旁边。前一天晚上，他俩在皮埃尔的虚拟空间里遇到彼此，两人聊得很开心。教授在他们的第一堂课介绍课程，要求他们把藏在扶手里的柔性屏幕拉出来，面向自己做成半圆柱形，然后沉浸在虚拟的环境中。这套设备是这门课的教学支持工具。这些屏幕是半透明的，以便于学生之间、教师和学生之间的交流互动。利用虚拟环境进行教学方便同学们更好地理解某些复杂的概念。

课程结束后，她和皮埃尔准备去校园里的餐厅吃午饭。就像每个接近长身体尾声的青少年一样，玛丽爱吃糖和红烧肉。不幸的是，她从小就患有糖尿病。此外，自 2025 年起，由于饲养牲畜的环境成本太高，肉类变得相当稀少。然而最近出现了一种名为"味觉增强剂"的系统，它可以改变任何蔬菜的味道来模仿肉类，甚至是甜味蛋糕。这些完全基于化学的系统出现于 21 世纪初，而当味觉模拟器开始使用热量之后，这些系统变得越来越复杂。

饭后，他们去上第一节关于人类大脑的实践课。玛丽发现自己的房间里有一张白色大桌子。桌上的金属结构中放着好几种她没见过的仪器。它们让她想起在放映室中那些用于照明和音响系统的机器。老师让学生们两个人一组站在桌子旁边。打开系统之后，桌上出现了一个人体头部。由于浮雕特性，玛丽能看得很清楚，不仅如此，她还可以触摸它。她意识到这个金属结构是由投影仪和传感器组成的，投影仪可以显示图像，传感器可以检测使用者的手的位置，然后将人体微计算机的触觉信息发送到他们的手指上，模拟与头部的接触。老师让他们虚拟解剖出大脑。为了一步一步地指导他们，桌上出现了一个虚拟动画，精确地告诉他们要使用什么姿势操作。学生可以从任何角度观看，根据需要反复播放，加速或减慢。对于玛丽来说，这与她小学时的 MOOC 大不相同，当时所有学生看的视频都一样。由于操作复杂，有时需要四只手操作，此时她使用皮埃尔的手来操作工具，继续研究大脑。她高中时就在计算机科学课上熟悉了有形界面的概念，并且大家都在用。有时他们笨拙的操作会导致解剖学上的"损伤"，不过只要后退一步就可以重新尝试。

经过几次尝试，他们成功地揭示了大脑的结构。实践课的第二部分开始了：他们要观察在需要短期记忆的训练中，哪些内部结构发挥了作用。皮埃尔轻轻地把装有微型电极的耳机放在玛丽的耳朵周围，让她记录自己大脑的电活动。现在的设备比 BCI 先驱们 20 年前使用的第一个 EEG 头戴式显示器先进多了。几次尝试之后，玛丽能够看懂自己的大脑活动（被投射到了桌子上的大脑），而穿过它，她能够看到哪些内部结构被激活。老师祝贺他们两人做出试验结果，然后让他们下课了。

玛丽朝体育部走去，她要想"修改"自己的一个高难度的网球动作，她的教练说她需要多加练习。她的发球不是很有力，而她需要在下一场比赛前练好。她的教练推荐的训练方法包括被动电刺激。这项技术使用了许多被合理放置在全身的电极。它们可以在不真正激活肌肉的情况下，刺激肌肉的指挥链。在收集和处理了当前世界第一的运动员的发球动作和速度数据后，现在这些数据将被用作模型来刺激玛丽的肌肉指挥链。她坐在板凳上穿上了装有电极的衣服。她的个人电脑与电极服中的电脑进行通信与形态适应后，课程就可以开始了。这种训练的原理是，在身体不动的情况下，重现姿势，以便命令链记住技术上的同步和链接。在 2023 年，研究人员已经证明用这种方式学习姿势可以使学习速度提高 4 倍。玛丽用这个系统发球约 20 次。她的隐形眼镜会显示她发球的图像、球的轨迹以及球与网的碰撞，这样她就可以完全沉浸在训练中。被动的训练完成后，她继续用真正的球拍和球开始主动练习，这样她就可以愉快地记录自己的进步。

很快就该回家了。晚饭后，她沉浸在喜欢的连续剧里。自从观众变为主动观众之后，就再也没有电视连续剧了。剧本不再是想象一个故事，而是一系列故事，其中任何人都可以随意进行选择或混合。此外，视角不再固定于摄像机这个单一的点：每个观众可以选择任意的视角。玛丽听说现在最新的发明（虽然超出了她的预算）可以让她真正地成为剧集中某一部分的演员。她告诉自己，就算能买得起，今晚也因为过于劳累而没有办法惩恶扬善了。

伴随着对皮埃尔的想念，玛丽进入了梦乡。